Lufthansa

Ein Jahrhundert Innovation

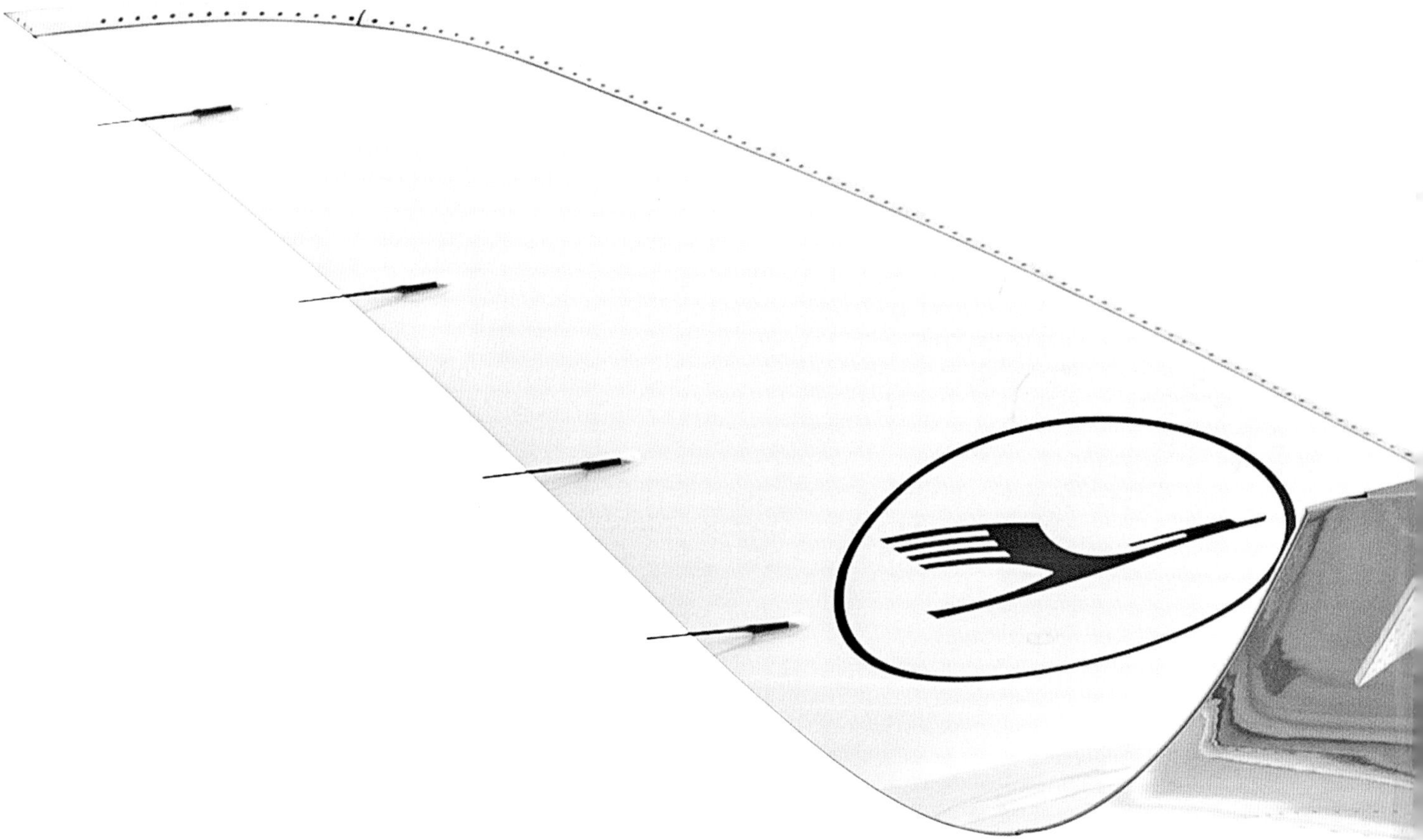

Lufthansa

Ein Jahrhundert Innovation

Andreas Spaeth

Motor
buch
Verlag

Widmung

Für die vielen aktiven und pensionierten Lufthanseaten, denen ich in meinem Leben begegnet bin, die oft hilfreich und manchmal auch inspirierend waren.

Bildnachweis: Soweit nicht anders vermerkt, stammen die Bilder vom Autor bzw. aus dessen Archiv. Weitere Bildnachweise siehe Fotos sowie Seite 221.
LH = Lufthansa-Archiv,
DTMB = Deutsches Technikmuseum Berlin,
AWI = Alfred-Wegener-Institut.

Einbandgestaltung: schreiberVIS, Joachim Schreiber

ISBN: 978-3-613-04780-8

Sie finden uns im Internet unter: www.motorbuch-verlag.de

2. Auflage 2025

Layout, Satz und Prepress: schreiberVIS, Seeheim
Druck und Bindung: Conzella, 85609 Aschheim-Dornach
Printed in Germany

Der Autor

Andreas Spaeth interessiert sich seit Kindheitstagen für die Luftfahrt und auch speziell für die Lufthansa, seit seiner Studienzeit betätigt er sich als Journalist mit Schwerpunkt Luftverkehr. Nach dem Abschluss von Hochschulstudium und der Ausbildung an der Deutschen Journalistenschule (DJS) in München arbeitet er als freier Journalist für nationale und internationale Medien im deutsch- und englischsprachigen Bereich. Er betätigt sich als Buchautor (zuletzt u. a. mit „Airbus A380 – Der letzte Riese“ und „Unvergessen – legendäre deutsche Airlines“ bei Motorbuch) und ist bei aktuellen Anlässen ein gefragter Gesprächspartner in aktuellen Fernsehsendungen, im Radio, in Filmdokumentationen und Co-Host eines erfolgreichen Podcasts (**www.flugforensik.de**). Spaeth ist seit langem Vielflieger und besuchte für seine Reportagen Fluggesellschaften, Flughäfen und Flugzeughersteller in bisher etwa 130 Ländern.

Der Autor ist zu erreichen über
www.aspapress.com
Twitter/X @SpaethFlies
Instagram @andreas_spaeth_flies

■ Vorhergehende Doppelseite: Die sogenannten Sharklets an den Flügelspitzen moderner Lufthansa-Airbus-Jets haben ihre ganz eigene Ästhetik. [LH]

Inhalt

Vorwort

Die Deutsche Lufthansa feiert 2026 ihr hundertjähriges Jubiläum, damit steht sie in den Top Ten der ältesten Fluggesellschaften der Welt. Sie ist die siebtälteste noch aktive Fluggesellschaft, die 1926 knapp sechs Jahre nach der ersten (der niederländischen KLM) am 6. April 1926 zum Erstflug abhob. Hundert Jahre in einer kaum älteren Branche sind eine eindrucksvolle Leistung, erst recht für eine deutsche Gesellschaft mit der einschneidenden Unterbrechung nach dem Zweiten Weltkrieg und dem völligen Neustart zehn Jahre danach.

Die Lufthansa ist immer innovativ gewesen, viele Beispiele dafür sind in diesem Buch aufgeführt: Von der ersten Langstreckenexpedition nach China noch im Gründungsjahr bis zum weltweit ersten Transozean-Postflugdienst über den Südatlantik 1934 oder dem zunächst probeweisen Postverkehr über den Nordatlantik mit Katapultstarts von Schiffen ab 1936. Obwohl zwangsläufig eine Spätstarterin, kann auch die Nachkriegs-Lufthansa auf viele später branchenweit übernommene Innovationen verweisen wie Erstbestellung 1965 und Ersteinsatz 1968 des späteren Weltbestsellers Boeing 737. Den ersten Jumbo-Frachter der Welt betrieb ebenfalls 1972 die Lufthansa, Dekaden später offerierte sie dann das erste Internet-an-Bord-Angebot auf Langstrecken ab 2003/04.

All dies geschieht immer mit einem besonders ausgeprägten Sinn und akribischer Sorgfalt beim Markenauftritt. Dank des bereits 1918 gestalteten Firmensymbols des Kranichs (mit Kreis oder ohne) schmückt sich Lufthansa auch hundert Jahre nach ihrem Erstflug mit einem unverwechselbaren Firmensymbol, heute wahrscheinlich die größte Markenikone der Luftfahrt. Dieses Buch widmet sich daher schwerpunktmäßig beiden wichtigen Aspekten: Der Evolution ihrer Flugzeugflotten und der Entwicklung des Markenbilds.

Für mich ganz persönlich ist das auch eine Art Jubiläum, ich habe vor einem halben Jahrhundert als Kind begonnen, mich für die Lufthansa zu interessieren und alles über sie und von ihr zu sammeln, was ich finden konnte. Dabei habe ich sehr viele interessante Dokumente und Artefakte zusammengetragen, von denen viele ebenfalls Eingang in dieses Buch gefunden haben. Mein besonderer Dank geht auch an Luisa Schürmann vom Lufthansa-Archiv in Frankfurt, die mich hervorragend unterstützt hat.

Dieses Buch widmet sich ausschließlich der Luft Hansa bzw. Lufthansa und ihren Passagierflügen. Historische Partner und Töchter wie Deruluft oder Eurasia werden in diesem Rahmen ebenso wenig betrachtet wie das separate Frachtgeschäft. Diese Firmen verdienen eigene Werke.

Andreas Spaeth, im August 2024

Vorwort zur Neuauflage

Die Lufthansa als Markenikone und eine der großen Fluggesellschaften der Welt entfaltet zu ihrem hundertsten Geburtstag eine ungeahnte Faszination. Beweis dafür waren die oft überschwänglichen Reaktionen auf dieses Buch seit Erscheinen 2024. Viele begeisterte Zuschriften erreichten mich, oft solche von Firmenveteranen. Als Höhepunkt lud mich Lufthansa-Chef Carsten Spohr nach Frankfurt in sein Büro ein, um mir „im Namen aller Lufthanseaten" für das Werk zu danken, eine seltene Ehre. Rechtzeitig zum runden Jubiläum im April 2026 erscheint die erweiterte und aktualisierte Neuauflage. Willkommen an Bord!

Andreas Spaeth, im Sommer 2025

Chronik der Vorkriegs-Lufthansa

Die 1920er-Jahre

1 Die Luft Hansa geht an den Start

Fliegen war noch ein Abenteuer vor hundert Jahren. „Es waren verwegene Burschen, die Anfang der zwanziger Jahre mit Kopfhaube, Brille, Sturzhelm, Wollschal und Pelzhandschuhen bewehrt, den Kampf gegen die Schwerkraft aufnahmen", beschreibt Rudolf Braunburg die Pioniertage. Rudolf Braunburg (1924 bis 1996) war ehemaliger Jagdflieger und ab 1955 Pilot bei der Lufthansa, als bekannter Autor schrieb er über 70 Bücher, auch über die Lufthansa. Aus denen wird in diesem Buch häufig zitiert.

Vor allem aber machten sich in Deutschland die ersten Anbieter das Überleben gegenseitig schwierig. Es war ein gnadenloser Wettbewerb gewesen, der beide frühen deutschen Fluggesellschaften fast in den Ruin führte. Den Deutschen Aero Lloyd (DAL), der sich als reiner Luftverkehrsanbieter verstand, und die Junkers Luftverkehr, die sich eher als verlängerter Arm eines großen Flugzeugherstellers sah. In Deutschland kämpfte nach dem verlorenen Ersten Weltkrieg die Weimarer Republik schwer an der Bürde des Versailler Vertrages, der auch der Entwicklung der Luftfahrt viele Verbote und Beschränkungen entgegenstellte. „Damals gab es in Deutschland die imponierende Zahl von siebzig Verkehrsflughäfen! Alle diese Grasfeldchen und planierten Äcker wurden oftmals nicht nur von einer, sondern von zahlreichen konkurrierenden Fluggesellschaften angeflogen. Fast alle waren sie auf Regierungssubventionen angewiesen", so Braunburg über das anfängliche Klein-Klein. Schon zu diesem Zeitpunkt gab es erste Konsolidierungsbemühungen, mehrere kleinere Gesellschaften gingen im Junkers Luftverkehr auf, die 1917 gegründete Deutsche Luft-Reederei (DLR) sowie der Lloyd Luftdienst verschmolzen zum Deutschen Aero Lloyd. Aber das reichte nicht.

„1925 war die Reichsregierung die unrentable Zersplitterung und ruinösen Wettbewerb leid", schildert Braunburg. Das Reichsverkehrsministerium drängte auf eine Einheitsgesellschaft, auch um nicht weiter Steuergelder in die sich

Streckennetz vom Sommer 1926.

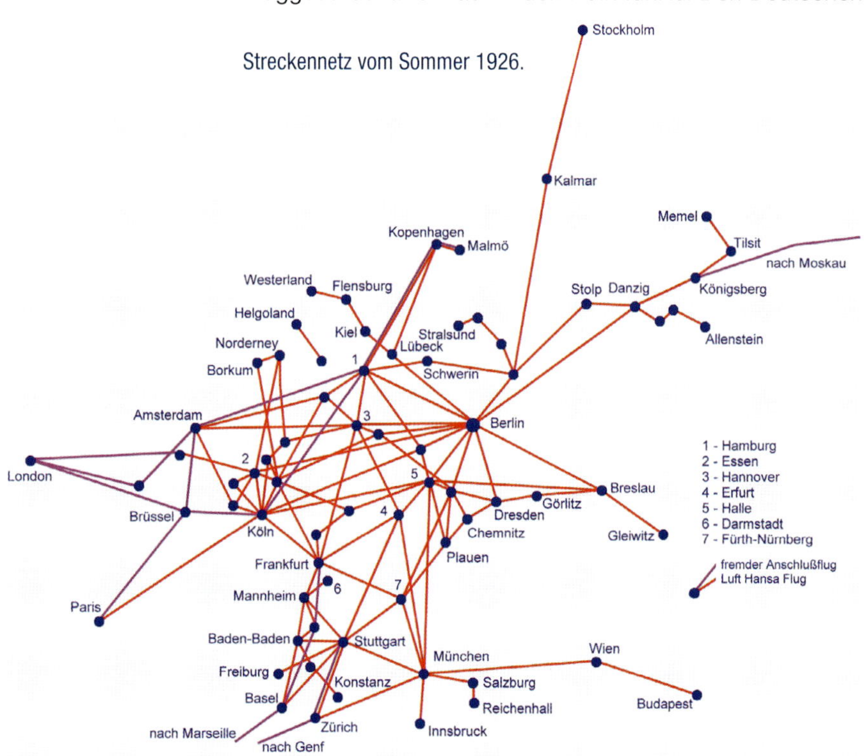

Schon 1919 flog diese AEG J.II K bei der Deutschen Luft-Reederei im Zeichen des Kranichs, 1923 wechselte sie in den Bestand der neuen Deutschen Aero Lloyd. [Wikimedia]

gegenseitig bekriegenden Mini-Gesellschaften zu pumpen. Den Schritten zur Gründung der Luft Hansa AG ab Oktober 1925 lagen neben verkehrstechnischen Gesichtspunkten aber auch militärische Motive zugrunde. Am 6. Januar 1926 wurde die *Deutschen Luft Hansa Aktiengesellschaft* mit einem Aktienkapital von gerade 50.000 Mark gegründet. Der Name kam von Junkers Luftverkehr, deren Pressechef 1925 in seinem Buch „Luft-Hansa“ ein künftiges deutsches Luftverkehrsszenario mit diesem aus dem Handel stammenden Begriff beschrieben hatte. Das bereits 1918 von Otto Firle für die DLR entworfene Kranich-Logo wurde in den wiederum von Junkers stammenden Farben Blau und Gelb zum neuen Markenzeichen, somit war auch hier dem Proporz genüge getan, beide Vorgängerfirmen sahen Teile ihrer Identität in die neue Gesellschaft und ihren Auftritt einfließen.

Die Flotte der Luft Hansa umfasste an ihrem Gründungstag 162 Flugzeuge insgesamt 19 verschiedener Typen, doch waren die meisten davon veraltete Militärmaschinen aus dem Ersten Weltkrieg. Jedoch verfügte Luft Hansa mit der

■ Oben: Als erster Linienflug der Luft Hansa startete am 6. April 1926 eine Fokker-Grulich F II auf der Strecke Berlin – Halle – Erfurt – Stuttgart – Zürich. [LH]

■ Rechts: Ein sogenannter Luftboy hilft 1926 einer Passagierin beim Einstieg in eine Fokker-Grulich F II. [LH]

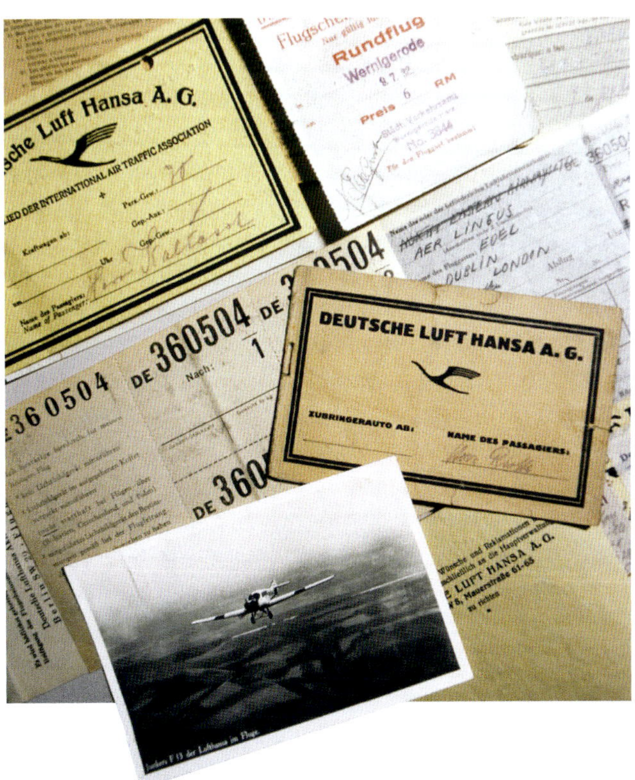

■ Links: Flugdokumente aus den Anfangstagen im Lufthansa-Archiv. [Spaeth]

■ Eine Schulklasse posiert 1927 auf dem Bremerhavener Flugplatz unter einer Focke-Wulf A17 der Luft Hansa. [Archiv Raap/Wikimedia].

Junkers F 13 auch über das erste als Passagiermaschine in Serie gefertigte Ganzmetallflugzeug. Anfänglich hatte der Berliner Flugplatz Staaken gute Aussichten, der Hauptflughafen der Luft Hansa zu werden, innerhalb kurzer Zeit erkor man dann aber den für den Passagiertransport verkehrsgünstiger gelegenen Flughafen Berlin-Tempelhof zum offiziellen Heimatflughafen. Der Flugplatz Staaken diente im Wesentlichen für Trainingsflüge und Wartungsarbeiten in den dortigen Luft Hansa-Hallen, Anfang der 1930er-Jahre wurde Staaken zum Hauptstandort der damaligen Luft Hansa Technik ausgebaut. So startete am 6. April 1926 der erste Linienflug der Luft Hansa vom Flughafen Tempelhof. Zielort war Zürich (Flugplatz Dübendorf), mit Zwischenlandungen in Halle, Erfurt und Stuttgart (Flughafen Böblingen), daher handelte es sich zugleich um den ersten planmäßigen Auslandsflug der Luft Hansa. Das eingesetzte Flug-

■ Schon der Luft-Hansa-Vorgänger DAL landete in den 1920er-Jahren mit Scheinwerferhilfe auf der Nachtflugroute Berlin-Kopenhagen. [LH]

zeug, ein Fokker-Grulich-FII-Hochdecker, trug als Firmenlogo der neuen Fluggesellschaft bereits das blau-gelbe Kranich-Emblem.

Am 6. Mai 1926 wurden in einer Vereinbarung zwischen Frankreich und Deutschland die Baubeschränkungen für deutsche Verkehrsflugzeuge aufgehoben. „Nun konnte die große Zeit der deutschen Verkehrsluftfahrt beginnen“, schreibt Peter Berger. „Eine der vordringlichen Aufgaben war die Schaffung eines zweckmäßigen Streckennetzes mit Anschluss an die großen europäischen Luftlinien. Dieses kluge Vorgehen erreichte schon bald, dass die in der Nachkriegszeit künstlich errichteten Luftbarrikaden dieser Weitsicht weichen mussten.“ Neben der Verbindung Deutschlands mit den wichtigsten europäischen Zentren war eine Priorität des jungen Unternehmens, Luftverkehr mit außereuropäischen Ländern aufzubauen, mit denen das Reich Handelsbeziehungen unterhielt. Und das zu Zeiten, wo die Alpen ein unüberbrückbares Hindernis darstellten – kein Flugzeug der Luft Hansa wies anfangs die erforderliche Motorkraft auf, das Gebirge im Direktflug zu überwinden. Dies änderte sich erst ab 1928.

Bereits in ihrem Gründungsjahr hatte die *Luft Hansa* Versuche mit Nachtflügen unternommen. Als Ergebnis dieser Versuche konnte ein Nachtpost- und Nachtfrachtverkehr aufgenommen werden, ab dem 1. Mai 1926 wurde die erste Nachtflugstrecke mit einer dreimotorigen Junkers G 24 vom Flugplatz Tempelhof in Berlin nach Königsberg (Flughafen Devau) eröffnet. Ebenfalls bereits im Gründungsjahr wurden Anteile an der 1921 gegründeten *Deutsch-Russischen Luftverkehrsgesellschaft* (Deruluft) übernommen. Aufsehen erregte die Einrichtung einer regelmäßigen Flugverbindung Berlin–Moskau, einer damals ungewöhnlich weiten Strecke. Nach dem Fall der Beschränkungen für die deutsche Luftfahrt durch das Pariser Luftfahrtabkommen wurde im Gründungsjahr eine Fluglinie Berlin–Köln (Butzweilerhof)–Paris (Le Bourget) in Zusammenarbeit mit den französischen Lignes Farman eingerichtet. Im Sommer kamen die beliebten Bäderstrecken an Nord- und Ostsee hinzu. Ende des Jahres waren bei der *Luft Hansa* bereits 1527 Personen beschäftigt. Laut Bilanz des ersten Betriebsjahrs wurden mehr als sechs Millionen Flugkilometer zurückgelegt und 56.268 Fluggäste, 258 Tonnen Fracht sowie 301 Tonnen Post transportiert.

■ Beladung einer Junkers F 13 um 1928. [LH]

Im Jahr 1927 kam eine Reihe weiterer Strecken hinzu, so die Verbindung München–Salzburg–Klagenfurt–Venedig. Über die Ostsee führte die von Flugbooten bediente Teilstrecke der Verbindung Berlin–Stettin–Kopenhagen–Göteborg–Oslo. Im August wurde mit der Deutschen Reichsbahn eine Kooperation beim Frachttransport abgeschlossen. Im Dezember gingen mit Beteiligung der *Luft Hansa* neue Fluglinien im Ausland an den Start: in Spanien die „Iberia – Compania Aerea de Transportes SA“ mit ihrer Strecke Madrid–Barcelona. In Brasilien wurde die „Syndi-

■ Seltene Luftaufnahme einer Junkers F 13 auf einem Streckenflug um 1928. [LH]

Eine Junkers F 13 im Wintereinsatz auf Schneekufen statt mit Fahrwerk, Ende der 1920er-Jahre. [LH]

cato Condor Ltda." ins Leben gerufen. Allerdings erlitt die junge deutsche Fluggesellschaft am 23. September 1927 auch einen harten Schlag, als auf dem Weg von Berlin nach München eine Dornier Merkur in Thüringen abstürzte und alle Insassen starben, auch der Prokurist der Luft Hansa und der deutsche Botschafter in Washington. „Der großartige Schwung des Betriebs bekam einen argen Dämpfer. Aber die Verbundenheit zum Unternehmen und seinen Aufgaben wurde doch die Opfer eher noch enger", beschreibt Hans M. Bongers die Situation.

Im Januar 1928 wurde mit Marseille–Barcelona das letzte Teilstück der Route Berlin–Madrid eröffnet. Dies war nun die längste durchgehende Strecke in Europa über eine Distanz von 2100 Kilometer. Am 12./13. April überquerte

Start zum Fernerkundungsflug Berlin–Irkutsk in einer Junkers W 33 am 27. August 1928. [LH]

Hermann Köhl zusammen mit Günther von Hünefeld und James Fitzmaurice in einer Junkers W 33 (Taufname Bremen) von Baldonnel in Irland aus den Nordatlantik von Ost nach West und landete auf Greenly Island vor Labrador. Es folgte die Errichtung von verschiedenen Schnellverbindungen im Nonstop-Flug (Berlin–Zürich, Flugzeit fünf Stunden und 15 Minuten sowie Berlin–Wien). Im August und September brach eine Junkers W 33 jeweils zu Flügen nach Sibirien auf. Im September/Oktober flog eine Junkers W 33 von Berlin nach Tokio. 1928 konnte Luft Hansa schon 110.000 Passagiere befördern mit ihrer Flotte von 148 Flugzeugen, die 99 Flughäfen anflogen.

Zum 1. Mai 1929 bot die *Deutsche Luft Hansa* AG ihren Passagieren erstmals einen Rückflugschein mit zehn Prozent Ermäßigung an. Am 22. Juli wurde 400 km vor der Küste während der Jungfernfahrt des Schnelldampfers Bremen von einem Katapult aus eine Heinkel HE 12 gestartet, um den regelmäßigen Postverkehr über den Nordatlantik zu verkürzen. Zur Vorbereitung der Südatlantiküberquerung flog eine Arado von Sevilla nach Teneriffa. Ende der 1920er-Jahre stornierte die *Luft Hansa* bei den Bayerischen Flugzeugwerken einen Auftrag für eine Hochdeckerkonstruktion in Ganzmetallbauweise für zehn Passagiere, nachdem während eines Fluges Heck und Leitwerk des von Chefkonstrukteur Willy Messerschmitt entworfenen Verkehrsflugzeugs M20 abbrachen, was zu dessen Absturz führte. Später wurde die *Luft Hansa* gerichtlich gezwungen, den ursprünglichen Vertrag zu erfüllen. Dies trug Messerschmitt und den Bayerischen Flugzeugwerken die Feindschaft von Erhard Milch ein, des damaligen Luft-Hansa-Chefs (und späteren Göring-Stellvertreters), nachdem Milch in den 1930er-Jahren Staatssekretär im Reichsluftfahrtministerium (RLM) geworden war.

Das Ende des Jahrzehnts war nach kurzer Periode der Goldenen Zwanziger wieder desaströs für die Weltwirtschaft, die nach dem Börsenkrach vom 24. Oktober 1929 weitgehend zusammenbrach. Das Deutsche Reich steckte schon vorher in Finanznöten und sah sich im April 1929 gezwungen, die festgesetzten jährlichen Beihilfen für die Luft Hansa um fast 50 % zu kürzen, ein beinahe katastrophaler Schlag für das junge Unternehmen. Statt die wichtigen Erkenntnisse von Erkundungsflügen wie etwa nach China zügig in Linienverbindungen umzusetzen, sah sich Luft Hansa zu Entlassungen und Gehaltskürzungen gezwungen. Glücklicherweise sorgte die Reichspost für einen teilweisen Ausgleich der wegfallenden Staatsmittel, indem sie als erste Postverwaltung Europas die Luft Hansa mit planmäßigen reinen Luftpostlinien beauftragte. So wurden im Mai 1929 reine Reichspoststrecken von Berlin nach London und von Berlin nach Malmö sowie im Juni von Stuttgart nach Basel eröffnet. Zuvor waren Postsendungen nur auf Passagierflügen mitgenommen worden. Die Finanzkrise führte auch zur heilsamen Erkenntnis, dass viele der beflogenen Kurzstrecken unrentabel waren, sie wurden jetzt systematisch aus dem Flugplan gestrichen. Es setzte sich die Maxime durch, dass Luftverkehr nur auf Strecken über 300 Kilometer wirtschaftlich zu betreiben sei, manche argumentierten, diese Grenze sei sogar erst bei 500 Kilometern zu überbrücken der Distanz erreicht.

Das Anlassen des Motors einer Junkers F 13 war 1926 noch Handarbeit. [LH]

Die 1930er-Jahre

2 Pionierleistungen und der Weg in den Krieg

Der Beginn der 1930er-Jahre war von der der Weltwirtschaftskrise überschattet. Gleichzeitig, und das entbehrte nicht gewisser Tragik, hatte bereits eine mögliche Form des künftigen weltweiten Luftverkehrs konkrete Gestalt angenommen. Das stand vor der Umsetzung auf einem Routensystem, das von der Geografie vorgezeichnet war und im neuen Jahrzehnt eine frühe Blüte dieses neuen Verkehrsmittels erwarten ließ. Zumal die Flugzeugtechnik mit größeren Reichweiten dies inzwischen technisch möglich machte.

Schon die frühen 1930er-Jahre aber standen bereits im Zeichen des aggressiven Vordringens von Faschismus und Nationalsozialismus, was nicht Gutes ahnen ließ für die friedliche Verbindung von Menschen und Beförderung von Waren, für die die Luftfahrt damals schon stand. Trotzdem strebte die Luft Hansa zu neuen Zielen, dabei standen vor allem der Südatlantikverkehr und der Ferne Osten im Fokus, wo weitere Pionierleistungen vollbracht wurden. Bald zeigte sich, wie die Krisenzeit die Luft Hansa zusammengeschweißt hatte, die Vorgängerfirmen Junkers und Deutscher Aero Lloyd unter schwierigen äußeren Bedingungen tatsächlich zu einem neuen, größeren Ganzen verschmolzen waren. Zeitzeugen berichten von Korpsgeist und „Wir"-Gefühl, so konnte sich die Luft Hansa selbst in den härtesten Jahren der Massenarbeitslosigkeit dem Ausbau neuer Strecken widmen, etwa in die Türkei. Ab April 1931 begann dann auch endlich der regelmäßige Passagierverkehr über die Alpen, zunächst zwischen München und Venedig, ab 1932 auch von Berlin nach Rom.

Zur Vorbereitung der chinesischen Luftfahrt gründete die *Luft Hansa* zusammen mit dem chinesischen Verkehrsministerium im Februar 1930 die Europäisch-Asiatische Luftpostaktiengesellschaft Eurasia. Das Starten von Postflugzeugen von Passagierschiffen aus wurde bald zur Routine mit 24 Katapultstarts der Dornier Do J („Wal") allein 1930. Vom 18. bis 26. August 1930 flog ein Wal unter dem Piloten Wolfgang von Gronau mit Start in Warnemünde nach New York. Dank der neuen Luftpoststrecke Wien–Budapest–Belgrad–Sofia–Istanbul verringerte sich die Postlaufzeit Berlin–Istanbul ab Mai 1930 auf nur noch 24 Stunden. Im Juni 1931 begann die Erprobung eines „Aerobus"-Flugpendeldiensts, der fünfmal täglich in beiden Richtungen von Köln nach Frankfurt verkehrte zum Preis einer 2. Klasse-Bahnfahrkarte. Im Überseeverkehr führte die *Luft Hansa* 1931 insgesamt 31 Katapultstarts durch. Ab Juli 1932

■ Luft-Hansa-Wartebereich auf dem Flughafen Berlin-Tempelhof 1930. Das über den Kreis hinausragende Kranich-Logo entspricht der Urversion der DLR von 1919. [Bundesarchiv]

kam mit der Junkers G 38 das größte Passagierflugzeug der damaligen Zeit auf der Strecke Berlin–Amsterdam–London zum Einsatz. Im Juni charterte die Luft Hansa als Vorbereitung für die regelmäßige Überquerung des Südatlantiks das Frachtschiff *Westfalen* vom Norddeutschen Lloyd. 1932 gab es 36 Katapultstarts von Wal-Flugbooten und weitere Katapultstarts für Postvorausflüge mit einer Ju 46 vom Schnelldampfer Europa auf der Nordatlantikroute.

Die Machtergreifung der Nationalsozialisten im Januar 1933 in Deutschland hinterließ bei der (ab 30. Juni 1933 in einem Wort zusammengeschriebenen Lufthansa) tiefe Spuren. Als das vom Reich subventionierte tragende Unternehmen des europäischen Luftverkehrs war sie schon zuvor ins Blickfeld der neuen Machthaber gerückt. Was sich nicht zuletzt darin ausdrückte, dass Adolf Hitler seinen Wahlkampf mit bei Lufthansa gecharterten Flugzeugen bewältigte. In den nächsten Jahren verließen viele erfahrene Piloten die Lufthansa und wechselten zur Luftwaffe, die anfangs geheim und ab 1935 ganz offen in hohem Tempo aufrüstete. Der technische Fortschritt der Luftfahrt in den 1930er-Jahren war bemerkenswert, natürlich auch getrieben durch militärische Vorgaben: Von der Blindflugschulung über den Motorenbau, die Cockpitausstattung und funktelegrafische Ausrüstung bis zu den Enteisungsanlagen wurde alles weiterentwickelt. Davon profitierten natürlich auch zivile Passagiere, und die Flugsicherheit hatte vor allem durch die

■ Eine Rohrbach Roland der Luft Hansa 1930 auf dem Flughafen Tempelhof. [Privatfoto/Archiv Spaeth]

■ Während eines Bodenstopps einer Junkers F 13 in Tempelhof rücken ein Mechaniker und die Putztruppe an … [LH]

■ …bevor sich dann Pilot und Passagiere zum nächsten Flug einfinden. [LH]

■ Nur zwei Flugzeuge wurden von der riesigen Junkers G 38 gebaut, in der einige Passagiere sogar mit Frontsicht in den Flügelwurzeln sitzen konnten. [Airbus Heritage]

■ Das Schnellverkehrsflugzeug Junkers Ju 60 wurde nur in zwei Exemplaren gebaut. Die „Pfeil" flog von 1934–1936 im Passagierbetrieb. [Flughafen Hamburg]

Verbreitung mehrmotoriger Flugzeuge anstelle von einmotorigen erheblich zugenommen. Gerade die Geschäftswelt akzeptierte das Flugzeug immer mehr als reguläres, verlässliches Verkehrsmittel.

Bereits mit dem Jahr 1933 wurde die Lufthansa AG als nationale Fluggesellschaft elementarer Teil des nationalsozialistischen Systems und seiner verbrecherischen Taten. Nicht nur durch die besondere Funktion des Unternehmens bei der Tarnung von Geheimrüstung zum Aufbau der Luftwaffe, sondern auch durch die ab 1933 erfolgte Umstellung auf Kriegstechnik sowie Bereitstellung der Werkstätten zum Aufbau, der Instandhaltung sowie Erprobung der Bomber-

Im Abfertigungsbereich der Lufthansa in Frankfurt herrscht 1936 ziemliche Leere. [Fraport]

staffeln. Besonders bedeutsam auch ihre Bereitstellung der Ju52 in großer Zahl zur Nutzung durch die Luftwaffe und das Regime. Diese Aktivitäten prägte dann die gesamte Arbeit der Lufthansa-Werkstätten bis Kriegsende. Ab 1933 nahm das Gewicht des Unternehmens als Bestandteil der Rüstungsindustrie, des Einsatzes von Zwangsarbeitern und Kriegsgefangenen immer größere und verbrecherische Formen an.

Lebende Hühner in Transportkisten werden 1933 in Tempelhof in eine Junkers Ju 52 verladen, die zum Nachtflug Berlin–London aufbricht. [LH]

Nebenbei liefen aber bemerkenswerte, zumindest vordergründig zivile Aktivitäten: Als Reaktion auf das bei Lockheed in den USA entwickelte Schnellflugzeug Orion, das mit 320 km/h Höchstgeschwindigkeit und Einziehfahrwerk auch bei Swissair auf der Strecke Zürich–München–Wien flog, entwickelte Heinkel in enger Kooperation mit Lufthansa und dem Reichsluftfahrtministerium die Heinkel He70, später „Blitz" genannt. Ihr Erstflug fand am 1. Juli 1932 statt und brach insgesamt acht Weltrekorde. Sie erreichte maximal 355 km/h und eröffnete im Juni 1934 die ersten sogenannten Blitzstrecken, die anfangs Berlin, Hamburg, Köln und Frankfurt verbanden und ab 1935 sogar elf Strecken umfasste, unter anderem mit der Anbindung von Münster, Stuttgart und Breslau. Die Deutsche Reichsbahn strich auf der Strecke Berlin–Königsberg als erste Eisenbahngesellschaft überhaupt einen Nachtzug zugunsten einer Flugverbindung. Generell wurde der innerdeutsche Flugverkehr in diesen Jahren vereinfacht und auf Wirtschaftlichkeit hin ausgerichtet. Sogar Tagesreisen waren auf Hauptstrecken jetzt möglich, die mehrfach täglich beflogen wurden, zumal die Reisegeschwindigkeiten durch den Einsatz der Junkers Ju 52/3m und der Heinkel He 70 jetzt viel höher waren.

Der Bordservice in der ab 1939 eingesetzten Junkers Ju 90 wurde erstmals von Stewardessen durchgeführt. Hier Elisa Kauffeld, einer von fünf. [LH]

Auch bei den Postflügen über die Ozeane wurden immer weiter Meilensteine erreicht. So gab es neue Versuche mit größeren Katapulten für die Dornier Wal mit acht Ton-

Durch die aufklappbare Bugnase wird 1936 eine Heinkel He 111 in Tempelhof mit Luftpost beladen. [LH]

Unter der Leitung von Freiherr von Gablenz begab sich die Lufthansa Junkers Ju 52 D-ANOY im August/September 1937 auf Expeditionsflüge ins asiatische Pamirgebirge. [LH]

nen Startgewicht sowie Versuchsflüge für eine Südatlantik-Poststrecke. Im Februar 1934 richtete die Lufthansa dann tatsächlich die erste transatlantische Postlinie ein, die über den Südatlantik führte. Zu diesem Zweck wurde das Frachtschiff *Schwarzenfels* der Deutschen Dampfschifffahrts-Gesellschaft „Hansa" gekauft und unter dem neuen Namen *Schwabenland* zum Katapultschiff umgebaut. Am 28. September 1934 begrüßte die Lufthansa feierlich ihren einmillionsten Fluggast seit der Gründung achteinhalb Jahre zuvor, eine stolze Leistung. Für den Südatlantikdienst kamen jetzt auch Dornier Wale mit zehn Tonnen Startgewicht zum Einsatz, genau wie ein zweites Stützpunktschiff, um den Luftpostverkehr zwischen Deutschland und Südamerika aufzunehmen.

Auch im Folgejahr gab es zahlreiche Meilensteine: Im Februar 1935 erfolgte ein Versuchsflug nach Kairo mit einer Junkers Ju 52/3m und in Kooperation mit der KLM nahm die Lufthansa die Strecke Amsterdam–Mailand in den Flugplan auf. Ab April gab es auf den Südatlantikstrecken mit Wasserflugzeugen auch Nachtflugbetrieb, im August konn-

Mit ihrer Expedition zum „Dach der Welt" 1937 warb nach dem Zweiten Weltkrieg auch die neue Lufthansa für ihre Dienste. [Archiv Spaeth]

te bereits der 100. Postflug auf der Südatlantikroute gefeiert werden und der Auftrag für ein drittes Stützpunktschiff erging. Zwei bereits 1933 bestellte Boeing 247 ergänzten als erste amerikanische Flugzeuge der Lufthansa vorübergehend die Flotte der Landflugzeuge, sie kamen allerdings nicht auf regulären Passagierflügen zum Einsatz, sondern dienten eher dem Erkenntnisgewinn für Rückschlüsse auf den amerikanischen Fortschritt im Bomberbau. Als drittes Flugzeug aus US-Produktion kam 1935 kurzzeitig auch eine Douglas DC-2 hinzu. Zu Beginn des Spanischen Bürgerkrieges 1936 brachten zwanzig Ju 52/3m der Lufthansa auf Befehl Adolf Hitlers Truppen Francos von Tétouan in Spanisch-Marokko nach Cádiz; sie umgingen so die republikanische Marineblockade in der Straße von Gibraltar. Dies war die erste Luftbrücke der Geschichte und ermöglichte so den Sieg Francos gegen die Zweite Spanische Republik.

1936 feierte die Lufthansa ihr 10jähriges Jubiläum. Für den Südatlantikdienst wurden erstmals Flugboote des Typs Dornier Do 18 mit Junkers-Dieselmotoren beschafft, um den Ozean auch bei Blindflugbedingungen überqueren zu können. Zur Erkundung der Asienstrecken überflog eine Junkers Ju 52/3m den Hindukusch und die Pamir-Hochgebirgsebene. Im Juli 1937 wurde in Ecuador die Sociedad Ecuatoriana de Transportes Aereos (Abkürzung SEDTA) gegründet, die Lufthansa vercharterte an diese Gesellschaft zwei Junkers W 34. Es folgten Versuchsflüge mit dem neuen Blohm & Voss Ha 139-Postflugzeug über den Nordatlantik, die erfolgreich verliefen. Im Oktober begann der Postflugdienst von Berlin nach Bagdad, der kurz darauf bis nach Teheran ausgedehnt wurde. Im April 1938 eröffnete die Gesellschaft auch ihre Passagierroute von Berlin nach Teheran und verlängerte sie anschließend nach Ka-

Zwei Junkers Ju 52 stehen in den 1930er-Jahren auf dem Vorfeld des Hamburger Flughafens. [Flughafen Hamburg]

■ Kommod ging es um 1935 in der Passagierkabine der Junkers Ju 52 zu – mit Frischluftzufuhr, Leselampe und Tisch. [LH]

■ Auswahl an Lufthansa-Flugplänen der 1930er-Jahre im Lufthansa-Archiv. [Spaeth]

bul. Bereits ein Jahr nach ihrem Erstflug am 27. Juli 1937 stellte Lufthansa die als ziviles Langstreckenverkehrsflugzeug konzipierte viermotorige Focke-Wulf Fw 200 „Condor" in den Liniendienst. Insgesamt absolvierte die Gesellschaft im letzten vollen Betriebsjahr 1938, das auch ein Rekordjahr gewesen war, allein im Europa-Verkehr 19,3 Millionen Flugkilometer, wobei 254.713 Passagiere und 5.288 Tonnen Briefe befördert wurden.

Anfang 1939 fand die Deutsche Antarktische Expedition 1938/39 statt: Vom Expeditionsschiff *Schwabenland* aus starteten per Katapult zwei Dornier Wal, die auf mehreren Erkundungsflügen insgesamt 350.000 Quadratkilometer fotografierten. Dieses vorher unerforschte Antarktis-Gebiet wurde nach dem Schiff Neuschwabenland benannt. Ende Juni 1939 überquerte eine Focke-Wulf Fw 200 als erstes Landflugzeug der Lufthansa in neun Stunden und 47 Minuten im Nonstop-Flug den Südatlantik. Im April/Mai flog eine Junkers Ju 52/3m über Bangkok, Hanoi und Taipeh nach Tokio, der Liniendienst in fünf Etappen von Berlin nach Bangkok startete ab Ende Juli.

Im 25. August 1939 um 15.02 Uhr erteilte Hitler den Befehl, den „Fall Weiß" auszulösen, was das Kommando war, Polen anzugreifen. Dieser Befehl wurde zwar etwa um 18.15 Uhr wieder aufgehoben, hatte jedoch am 26. August 1939 die „vorläufige" Einstellung des planmäßigen Linienverkehrs der Lufthansa zur Folge. Mit wenigen Ausnahmen wurde fast der gesamte Lufthansa-Flugzeugpark samt Besatzungen in die Luftwaffe integriert und bildete dort den Stamm des Kampfgeschwaders z. b. V. 172 (*z. b. V. – zur besonderen Verwendung*), geführt von Freiherr von Gablenz, Major der Reserve. Gablenz war Vorstandsmitglied seit

1933 und in den 1920er und 1930er-Jahren maßgeblich am Ausbau des Überseeflugnetzes und moderner Flugtechnik beteiligt. Innerhalb des Geschwaders gab es eine sogenannte „Sonderstaffel", die ausschließlich aus Angehörigen der Lufthansa bestand und der sämtliche viermotorigen Maschinen (also Ju 90, FW 200 und Junkers G 38) zugeteilt waren. Bereits am 27./28. August 1939 wird nach 481 Flügen der Südatlantik zum letzten Mal planmäßig überquert.

Am 29. August 1939 erhielt diese Sonderstaffel ihren ersten Auftrag: die Reichstagsabgeordneten aus dem ganzen Deutschen Reich nach Berlin zu holen. Per Funk wurden die Flugzeuge jedoch zurückbeordert, da der Angriffsbefehl (s. o.) widerrufen wurde. Der gesamte zivile Luftverkehr wurde dann am 30. August 1939 völlig eingestellt. Am Abend des 31. August wurde dann der Auftrag tatsächlich ausgeführt, die Reichstagsabgeordneten nach Berlin zu befördern. Dort erfuhren sie am nächsten Morgen (1. September 1939) hochoffiziell, dass „seit 5.45 Uhr zurückgeschossen werde". Der Zweite Weltkrieg hatte begonnen. Am 21. September 1939 erfolgte dann, allerdings nicht ab Tempelhof sondern etwa 20 km südlich von Berlin vom Flugplatz Rangsdorf aus, eine bescheidene Wiederaufnahme des Flugverkehrs auf der Strecke Berlin – Danzig – Königsberg, gefolgt am 18. Oktober von der Verbindung Berlin – Wien – Budapest – Belgrad.

In den Dreißigerjahren hatte sich der deutsche Luftverkehr zu einem wichtigen und fest etablierten Verkehrsmittel entwickelt und seine Daseinsberechtigung bewiesen. Dieser Erfolg ließ sich mit Zahlen belegen: Der Anteil der Subventionen an den Gesamteinnahmen sank spürbar von 63 % im Jahr 1932 auf gut 34 % im Jahr des Kriegsausbruchs. Mit einer Flotte von 150 Flugzeugen und einem Streckennetz von fast 80.000 Kilometern Länge hatte es Lufthansa zur führenden Fluggesellschaft Europas gebracht, ihr Anteil am Weltluftverkehr betrug 7,5 %. Doch mit Kriegsausbruch waren alle hochfliegenden Pläne Makulatur. Viele Illusionen, wie etwa 1939 noch den Linienverkehr bis nach Tokio ausweiten zu können, waren von heute auf morgen vorbei und blieben nun für Jahrzehnte unerreichbar. Eines von vielen deutschen Schicksalen.

Zwei Focke-Wulf Fw 200 ca. 1938 auf einem dänischen Flughafen, hinten die „Saarland" der Lufthansa. [SAS/ Wikimedia]

Die 1940er-Jahre

3 Die Lufthansa im Zweiten Weltkrieg

In den 1940er-Jahren ging es für die Lufthansa darum, weiterzufliegen unter schwierigsten Bedingungen, während an kommerziellen Luftverkehr nach Ausbruch des Krieges nicht mehr zu denken war. Was aber nicht hieß, dass es keine Passagierflüge gab, im Gegenteil, vor allem Verbindungen ins neutrale Ausland hatten große Bedeutung.

Dorthin flogen Wirtschaftsbosse, Diplomaten und Agenten, da wurde Post und mehr ausgetauscht. Durch das Reichsleistungsgesetz unterlag Lufthansa völlig dem Zugriff des Staates, Flugzeuge wurden requiriert, verchartert, verkauft. Wesentliche Teile der Lufthansa-Flotte übernahmen Luftwaffe oder Marine, insgesamt 23 Heinkel He 111, Junkers Ju 86 und Dornier Wal galten als von Lufthansa an das Reichsluftfahrtministerium verkauft. Die verbliebene Junkers G 38, die die Lufthansa unentgeltlich erhalten hatte, wurde an das Ministerium rückübertragen. Alle nicht für den stark reduzierten Flugbetrieb benötigten Mitarbeiter erhielten ihre Einberufung zum Wehrdienst. Nach anfänglicher Räumung des Heimatflughafens Tempelhof aus militärischen Gründen hatte sich Rangsdorf als Ersatz für den Luftverkehr als ungeeignet erwiesen. Bis zum 7. März 1940 gab es keine Lufthansa-Flüge mehr ab Tempelhof – erst dann wurde der Heimathafen der Lufthansa doch wieder planmäßig angeflogen.

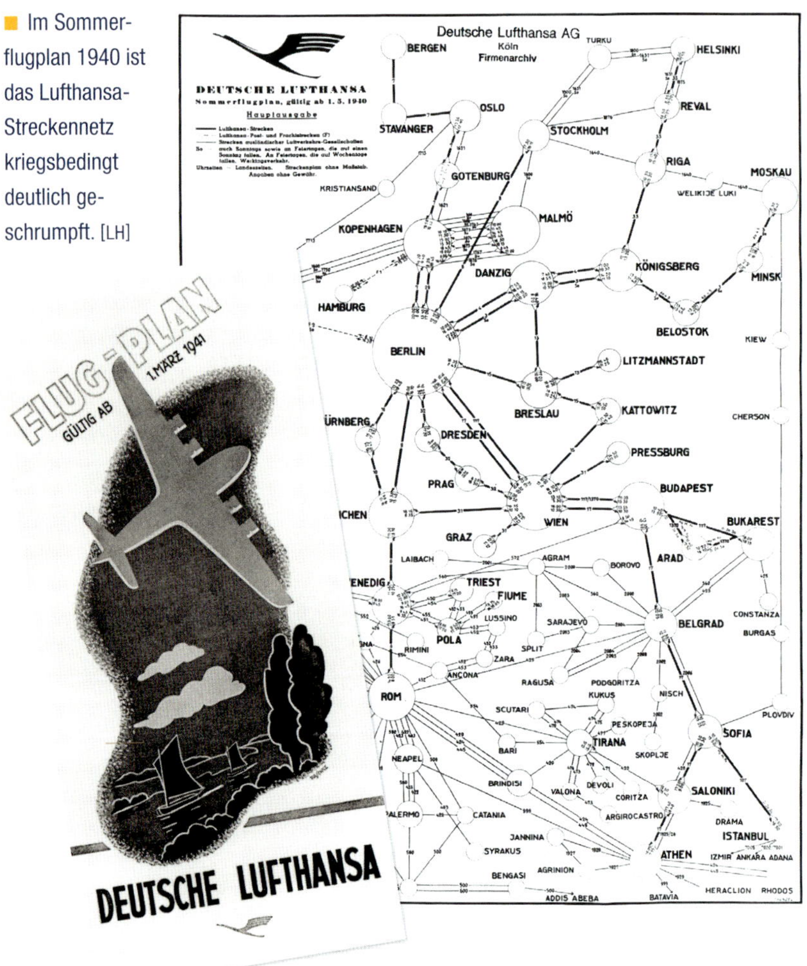

■ Im Sommerflugplan 1940 ist das Lufthansa-Streckennetz kriegsbedingt deutlich geschrumpft. [LH]

Streckenführung und Flugdienste waren ausschließlich vom Staat festgelegt, alles richtete sich nach den politischen Bedingungen und der Kriegslage. Der Öffentlichkeit gegenüber verharmlosten Propaganda und Medien die kriegsbedingten Einwirkungen auf den Luftverkehr weitgehend. Immerhin zwölf Länder flog die Lufthansa 1940 im Liniendienst noch an, für kurze Zeit startete im Januar 1940 nach dem Abschluss des Nichtangriffspakts auch der Verkehr zwischen Deutschland und der Sowjetunion wieder. Wichtig waren für das Reich und die Regierung vor allem die Nabelschnüre ins neutrale Ausland, nach Schweden, Spanien, Portugal und in die Türkei. Besonders Lissabon entwickelte sich im Krieg zu einer Drehscheibe zwischen den Fronten, gleichzeitig war die portugiesische Hauptstadt ein Ort des Informationsaustausches, wo etwa Agenten Tageszeitungen aus anderen europäischen Ländern aufkauften und an das Regime nach Berlin weiterleiteten. Noch nach dem Eintritt der USA in den Krieg war Lissabon der Ort für den Austausch von Post für neutrale Länder zwischen deutschen und amerikanischen Flugzeugen.

Allerdings täuschten auch die Flugpläne jener Zeit einen Zustand vor, der längst nicht mehr gegeben war. „Keinem Deutschen war es privat möglich, ohne entsprechende Bescheinigungen in die besetzten Gebiete zu fliegen, schon gar nicht ins neutrale Ausland. Nur der Eingeweihte erkannte an den lapidaren Vermerken auf den internen Streckenplänen, dass das Großdeutsche Reich längst ein riesiges Gefängnis war", beschreibt Rudolf Braunburg. „Für den Swissair-Flug nach Zürich hieß es, als sei das die selbstverständlichste Sache der Welt: *Pass mit deutschem Sichtvermerk. Grenzübergangsstelle Stuttgart-Echterdingen. Schweizerisches Einreisevisum*", so Braunburg. „So, als sei es überhaupt noch einem Deutschen möglich, einfach in die Schweiz zu reisen. Wohl selten ist die Diabolik des Hitler-Terrors so konzentriert harmlos zum Ausdruck gekommen wie hier." Mindestens so schwierig wie im Verkehr in die Nachbarländer gestaltete sich die Situation außerhalb Europas.

„Infolge der politischen Entwicklungen kamen im Betriebsjahr auch die letzten unserer bisher noch aufrechterhaltenen außereuropäischen Dienste zum Erliegen", heißt es im Lufthansa-Geschäftsbericht 1941. Auch die weltweit tätigen Lufthansa-Töchter mussten ihre Aktivitäten nach und nach beenden. Ende November 1940 endete der Eurasia-Dienst nach Intervention der chinesischen Regierung, der Stützpunkt in Kunming wurde geräumt und sämtliche Mitarbeiter verließen die Republik China. Mitte Dezember

Die Stunde Null – der stark zerstörte Berliner Flughafen Tempelhof 1945, bis dahin Heimatflughafen der Lufthansa. [LH]

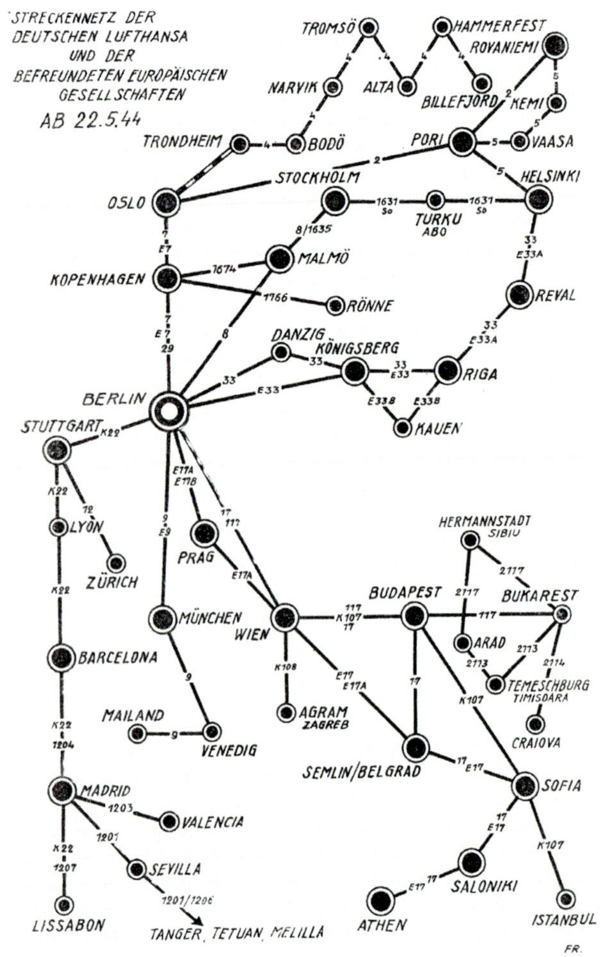

Das Streckennetz ab Mai 1944 besteht selbst in dieser extrem ausgedünnten Form oft mehr symbolisch als aus echtem Flugverkehr. [LH]

1941 musste die brasilianische *Syndicato Condor* den Betrieb einstellen. Bereits am 22. März musste die Deruluft liquidiert werden. Am 27. Oktober 1941 flog die Lufthansa erstmals seit dem Beginn des Krieges gegen die Sowjetunion wieder nach Riga und Helsinki.

Ab 1942 kam auf mehr und mehr Strecken der Verkehr zum Erliegen, weil sich die Kampfhandlungen zuungunsten des Deutschen Reichs entwickelten. Flugreisen waren nicht mehr im freien Verkauf buchbar, sondern mussten von staatlichen Stellen genehmigt werden. Werften und Personal der Lufthansa standen praktisch im Dienst der Luftwaffe. Freiherr von Gablenz, als Vorstandsmitglied der Lufthansa am 1. November 1941 zum Generalmajor ernannt und damit erster General der Reserve, stürzte am 21. August 1942 tödlich ab nach einem Flügelbruch seines Sportflugzeugs. Im Geschäftsbericht 1942 hieß es: „Das Jahr stand auch für die Lufthansa im Zeichen verstärkter Anstrengungen für die Kriegsführung. Während unser eigentliches Aufgabengebiet, der Luftverkehr, infolge erneuter Abgabe von Fluggerät weitere Einschränkungen erfahren musste, konnten die Leistungen unserer Werkstättenbetriebe für die Luftwaffe in einem beachtlichen Umfange gesteigert werden." Danach folgten weitere Passagen, in denen von Gefolgschaft, heldenmütigen Opfern, treuer Betriebsverbundenheit, vollem Einsatz und vorbildlicher Pflichterfüllung die Rede ist. „Man sieht: Die Anpassung an den Sprachstil des Dritten Reiches war vollzogen", merkt Braunburg an.

Zwischen 1943 bis 1945 wurden nach und nach immer mehr Strecken kriegsbedingt eingestellt. Nunmehr waren sämtliche Lufthansa-Piloten und die Lufthansa-Ausbesserungsbetriebe der Luftwaffe unterstellt. Zivilmaschinen der Lufthansa wurden zu Militärtransportern umgerüstet und von der Luftwaffe zweckentfremdet. Die letzte vollständige Flottenliste stammt vom 30. Juni 1944, dort tauchen insgesamt 56 Flugzeuge auf, darunter neben 24 Junkers Ju 52 auch je vier Douglas DC-2 und DC-3. „Nur zwölf davon waren noch ‚echtes' Lufthansa-Eigentum. Die anderen gehörten dem Reichsluftfahrtministerium oder stammten von den ‚Beutefluggesellschaften'", erklärt Braunburg, so etwa die DC-2 und -3 von KLM aus dem von Deutschland besetzten Holland. Auch im Geschäftsbericht 1944 spiegelt sich Endzeitstimmung: „Für die Durchführung des zivilen Flugdienstes standen nur wenige eigene Flugzeuge zur Verfügung", heißt es da. „Die geflogenen Kilometer entsprachen etwa dem Verkehrsergebnis des ersten Gründungsjahres der Gesellschaft." Nach fast zwei Jahrzehnten stürmischer Entwicklung war die Lufthansa durch den Krieg wieder auf so unbedeutendes Niveau wie am Anfang abgestürzt.

Am 23. März 1945 gab die Lufthansa ihren letzten Flugplan heraus, am 21. April 1945 führte sie von Berlin aus den letzten Linienflug durch und mit einer Ju 52 startete am 22. April 1945 von Berlin-Tempelhof nach Warnemünde der allerletzte Flug der „alten" Lufthansa. „Machen wir uns nichts vor. Dieser letzte Flug war nichts als eine Flucht aus Berlin. Eine Lufthansa-Strecke von Berlin nach Warnemünde gab es nicht", kommentierte Siegfried Graf Schack von Wittenau, seit 1926 einer der Pionierpiloten der Lufthansa. Dass die Lufthansa nicht generell aus Sympathisanten und Mitläufern des NS-Regimes bestand, belegt die Beschäftigung von Klaus Bonhoeffer, des Bruders des seit 1933 in öffentlicher Opposition zuerst zur Kirchenpolitik des Regimes stehenden Dietrich Bonhoeffer. Klaus Bonhoeffer war ab 1935 Rechtsanwalt in der Rechtsabteilung der Lufthansa und ab 1939 deren Chef-Syndikus bis zu seiner Verhaftung. Die stand im Zusammenhang mit dem Attentat vom 20. Juli 1944 auf Adolf Hitler, in das er eingeweiht war und infolge dessen er noch am 22. April 1945 mit zwölf Mitgefangenen durch Genickschuss ermordet wurde.

Nach 19 Jahren Unternehmensgeschichte war die erste Deutsche Lufthansa AG am Ende: Mit dem Kriegsende unterstellten die Alliierten die Luftfahrt über deutschem Gebiet ihrer Kontrolle und untersagten zunächst alle zivilen Flüge. Die Siegermächte erließen im Anschluss an das Potsdamer Abkommen vom 2. August 1945 die „Proklamation No. 2", in der am 20. September 1945 Herstellung, Besitz und Betrieb von Flugzeugen durch Deutsche generell verboten wurden. Damit war der Wiederbelebung der Lufthansa zunächst der Weg verbaut. Ein weiteres Gesetz verfügte die Beschlagnahme des Lufthansa-Vermögens und dessen Kontrolle durch die Militärregierung, die sich auf Personen erstreckte, die ab April 1933 für die Lufthansa gearbeitet hatten. Ehemalige Lufthanseaten durften von ihren gesperrten Konten in Folge nur 300 Reichsmark monatlich abheben, viele Piloten und Techniker gerieten in Not und mussten sich irgendeine andere bezahlte Tätigkeit suchen, um zu überleben. Erst am 1. Januar 1951 wurde das Restvermögen des alten Unternehmens *Deutsche Lufthansa AG* von den Alliierten vollständig liquidiert. Damit endete die Unternehmensgeschichte der „alten Deutschen Lufthansa AG" auch in rechtlicher Hinsicht.

„In der allgemeinen Auflösung verschwand auch die Lufthansa", erinnert sich Hans M. Bongers. „Versuche, ihre Organisation oder Teile davon in die Zukunft zu retten, blieben erfolglos. Ein Abschnitt der Luftverkehrs-Entwicklung ging zu Ende. Die Periode der Perfektionierung des ständig sicherer und pünktlicher werdenden Fluges war abgeschlossen." Schon ab Ende der 1940er-Jahre war das besiegte und besetzte Westdeutschland aber schon wieder an das internationale Luftverkehrsnetz angeschlossen, ab 1948 durften auch Deutsche wieder als Passagiere mitfliegen. Das erwies sich schnell als blendendes Geschäft für ehemalige Lufthansa-Konkurrenten, allen voran für die SAS, die nun freie Bahn hatten und ein massives Flugprogramm von und nach Westdeutschland auflegten. Die Deutschen hingegen würden dem Treiben noch auf Jahre hinweg zuschauen müssen, daran gehindert selbst wieder aktiv in das Luftverkehrsgeschäft einzusteigen.

Ein trauriges Bild – nach Kriegsende 1945 übersähen Trümmer der zerstörten Lufthansa-Flotte, hier eine Junkers Ju 52, das Vorfeld in Tempelhof. [LH]

Die Vorkriegs-Lufthansa und ihre Entstehung

Wichtige Daten 1926–1945

▶ 4. April 1921

AEG, Hapag und die Luftschiffbau Zeppelin gründen in Berlin die Aero Union AG. Die Deutsche Luft Reederei (DLR), eine Vorgängerin der Lufthansa, geht in ihr Eigentum über.

▶ 24. November 1921

Die Aero Union AG und die russische Handelsvertretung in Deutschland gründen die deutsch-russische Luftverkehrsgesellschaft (Deruluft).

▶ 6. Februar 1923

Die Aero Union AG und die Lloyd Luftdienst GmbH gründen in Berlin die Deutsche Aero Lloyd AG (DAL), die später in Lufthansa aufgeht.

▶ 8. Oktober 1923

Der Berliner Zentralflughafen Tempelhof wird eröffnet, Heimat der DAL und später der Lufthansa.

▶ 1925

Die Junkers-Luftverkehrs AG hat ihrerseits mehrere kleinere Fluggesellschaften übernommen und steht in direkter Konkurrenz zur DAL, die zusammen mit Junkers damit als Marktführer gelten. Beide sind aber nach wie vor auf das Wohlwollen verschiedenster Interessengruppen wie Flugzeughersteller, Städte, Länder und Behörden angewiesen. Der Politik ist klar, dass auf Dauern nur eine starke nationale Fluggesellschaft überleben kann.

▶ Oktober 1925

Die Restriktionen des Versailler Vertrages für den Luftverkehr in Deutschland werden gelockert, sodass auch größere Flugzeuge wieder von einheimischen Gesellschaften betrieben werden dürfen.

▶ 6. Januar 1926

Auf politischen Druck eine starke nationale Fluggesellschaft zu gründen, schließt sich nach monatelangen Verhandlungen auf einer Gesellschafterversammlung die DAL mit der Junkers Luftverkehr AG zusammen. Das neue Unternehmen trägt den Namen „Deutsche Luft Hansa Aktiengesellschaft" (ab 1933 „Lufthansa" in einem Wort). Das Firmenlogo mit dem Kranich, 1919 von der Deutschen Luftreederei eingeführt, wird vom DAL eingebracht, die Hausfarben Gelb und Blau von Junkers. Der feierliche Gründungs-

Ihre Junkers F 13 flog die Lufthansa auch im Seebäderverkehr zu wichtigen Ferienorten an Nord- und Ostsee, hier in Langeoog. [LH]

akt findet im Hotel Kaiserhof in Berlin statt. Das junge Unternehmen hat ein Eigenkapital von 50.000 Reichsmark.
Ein Fokker-Grulich Hochdecker startet zum ersten planmäßigen Flug über Halle, Erfurt, Stuttgart nach Zürich. Die Fokker-Grulich F-III ist das Zeitungsflugzeug der Lufthansa für den Flugdienst zu den Ostseebädern. Der erste Heimatflugplatz ist ein ehemaliger Exerzierplatz im Berliner Stadtteil Tempelhof. Rund 1500 Mitarbeiter werden in der neuen Gesellschaft beschäftigt.

► 18. Januar 1926

Die Firma wird in das Handelsregister in Berlin eingetragen.

► 6. April 1926

Der Liniendienst beginnt, für den zunächst 162 Flugzeuge 18 verschiedener Bauarten zur Verfügung stehen. Den größten Anteil hat das moderne Ganzmetallflugzeug Junkers F13 mit 27 Stück. Gleichzeitig nimmt das erste Bordkino der Welt an Bord eines Lufthansa-Flugzeugs seinen Betrieb auf. Gezeigt werden Stummfilme.

► 1. Mai 1926

Eröffnung der Nachtflugstrecke von Berlin nach Königsberg mit der dreimotorigen Junkers G24, die sich gemäß dem Vorbild aus den USA an eigens aufgestellten Scheinwerfern und montierten Neonleuchten orientiert. Auch eine Befeuerung der Landebahn kommt erstmals zum Einsatz.

► 15. Juni 1926

Das Stammkapital der Lufthansa wird auf 25 Millionen Reichsmark erhöht. Das Deutsche Reich übernimmt 26 % der Aktien und sichert sich damit maßgeblichen Einfluss.

► 23. Juli 1926

Um den Briten, Franzosen und Holländern, die zu dieser Zeit Langstreckenverbindungen zu ihren Kolonien aufbauen, Paroli bieten zu können, startet eine Langstreckenexpedition nach China. Die Strecke verläuft über die Sowjetunion mit 17 Zwischenstopps nach Peking. Unter anderem werden Königsberg, Smolensk, Moskau, Kazan und Irkutsk angeflogen. Zwei dreimotorigen Junkers-G-24-Maschinen benötigen insgesamt 37 Tage dafür. Die Expedition und dabei aufgetretene Schwierigkeiten machen jedoch die Hoffnung zunichte, eine eigene Langstrecke nach Asien aufzubauen. Allerdings beginnt man innerchinesisch mit dem Aufbau eines Zubringerdienstes für Luftpost zur Transsibirischen Eisenbahn.

► 31. Dezember 1926

Im ersten Geschäftsjahr 1926 hat die Luft Hansa 56.268 Fluggäste und 946 Tonnen Post und Fracht transportiert und beschäftigt 1527 Mitarbeiter.

► 26. Januar 1927

Das von der Luft Hansa geführte Condor-Konsortium erhält die Lizenz zum Betrieb für den Personen- und Postflugdienst in Brasilien.

► 13. August 1927

Erste Kooperation zwischen Eisenbahn und Flugzeug, als die Luft Hansa und die Deutsche Reichsbahn den gemeinsamen Betrieb des Flug-Eisenbahnverkehrs (Flei-Verkehr) vereinbaren.

► April 1928

Erster reiner Luftfracht-Flug mit Frachtflugzeugen.

► 29. April 1928

Der erste Steward fliegt auf der Strecke Berlin-Paris in einer Junkers G 31.

► 6. Juni 1928

Das bereits 1921 entstandene Tochterunternehmen (50 %) Deutsch-Russischen Luftverkehrsgesellschaft (Deruluft) fliegt erstmals die Strecke von Berlin nach Leningrad in 14 Stunden mit vier Zwischenlandungen.

► 1927 bis 1930

Luft Hansa beteiligt sich maßgeblich an den Gründungen der spanischen „Iberia", der brasilianischen „Syndicato Condor" und der chinesischen „Eurasia".

► 25.–29. Oktober 1929

Mit einem Erkundungsflug von 1820 Kilometern über den Balkan werden die Bedingungen für einen Flug nach Istanbul untersucht.

► 1. November 1932

Zwei dreimotorige Junkers Ju 52 3/m werden in die Flotte aufgenommen. Sie werden im Liniendienst eingesetzt, zuerst innerhalb Europas auf der Alpenstrecke. Später nach Asien und quer durch Südamerika bis Santiago de Chile. Die Ju 52 gehört von 1932 bis 1945 zur Flotte.

► 30. Juni 1933

Die Generalversammlung beschließt die Schreibweise „Deutsche Lufthansa Aktiengesellschaft".

► 3. Februar 1934

Als erste Luftverkehrsgesellschaft der Welt richtet Lufthansa über den Südatlantik einen nur auf den Luftweg abgestellten Transozean-Postflugdienst ein.

► 28. September 1934

Die Lufthansa begrüßt ihren einmillionsten Passagier.

► 4. November 1934

Eine Ju 86 der Lufthansa fliegt über 5800 km von Dessau nach Bathurst in Westafrika.

25. Juli 1935

Die hundertste Atlantiküberquerung wird gefeiert. Dabei wird das viermillionste Stück Post nach Südamerika befördert.

1936 bis 1938

Über den Nordatlantik wird ein planmäßiger Probeluftverkehr durchgeführt.

Ab 1935 flog die Lufthansa-Tochter Eurasia ab Kunming in China mit zehn Junkers Ju 52. [Wikimedia]

11./12. Juni 1937

Lufthansa absolviert den 250. Transozeanflug im Südatlantikdienst.

1937

Zwischen Berlin und Stockholm werden Schlafsessel in einer Ju 52 eingesetzt.

29. Oktober 1937

Lufthansa eröffnet einen Luftpost- und Frachtdienst zwischen Berlin, Athen und Bagdad. Diese Verbindung wird anschließend auf Teheran und Herat ausgedehnt.

Juni 1938

Die ersten Stewardessen kümmern sich an Bord von Lufthansa-Flügen um die Passagiere.

10. August 1938

Erster Nonstop-Flug eines Landflugzeugs von Berlin nach New York. Die Focke-Wulff Fw 200 „Condor" benötigt dafür 24 Stunden und 56 Minuten.

28. November 1938

Eine Fw 200 „Condor" fliegt von Berlin über 14.278 km auf der Südroute mit nur drei Zwischenstopps in 46 Stunden und 18 Minuten nach Tokio. Dies ist zu dieser Zeit sensationell und den Flugbooten der Konkurrenz von Imperial Airways haushoch überlegen. Auf dem Rückweg geht das Flugzeug durch eine Notwasserung bei Manila verloren.

25. Juli 1939

Eröffnung der Lufthansa-Strecke Berlin-Bangkok

31. August 1939

Der Flugverkehr wird wenige Tage vor Kriegsausbruch kurzzeitig eingestellt.

21. September 1939

Die europäischen Strecken nach Skandinavien, Italien, der Iberischen Halbinsel, dem Balkan und der Türkei werden wieder beflogen.

1939 bis 1945

Nach der größten Ausdehnung des Streckennetzes 1939 unter anderem bis Bangkok und Santiago de Chile, beschränkt sich der Kriegsluftverkehr auf einige europäische Länder. Die Lufthansa wird zu Transport- und Reparaturzwecken schnell in das Kriegsgeschehen hineingezogen.

19. Juli 1940

Lufthansa verpflichtet sich in einem Vertrag über „Besondere Leistungen der Lufthansa aufgrund des Kriegszustandes" zum Verkauf oder zur Vercharterung von Flugzeugen für militärische Aufgaben. Auch schon bestellte Flugzeuge werden nicht an die Lufthansa ausgeliefert, sondern direkt dem Militär zugeführt. Binnen drei Jahren schrumpft die Flotte auf nur noch 59 Maschinen.

8. November 1940

Die Ju 90 „Brandenburg" stürzt bei Dresden ab. Bei diesem schwersten Unfall der alten Lufthansa sterben alle 29 Insassen.

2. April 1945

Der letzte Flugplan der alten Lufthansa erscheint.

4. Mai 1945

Letzte protokollierte Flüge der Lufthansa mit einer Fw 200 (D-ASVX, „Müringen") von Oslo nach Flensburg und mit der Junkers Ju 52 3/m D-AFFF von Aalborg nach Oslo.

8. Mai 1945

Operatives Ende der ersten Lufthansa und Verlust der Lufthoheit des Deutschen Reiches an die Alliierten bei Kriegsende.

16. Mai 1945

Ehemalige Lufthanseaten beginnen mit Erlaubnis der sowjetischen Kommandantur mit ersten Aufräumungsarbeiten am schwer beschädigten Flughafen Berlin-Tempelhof.

Chronik der Deutschen Lufthansa AG

Die 1950er-Jahre

4 Neustart für den Kranich

Die erste demokratische Regierung unter Bundeskanzler Konrad Adenauer war seit 1949 im Amt. Lebensmittelkarten – Erinnerung an Krieg und Zwangswirtschaft in Deutschland – wurden 1950 gerade abgeschafft. Jetzt schien die Zeit reif, endlich auch die schon lang gehegten Pläne zum Wiederaufbau einer nationalen Fluggesellschaft an den Möglichkeiten der Wirklichkeit zu messen. Die junge Bundesrepublik Deutschland gewann in den Jahren des „Wirtschaftswunders" zunehmend an Selbstvertrauen. Sie sah sich militärisch umworben und steuerte auf die Souveränität und damit auf die Lufthoheit zu. Schon früh hatte der erste Verkehrsminister Hans-Christoph Seebohm auf die Notwendigkeit und die volkswirtschaftliche Bedeutung einer nationalen Luftverkehrsgesellschaft hingewiesen. Auf einer Tagung der Verkehrsminister der Länder in Berlin dachte er bereits 1949 laut über das „grundsätzliche Recht eines Staates" nach, „über alle Verkehrszweige nach eigener Vollmacht zu entscheiden".

Um 1950 sprach vieles für die Neugründung eines rein deutschen Luftfahrtunternehmens – jedenfalls aus deutscher Sicht. Die Wirtschaft wieder aufzubauen, an alte Geschäftsbeziehungen aus der Vorkriegszeit anzuknüpfen, das setzte intakte Auslandsverbindungen voraus, die nicht von rein kommerziellen Erwägungen ausländischer Gesellschaften abhängig sein durften. Die hatten sich bereits seit den unmittelbaren Nachkriegsjahren ungestört in Westdeutschland ausbreiten können, die ersten wie Air France und KLM seit 1947. Dazu schreibt Rudolf Braunburg: „Als die Lufthansa 1955 in Erscheinung trat, war der europäische und interkontinentale Luftverkehr fest in den Händen der Konkurrenz. Schon im Oktober 1952 waren allein in Deutschland zwanzig ausländische Luftverkehrsgesellschaften tätig, die sich gegenseitig den Rang abliefen. Darunter nicht nur die Mitteleuropäer wie KLM, Air France oder SAS, sondern auch die Luftlinien der Ägypter, Südafrikaner, Argentinier, Polen und des Fernen Ostens!".

Außerdem war abzusehen, dass sich der Luftverkehr zu einem nicht unbedeutenden Wirtschaftsfaktor und Arbeitgeber entwickeln würde. Den tatsächlichen Umfang sah freilich noch niemand. Als sich schließlich das Bundesverkehrsministerium mit Einverständnis der Alliierten für die Vorbereitung eines eigenständigen deutschen Luftverkehrs einsetzte, war Hans M. Bongers mit seinem Wirtschaftsberatungsbüro der gegebene Ansprechpartner für den

Hans M. Bongers hatte schon bei der alten Lufthansa eine wichtige Rolle gespielt. Der Neustart der Lufthansa ab 1955 begann zunächst unscheinbar im „Büro Bongers." [LH]

Minister. Bongers hatte längst entsprechende Pläne vorgelegt. Am 29. Mai 1951 berief ihn Minister Seebohm zu seinem Berater in Luftverkehrsfragen. Sein Auftrag lautete, die Bundesregierung „in Fragen eines zukünftigen Luftverkehrs zu beraten und als Gutachter auf diesem Gebiet tätig zu sein“. Vor allem sollte er sich den „Problemen des Aufbaus und der Arbeitsweise einer neuen deutschen Luftverkehrsgesellschaft“ widmen. Das „Büro Bongers“ siedelte nach Köln über in die Nähe der „provisorischen Hauptstadt“ Bonn. Bongers kärglich möbliertes Planungsbüro sollte sich im Rückblick als die Keimzelle der neuen Lufthansa erweisen. Dies erklärt auch den späteren Firmen- und Verwaltungssitz in Köln.

Bongers gehörte zu den wenigen Männern in Deutschland, die das Luftverkehrsgeschäft von der Pike auf gelernt hatten. 1924 hatte er noch bei Junkers mit dem Aufbau einer Betriebskostenermittlung für den Luftverkehr begonnen. Die Eigenwirtschaftlichkeit dieses neuen Verkehrsmittels beschäftigte ihn schon, als alle Welt nur an Subventionen dachte. In der ersten Lufthansa hatte es Bongers vom Werkstättenleiter zum Prokuristen, Direktor und schließlich Verkehrsleiter des Gesamtbetriebes gebracht. In seinem Büro am Kaiser-Wilhelm-Ring hatte er Fachleute um sich versammelt: ehemalige Lufthansa-Kollegen, so zum Beispiel Walter Issel, einst im Vorstand der Deruluft, Lufthansa-Syndikus und Mitarbeiter des Zeppelin-Konzerns sowie Flugkapitän von Engel, der auf dem Süd- und Nordatlantik geflogen war. Ansprechpartner seit September 1951 war im Ministerium die „Abteilung Luftfahrt“ unter Ministerialdirektor Kurt Knipfer. Der war selbst von 1926 bis 1944 Aufsichtsratsmitglied der Lufthansa gewesen und mit allen Problemen der Lufthansa und des Luftverkehrs aufs Engste vertraut. Bongers hatte in Diplom-Ingenieur Gerhard Höltje einen Mitarbeiter gefunden, der ihn auf der technischen Seite ideal ergänzte. Bei der alten Lufthansa war Höltje an der Entwicklung von Seeflugzeugen beteiligt und als Abnahme-Ingenieur bei einigen der großen deutschen Flugzeugwerke tätig gewesen, bevor er ab 1942 die Leitung der Versuchsabteilung der Technischen Entwicklung bei Lufthansa übernahm.

Aktienbücher der alten und neuen Lufthansa im Firmenarchiv. [Spaeth]

Nach dem Krieg hatte er durch die Wartung der in Tempelhof stationierten amerikanischen Transportflugzeuge den Anschluss an die moderne Luftfahrt nicht verloren. Alles, was bei Bongers geplant wurde, war zunächst reine Theorie. Viel Papier pflasterte den Weg zur neuen Lufthansa. Seine Gutachten, Berechnungen und Analysen dienten einem „Vorbereitungsausschuss für Luftverkehr“, kurz VAL, als Arbeitsgrundlage. Dem Ausschuss gehörten acht Vertreter des Bundes, der Länder und der Wirtschaft an. Dr. Kurt Weigelt, letzter stellvertretender Aufsichtsratsvorsitzender der alten Lufthansa, übernahm den Vorsitz. Der VAL prüfte die Möglichkeiten einer deutschen Handelsluftfahrt, legte auch die Richtlinien für eine zu gründende deutsche Luftverkehrsgesellschaft fest – immer im Bewusstsein, dass der „Wiederaufbau eines deutschen Luftverkehrs für unser verarmtes, zerrissenes und schwer ringendes Land ein äußerst schwieriges Unternehmen ist …“

Die Planer planten, aber sie planten an der Wirklichkeit vorbei, jedenfalls zeitlich. 1953, so die optimistischen Schätzungen damals, sollten deutsche Flugzeuge wieder fliegen. Doch die Verhandlungen mit den alliierten Siegermächten

Eines der ersten Flugzeuge für die neue Lufthansa: Convair CV-340 in der Produktion in den USA 1954, noch mit vorläufigem Erscheinungsbild. [LH]

Die CV-340 D-ACOH erreicht mit einer Schwestermaschine als erstes Flugzeug für die neue Lufthansa am 29. November 1954 Hamburg. [LH]

über den neuen Staatsvertrag zogen sich hin und ohne ihn lief nichts. Nur Schritt für Schritt ging es vorerst weiter. Am 26. September 1952 beschloss das Bundeskabinett eine Vorbereitungsgesellschaft für den geplanten Luftverkehr. Und am 6. Januar 1953, symbolträchtig am Geburtstag der alten Lufthansa also, versammelten sich die Gründer im Oberbergischen Saal der Industrie- und Handelskammer zu Köln, um die „Aktiengesellschaft für Luftverkehrsbedarf" (Luftag) aus der Taufe zu heben. Ihre Aktionäre waren: der Bund, die Bundesbahn und das Land Nordrhein-Westfalen. Schon die damalige Präsenz der Bundesbahn deutete an, was sich in den folgenden Jahrzehnten zeigte: Lufthansa vermied es tunlichst, in Deutschland in ernsthafte Konkurrenz zur Eisenbahn zu treten. Zusammen brachten die Aktionäre ein Grundkapital von sechs Millionen Mark ein. Den Vorsitz im Aufsichtsrat übernahm Dr. Kurt Weigelt. Bongers und Höltje standen nun an der Spitze der Luftag in Köln. Sie setzten die Theorie in die Praxis um.

Endlich spürte man so etwas wie „Propellerwind". Die Luftag durfte Flugzeuge einkaufen, Mitarbeiter einstellen und schulen, eine Bodenorganisation aufbauen. Die Beschaffung geeigneten Fluggeräts und die Einstellung ausländischer Kommandanten, die die Ausbildung der neuen deutschen Luftfahrer übernehmen würden, erwiesen sich aber auch als größte Hürden in der Aufbauphase. Die Luftag durfte sich, als sichtbarer Ausdruck der Identifikation mit dem großen Vorbild seit dem 6. August 1954 wieder „Deutsche Lufthansa Aktiengesellschaft" nennen. Rechtsnachfolgerin war sie allerdings nicht, denn es war schlicht der Name, der von der alten „Deutschen Lufthansa Aktiengesellschaft in Liquidation" gekauft worden war.

Zentrales Thema war die richtige Flottenwahl. Anders als vor dem Krieg gab es ja keine deutschen Flugzeugfabriken mehr. Kein Junkers, kein Heinkel, kein Dornier oder Focke-Wulff, die in enger Zusammenarbeit mit Lufthansa wieder jene Flugzeuge hätten entwickeln können, die den Anforderungen der Gesellschaft entsprachen. Jetzt lag der Schwerpunkt der technischen Entwicklung ausschließlich in Amerika und England. Die beschränkten Mittel – das Anfangskapital musste schnell auf 25 Millionen, kurz darauf auf 50 Millionen Mark erhöht werden – erlaubten bei der Auswahl der Flugzeugmuster kein Experimentieren. Es kam zu einem Wettlauf zwischen Briten und Amerikanern, wer beim Wiederaufbau des deutschen Luftverkehrs als Ausrüster zum Zuge käme. „Vorn vornherein beäugten Amerikaner und Briten einander misstrauisch und eifersüchtig. Wer würde sich die größte Scheibe vom deutschen Luftverkehrskuchen abschneiden? Die junge Diva Lufthansa musste auf zwei Hochzeiten tanzen", schreibt Rudolf Braunburg. Briten und Amerikaner erhielten also beide Aufträge, manchmal sogar über Kreuz. Für die ersten vier in

Zwischen 1958 und 1961 übernahm die Lufthansa als dritten Flugzeugtyp die britische Vickers Viscount, insgesamt elf. [Manfred Winter]

Als letzte und achte Lockheed L1049G für die neue Lufthansa erreicht die D-ALID im August 1956 Hamburg. [Flughafen Hamburg]

den USA bei Convair bestellten vier Kurzstreckenflugzeuge vom Typ Convair CV 340 erklärte sich wiederum British European Airways (BEA) bereit, die Cockpitbesatzungen auszubilden.

Absurderweise flogen die Briten selbst dieses US-Flugzeug gar nicht, sondern mussten auf Kosten der jungen, klammen Lufthansa neun ihrer Piloten zunächst in den USA schulen lassen. Sie standen dann bis März 1957 den Deutschen auf Europastrecken als Ausbildungskommandanten zur Verfügung. Dafür erhielt BEA jährlich 37.800 Pfund Sterling, nach heutigem Wert fast eine Million Euro, ein riesiger Batzen Geld aus dem beschränkten Startkapital der Deutschen. Auch für die Langstrecken-Flugzeugwahl machten sich die Briten Hoffnungen und brachten ihre de Havilland Comet in Stellung, den ersten in Serie gebauten Passagierjet. Es war eine schwierige Entscheidung, zumal das Ende der Kolbenflugzeug-Ära bereits absehbar war. Doch die Entscheidung fiel gegen die Comet, aus einem simplen Grund: Ihre zu geringe Reichweite hätte Nonstopflüge von Deutschland in die USA unmöglich gemacht. Die stattdessen getroffene eher konservative Wahl der amerikanischen Lockheed Super Constellation, die die Transatlantikstrecken auch nur mit Zwischenstopp und dank extra an den Flügelspitzen angebrachter Zusatztanks schaffte, erwies sich im Nachhinein als goldrichtig. Denn die frühe Comet entpuppte sich aus mehreren Ursachen bald als Kata-

■ In ihrer Simulation „Operation Paperjet" spielte die Lufthansa bereits ab 1956 sehr realistisch künftige Transatlantik-Flüge mit Jets durch. [LH]

■ Fertig ausgebildete Besatzungen präsentieren sich Anfang 1955 vor einer CV-340 in Hamburg startklar. [LH]

strophenflugzeug mit insgesamt vier Abstürzen 1953/1954, drei davon wegen Materialermüdung aufgrund eines Konstruktionsfehlers. „Hätte die Lufthansa damals diese Maschinen geflogen und hätten sich ähnliche Unfälle ereignet, so wäre die junge Gesellschaft erledigt gewesen und eines frühen Todes gestorben", konstatiert Braunburg die harte Wahrheit. „Die Zurückhaltung bei Experimenten hatte sich als richtig erwiesen."

Um die vier fabrikneuen Lockheed Super Constellations zu fliegen, brauchte man natürlich Piloten. In scharfen Prüfungen wählte die Luftag einige wenige frühere Flugzeugführer der ehemaligen Lufthansa aus, die für die nötige Umschulung geeignet waren. Eines der wesentlichen Kriterien, an denen etliche eigentlich für den Job prädestinierte alte Hasen scheiterten: Englischkenntnisse. Sie waren zuvor noch nur auf Deutsch bis in den Himalaya gekommen, doch nun war die internationale Luftfahrtsprache Englisch. Fünf Flugzeugführer und fünf Flugingenieure hatten sich Anfang November 1953 in den Räumen der Luftag in der Alten Universität zu dem Kursus eingefunden, der die Piloten abschließend in die Herstellerwerke an der amerikanischen Westküste führte. Und auch Flugbegleiterinnen suchte man. Stewardess zu sein galt damals in den harten Nachkriegsjahren als der Traumberuf für Frauen schlechthin. Die Welt stand ihnen offen. Zitat aus der Presse jener Tage: „Glühend werden die Mädchen, die in schmucker Uniform liebenswürdig, hilfsbereit und fast allwissend, voller Charme an Bord der Verkehrsflugzeuge um das Wohl der Fluggäste bemüht sind, um ihren Beruf, der vom Zauber der Romantik und der Ferne umgeben scheint, beneidet. Doch wie wenige der Backfische, die sehnsuchtsvoll diesem Berufsziel zustreben, ahnen, mit welcher Verantwortung und welchen Anstrengungen der Dienst in den Luftriesen verbunden ist, wie hohe Anforderungen von den Luftverkehrsgesellschaften an die Bewerberinnen gestellt werden müssen und auf wie vieles man verzichten muss, wenn man sich dieser Aufgabe verschreibt!"

Bewerbungen gingen waschkörbeweise ein, obwohl die Anforderungen hochgesteckt waren. Am Rande des Flughafens Hamburg-Fuhlsbüttel wuchsen inzwischen die neuen Werftanlagen aus dem Boden. Sie sollten Hamburg zur technischen Basis der Lufthansa und zum Heimathafen ihrer Flugzeuge machen. Mit dem Wagemut und der Weitsicht einer Hansestadt hatte sich der Senat von Hamburg bereitgefunden, die Werfthallen und Gebäude für Lufthansa zu errichten und so Hamburg einen zweiten Hafen, einen Flughafen, zu verschaffen. Für die Investitionen stellte die Stadt über 13 Millionen Mark zur Verfügung, neue Anlagen kosteten noch mal weitere 16 Millionen Mark. Die Unterstützung Hamburgs dafür gab es natürlich nicht, ohne im Gegenzug eine langfristige feste Bindung der neuen Lufthansa an die Stadt vertraglich festzulegen sowie ihr einen Platz im Aufsichtsrat einzuräumen. Hamburg schien den Planern damals noch als der günstigste Ausgangspunkt für die interkontinentalen Verbindungen, das sollte sich bald ändern, doch der Hauptsitz der heutigen Tochtergesellschaft Lufthansa Technik ist weiter Hamburg, hervorgegangen aus der damaligen Standortentscheidung.

Vieles war zunächst improvisiert, manches ganz einfach primitiv. So war die Stationsleitung Frankfurt provisorisch im neuen Hangar untergebracht. Ihr Mobiliar bestand im Wesentlichen aus einem wieder zusammengenagelten Tisch, einer Schreibmaschine, einer Stahlkassette mit wenig Geld und etlichen Akten und Formularen. Der Stationsleiter und sein Assistent „residierten“ auf umgestülpten Kisten. Pionierzeiten der neuen Lufthansa. Im März 1955 begann Lufthansa nach Genehmigung der alliierten Behörden und des Bundesverkehrsministeriums, mit dem Probeflugverkehr innerhalb der Bundesrepublik. Die deutschen Flugzeugführer flogen als Copiloten englischer Kapitäne – Übungen vor dem neuen, dem zweiten Start. Die Bundesregierung, die beim Comeback der Lufthansa eine führende Rolle übernommen hatte, sorgte für den organisatorischen Rahmen des sich neu konstituierenden deutschen Luftverkehrs: Sie organisierte die Flugsicherung, schuf die Rechtsgrundlagen, baute die staatliche Luftfahrtverwaltung auf. Auch auf internationalem Parkett war man wieder dabei. Schon 1954 hatten Vertreter der Bundesrepublik Deutschland an einer von der ICAO, der Internationalen Zivilluftfahrtorganisation, auf Wunsch des Europarates einberufenen Konferenz zur Koordinierung des Luftverkehrs in Europa teilgenommen. Diese führte dann zur Gründung der Europäischen Zivilluftfahrtkonferenz (ECAC).

Die konstituierende Konferenz der ECAC fand Ende 1955 unter Teilnahme der Bundesrepublik Deutschland statt.

■ Blick in die Wartungshalle der Lufthansa-Werft in Hamburg am 25. September 1957. Im Vordergrund rechts eine der vier damals eingesetzten Douglas DC-3 (ex-C-47). [LH]

Im Herbst 1956 wurde die Strecke von Hamburg nach Buenos Aires mit fünf Stopps eröffnet, hier der erste in Düsseldorf. [Flughafen Düsseldorf]

Ein Jahr später trat die Bundesrepublik Deutschland dem Abkommen über die internationale Zivilluftfahrt und der Transitvereinbarung bei, die anlässlich der Internationalen Luftfahrtkonferenz von Chicago am 7. Dezember 1944 aufgelegt worden waren. Die Bundesrepublik Deutschland wurde damit Mitglied der ICAO, einer Sonderorganisation der Vereinten Nationen, deren große Verdienste insbesondere in der Vereinheitlichung der Regeln im Weltluftverkehr liegen. Seit dem 1. April 1955 zeigte Lufthansa als „Spätheimkehrerin der deutschen Wirtschaft" wieder Flagge – den traditionellen und traditionsreichen Kranich und die Farben Blau und Gelb. Genau ein Jahrzehnt lag zwischen der totalen Hoffnungslosigkeit angesichts der Trümmer von 1945 und dem bescheidenen, von der breiten Öffentlichkeit eher beiläufig vermerkten Neubeginn.

Fast gleichzeitig starteten am Morgen dieses 1. April je eine Convair in Hamburg und in München zum planmäßigen Linienflug. Auf den Zwischenlandeplätzen gab es Ansprachen und Empfänge. Pan American begrüßte Lufthansa in Zeitungsanzeigen: „Hallo Lufthansa! In der Reihe der Weltfluggesellschaften heißen wir das ‚neue' alte Mitglied willkommen. Wir freuen uns über den Zuwachs und sind sicher, dass die große Tradition der Lufthansa auch ihre Leistungen in Zukunft bestimmen wird. Bremsklötze weg!" Der erste Flugplan war nicht mehr als ein schlichtes Faltblatt und bot gerade vier werktägliche Flüge auf innerdeutschen Strecken. Am 5. Mai 1955 traten die Pariser Verträge in Kraft. Die Bundesrepublik hatte ihre Souveränität und auch die Lufthoheit erhalten. Mitte Mai konnte Lufthansa die europäische Metropole Paris wieder anfliegen. Am 15. Mai 1955 wurde auf dem Madrider Flughafen Barajas die traditionsreiche Strecke von Deutschland zur Iberischen Halbinsel eröffnet, auf der Lufthansa-Maschinen bis

Zur Feier des Erstflugs am 1. April 1955 werden in Hamburg Kranich-Flaggen gehisst. [LH]

Wir sind wieder da! Nichts anderes ist die Botschaft des ersten Flugplans der neuen Lufthansa ab April 1955. [LH]

1945 geflogen waren. Einen Tag später wurden die Strecken Hamburg und München nach London, dem Zentrum des europäischen Luftverkehrs, feierlich dem Verkehr übergeben. Und am darauffolgenden Tag hielten Bongers und der Chef des zivilen Luftfahrtwesens in Frankreich, Lemaire, auf dem Pariser Großflughafen Orly Begrüßungsansprachen.

Auch die Eröffnung der ersten Langstrecke ließ nun nicht mehr lange auf sich warten. Der erste planmäßige Nordatlantikflug fand am 8. Juni 1955 statt. Für die Super Constellations stellte die amerikanische TWA die Piloten, zunächst zehn. Bis April 1957 stieg deren Zahl auf 20. Ende März 1956 konnte zum ersten Mal eine rein deutsche Besatzung in Richtung USA starten, doch die amerikanischen Ausbilder kehrten erst vom Sommer 1959 an in ihre Heimat zurück. Dass TWA hier involviert war, ist kein Zufall: Die Fluggesellschaft gehörte dem Multi-Milliardär Howard Hughes (vielen vielleicht bekannt aus dem Hollywood-Film „The Aviator"), und Hughes war gleichzeitig auch Hauptaktionär von Lockheed. Im Vergleich zu den britischen BEA-Piloten und natürlich vor allem gemessen an den Salären der neuen deutschen Piloten wurden die TWA-Kapitäne in Diensten der neuen Lufthansa fürstlich bezahlt. Sie erhielten 2100 Dollar im Monat (etwa 24.000 Dollar nach heutigem Kurs), damals lag der Wechselkurs bei 4,20 DM für einen Dollar. Die deutschen Kollegen erhielten in etwa die gleichen Summen wie die Amerikaner, nur in Mark. Außerdem war für jede Übersiedlung eines Amerikaners in die Bundesrepublik noch eine Prämie von 5000 Dollar zu zahlen (heute fast 60.000 Dollar). Dafür legten die US-Captains ihren deutschen Kollegen gegenüber oft ein selbstherrliches Verhalten an den Tag (mehr dazu im Exkurs über die Super Constellation). „Die angehende Fluggesellschaft hatte keine andere Wahl, als die Bedingungen der Ausländer zu akzeptieren, mochten sie auch teilweise erpresserischen Charakter haben", schreibt Braunburg. „Es ging um Zahlen oder Sterben bzw. erst gar nicht das Licht der Luftfahrtwelt erblicken."

Die Super Constellations beflogen im planmäßigen Verkehr die Streckenabschnitte New York–Frankfurt und New York–Düsseldorf im Nonstop-Flug. Die schlanke „Königin der Lüfte", wie sie liebevoll und schwärmerisch genannt wurde, war ein Flugzeug von bestechender Eleganz, verlässlich und leistungsfähig und hatte, Navigator und Funker inklusive, eine mindestens fünfköpfige Cockpitbesatzung. Da ihre Antriebe äußerst anfällig waren, galt sie bald als „die beste Dreimotorige der Welt." Etwa 1100 Mitarbeiter waren in dieser frühen Pionierzeit bei Lufthansa beschäftigt. Die Bilanz ihrer Arbeit las sich nach einjährigem Verkehrsbetrieb so: Lufthansa hatte im planmäßigen Verkehr und auf Sonderflügen rund 104.000 Fluggäste in 15.900 Flugstunden über 5.066.000 Flugkilometer befördert. Dazu kamen rund 1000 Tonnen Fracht und 500 Tonnen Post. Zwölf Flughäfen wurden angeflogen. Dabei machte die neue Lufthansa zunächst hohe Verluste, anders als in den hochfliegenden Geschäftsplänen vorgesehen. Warum sich die „bei der Planung unterstellte Ausgangsbasis völlig verschoben und ungünstig verändert hatte", dazu äußerte sich Hans M. Bongers 1956: Aufgrund der „heterogenen und kostspieligen Flotte, sowie der Unmöglichkeit, im eigenen Markt eine beherrschende Rolle zu spielen, ferner die Vorenthaltung vitaler Luftverkehrsrechte in dritten Ländern."

Parallel zum Ausbau des Deutschland- und Europa-Verkehrs, parallel auch zu dem viel schwierigeren Einstieg auf den Interkontinentalstrecken – erst nach Nord-, dann 1956 nach Südamerika und nach Asien – konnte Lufthansa nun darangehen, ihre internationalen Luftverkehrsinteressen vertraglich abzusichern. Die ersten bilateralen Luftverkehrsabkommen wurden noch 1955 abgeschlossen: mit den Vereinigten Staaten und Großbritannien im Juli und mit Frankreich im Oktober. Mehr als 80 solcher Abkommen unterzeichnete die Bundesrepublik Deutschland in den folgenden Jahren und Jahrzehnten und erwarb so im Austausch gegen vergleichbare Rechte in der Bundesrepublik einen großen Besitzstand an Verkehrsrechten. Die Bundesregierung hat Lufthansa gegenüber allen Ländern, zu denen im Laufe der Jahre Fluglinienverbindungen aufgrund von Abkommen aufgenommen wurden, als das deutsche Luftfahrtunternehmen bezeichnet, das zur Ausübung der vereinbarten Verkehrsrechte berechtigt ist. Dadurch ist die Deutsche Lufthansa zu der Gesellschaft geworden, die die

Tierischer Empfang für Passagiere einer Lufthansa DC-3 am Flughafen München-Riem 1956, dort hielten Schafe das Gras kurz. [Flughafen München]

Zu Beginn der neuen Lufthansa starteten alle Langstrecken in Hamburg, so auch hier beim Erstflug nach Südamerika am 15. August 1956. [LH]

nationalen Fluglinieninteressen im Ausland wahrnimmt. Ihr sind daraus nicht nur Rechte, sondern auch die Pflicht entstanden, im Rahmen ihrer wirtschaftlichen Möglichkeiten ein umfassendes weltweites Flugliniennetz anzubieten. Lufthansa selbst wurde auch wieder Mitglied der International Air Transport Association (IATA). Diese Interessenvertretung internationaler Luftverkehrsgesellschaften nahm auf der Sitzung des Exekutiv-Komitees in Montréal vom 6. bis 8. Juni 1955 Lufthansa mit sofortiger Wirkung als Mitglied auf. Es war damals wie heute als Liniengesellschaft unmöglich, am Markt teilzunehmen, ohne der IATA anzugehören. Zu der Zeit handelte es sich um ein Kartell, das lange rigoros eine Aufweichung der hohen Flugpreise und jede Liberalisierung verhinderte.

Jahr um Jahr wuchs in dieser stürmischen Aufbauphase die Zahl der Mitarbeiter: Ende 1957 waren es fast 5000, Ende 1958 bereits über 6000 Mitarbeiter. Die Zahl der Piloten stieg mit dem Ausbau des Streckennetzes und der Flotte – mit der viermotorigen Lockheed L 1649 A Super Star für die Langstrecken, den neuen zweimotorigen Convair 440 und den Vickers Viscount für Europastrecken. Im Hinblick auf diese Entwicklung hatte Lufthansa schon früh die bedeutsame Entscheidung getroffen, eine eigene Pilotenschule einzurichten. Sie wurde am 1. Mai 1956 in Bremen eröffnet. Am ersten Lehrgang nahmen zwölf Flugschüler teil. Mit einem Streckennetz von etwa 8000 Kilometern hatte die neue, die zweite Lufthansa begonnen. Ende 1959 umfasste es schon fast 93.300 Kilometer. Im ersten Berichtsjahr flogen 74.000 Passagiere mit Lufthansa-Maschinen und 1959, im letzten Jahr der Propellerära, waren es bereits 786.000 – Zahlen, die die Leistungen der wachsenden Lufthansa-Verkaufsorganisation und der für sie arbeitenden IATA-Agenten widerspiegeln. Das konnte aber nicht darüber hinwegtäuschen, dass niemand auf die deutschen Spätstarter gewartet hatte. Braunburg beschreibt den schweren Stand des Neulings: „Der Kampf um Kunden war hart. Es ging darum, sie den gut eingeführten und renommierten Gesellschaften abzutrotzen, die bisher den innerdeutschen und mitteleuropäischen Luftverkehr allein bestritten hatten. Und da die holländische KLM, die schweizerische Swissair oder die skandinavische SAS bei den deutschen Kunden bestens angekommen waren, gab es eigentlich keinen Grund, sich plötzlich auf ein Experiment mit einer neuen, noch keinesfalls bewährten Mini-Gesellschaft einzulassen.“ Es war ein dorniger Weg und die neue Lufthansa blieb konstant in den roten Zahlen. „Der Sitzladefaktor in den Super Constellations betrug anfangs nur 32,5 Prozent. Auch im Deutschland- und Europaverkehr sah es nicht viel besser aus. 1957 wurde das Platzangebot um 148 Prozent gesteigert, der Sitzladefaktor im Deutschlandverkehr aber lag bei 45 Prozent“, berichtet Braunburg.

Als besonders schwierig für die neue deutsche Fluggesellschaft erwies es sich erst mal ihren Heimatmarkt für sich zu reklamieren, auf dem sich inzwischen Airlines aus aller Welt ausgebreitet hatten. Denn nach 1945 hatten die Besatzungsmächte nur allzu bereitwillig quasi jeden Antrag ausländischer Gesellschaften auf Verkehrsrechte von und nach

Deutschland bewilligt, innerhalb nur weniger Jahre erwies sich die junge Bundesrepublik mit ihrem Wirtschaftsaufschwung als eine lukrative Einnahmequelle für die internationalen Wettbewerber. „Als die Alliierten 1955 Deutschland die Lufthoheit zurückgaben, hätte die damalige Bundesregierung konsequenterweise alle damit verbundenen Rechte zurückfordern müssen. Das wäre aber zum einen politisch unklug gewesen, zum anderen hatte die frisch aus der Taufe gehobene Lufthansa gar keine Möglichkeit, diese Rechte selber befriedigend wahrzunehmen", so Braunburg. Doch fast ein Jahrzehnt nachdem Westdeutschland überhaupt wieder international angeflogen wurde, hatten sich verschiedene Platzhirsche hier festgesetzt und gedachten nicht, sich zugunsten der eigentlichen Hausherren zurückzuziehen. 1959 unterhielten ausländische Gesellschaften 296 Verbindungen pro Woche aus der Bundesrepublik. Führend war PAA (später Pan Am), die der Lufthansa allerdings attraktive Gegenleistungen zu bieten hatte. Die größten Absahner dagegen waren die Nachbar-Airlines SAS und KLM. In keinem anderen Land bot SAS so viele Flüge an wie in Deutschland, was zu einem großen Passagier-

■ Die auffällige Verkaufspräsenz auf Flughäfen und in bester Stadtlage war beim Start der neuen Lufthansa unabdingbar. Das Bemühen auch optisch attraktiv zu sein zeigen 1958 sowohl der Schalter in Brüssel (oben) als auch das West-Berliner Stadtbüro am Kurfürstendamm (rechts.) [LH]

abfluss bei Lufthansa sorgte, auf etlichen deutschen Flughäfen bot SAS mehr Abflüge als die Kranich-Linie. Und sie flog nicht nur nach Skandinavien, aber dort zeigte sich das Ungleichgewicht besonders eklatant: 1959 flog Lufthansa rund 10.000 Fluggäste in Europas Norden, SAS dagegen ab Deutschland 125.000 Passagiere in ihre Heimatländer. Und SAS bediente sogar innerdeutsche Verbindungen und verzeichnete dabei allein 10.000 Kunden im gleichen Jahr, kein Wunder, dass Lufthansa 1958 ein Defizit von 32 Millionen Mark einflog. „Die Situation lässt sich vergleichen mit einer Weide, die zum Abgrasen vermietet worden war, weil der Besitzer selber keine Kühe besaß. Jetzt waren die Kühe da; die ausländischen Gesellschaften ließen sich nur mühsam davon überzeugen, dass sie die fette Pfründe wieder dem Hausherren überlassen mussten", beschreibt es Braunburg.

Im Wettbewerb mit den etablierten Gesellschaften, die bereits schnelle Jets wie die Boeing 707 betrieben, setzte Lufthansa mit ihren langsameren und lauteren Kolbenmotor-Flugzeugen auf der Nordatlantik-Rennstrecke nach New York stattdessen auf luxuriösen Service. Deshalb wurde ab November 1958 wöchentlich einmal, ein Jahr später zweimal pro Woche unter dem Namen „Senator" ein exklusiver Luxusdienst auf der Linie Hamburg–Frankfurt–Düsseldorf–New York eingerichtet. Dafür kam die Lockheed Super Star zum Einsatz. Während sie bei reinen Economyclass-Flügen 86 Passagieren Platz bot, wurde der „Senator"-Dienst nur mit acht Plätzen in der First Class, 18 De-Luxe-Sitzen und vier Betten, insgesamt also 30 Plätzen ausgerüstet. Die elegante Lounge vorn hatte lederbezogene Wände. Neben Flugbegleitern flog ein eigens geschulter Bordkoch mit der Menüs à la carte zubereitete und sogar die von Fluggästen hochgeschätzten und immer wieder gewünschten Kartoffelpuffer briet. Eingebaute Tonbandgeräte und Lautsprecher sorgten für Unterhaltung an Bord. Mit diesem zumindest in Europa damals vermutlich einmaligen Luxusprodukt über den Wolken feierte der Hedonismus der neuen, alten Reichen des Landes im beginnenden Wirtschaftswunder der jungen Bundesrepublik fröhliche Urstände. Das lassen die existierenden Werbefotos von damals unschwer erkennen. Der „Senator"-Service als die Erfüllung höchster Komfortansprüche fand bei Vertretern der Wirtschaft, Prominenten des Show-Business und anderen VIPs raschen Anklang. Aber auch bei gekrönten Häuptern: So charterte König Ibn Saud eine Super Constellation der Lufthansa, um mit ihr am 31. August 1959 von Genf zum Staatsbesuch nach Kairo zu fliegen – für Lufthansa war dies ein enormer Prestige-Erfolg. Später wurde der „Senator"-Service in die First-Class-Dienste aller interkontinentalen Lufthansa-Strecken übernommen und den kürzeren Flugzeiten entsprechend modifiziert. Bis heute steht die rote Rose als Symbol für diesen Service. Auch den ganz normalen Flugtouristen – und den gab es ja bei wachsendem Einkommen – vergaß man nicht. Am 21. Dezember 1955 gründeten der Norddeutsche Lloyd, die Hamburg-Amerika-Linie, die Bundesbahn und Lufthansa die Deutsche Flugdienst GmbH, aus der später die Condor Flugdienst GmbH hervorgehen sollte. Am 29. März 1956 startete der Ferienflieger mit seiner Flotte aus drei Vickers Viking zum ersten Touristenflug, einer Pilgerreise ins Heilige Land. Condor blieb für Jahrzehnte die 100-prozentige Touristiktochter der Lufthansa und warb auch mit dem Zusatz „Tochter der Lufthansa", um über den damals oft zweifelhaften Ruf von Chartergesellschaften erhaben zu sein.

Und noch etwas war geschehen – etwas beinahe Absurdes: eine andere Lufthansa, eine zweite – genau genommen schon die dritte – machte von sich reden, und zwar im Ostteil des geteilten Deutschland in der Deutschen Demokratischen Republik (DDR). Ab dem 1. Juli 1955 flog sie zunächst inner(ost)deutsch, erst 1963 ging sie nach jahrelangem Rechtsstreit in der Interflug auf (siehe Exkurs zur Ost-Lufthansa). Der bilaterale Linienluftverkehr zwischen beiden deutschen Staaten war weiterhin nicht möglich, und der Anflug Berlins blieb der westdeutschen Lufthansa noch lange Zeit versagt. Die Deutsche Lufthansa war notgedrungen spät gestartet und noch dazu in einer Übergangszeit der Technik. Die große Zeit der Passagierflugzeuge mit Kolbenmotoren auf dem Nordatlantik, dem wichtigsten Luftverkehrsgebiet der Welt, neigte sich dem Ende zu. Mit der Lockheed Super Star, die Lufthansa ab 1957

■ Ikonen am Boden und in der Luft: Eine Super Constellation kreist beim Erstflug nach Kairo am 3. November 1958 um die Pyramiden von Gizeh. [LH]

einsetzte, war diese Technik endgültig ausgereizt. Im Juli 1954 hatte in Amerika der Prototyp der Boeing 707, die legendär gewordene „Dash 80", ihren Jungfernflug absolviert. Schon zu dieser Zeit war allen Verantwortlichen klar, dass dem Düsenflugzeug auch im zivilen Bereich die Zukunft gehören würde.

Lufthansa – noch in der Planungsphase – befand sich gleichsam zwischen Tür und Angel. Die Aufgabe, eine moderne Luftverkehrsgesellschaft mit einem vergleichsweise bescheidenen Kapital zu schaffen, brachte schon eine Fülle von Problemen mit sich. Größere technische Schwierigkeiten oder gar die üblichen Kinderkrankheiten an neuen Flugzeugmustern waren zu diesem Zeitpunkt einfach nicht zusätzlich zu bewältigen. Die neue Lufthansa musste fliegen, verlässlich fliegen, sie konnte sich nicht noch die Risiken einer revolutionären Technik aufhalsen: deshalb der Kauf von Bewährtem, man setzte auf Kolbenmotoren. Dafür investierte man hohe Millionen-Beträge, und auch die Personalkosten vor allem im Cockpit waren wegen der besonderen Situation exorbitant. In ihren ersten fünf Jahren war die Lufthansa auf US-Flugzeugführer als Ausbilder angewiesen. Bei den Deutschen im Cockpit angestellte Amerikaner verdienten zwischen 6300 und 9200 Mark pro Monat (nach heutigem Wert unglaubliche etwa 18.700 bis 27.300 Euro), während ein neben ihnen fliegender deutscher Transatlantik-Kapitän auf gerade 2600 Mark (heute ca. 7700 Euro) kam. „Gravierender fast noch waren die Diskrepanzen in den Zusatzleistungen für die Amerikaner", schreibt Braunburg. „Hotelsuiten in den luxuriösesten Hotels, gegen die sich die Zimmer der Deutschen wie Dienstbotenkammern ausnahmen, Gratis-Mietwagen der Luxusklasse. Die Lufthansa freilich befand sich in einem ausweglosen Dilemma: Ohne Amerikaner kein Know-how, kein Training." Im Herbst 1958 waren 28 der 106 Kapitäne der Lufthansa Ausländer.

■ Das Streckennetz von 1956 sieht dichter aus als es ist – nur die dicken Linien sind Lufthansa-Verbindungen. Ein blau-gelber Flugschein öffnete damals die Welt. [LH]

Auf der anderen Seite wussten alle, was kommen, was nicht mehr lange auf sich warten lassen würde – eine fast schizophrene Situation, mit der die junge Lufthansa fertig werden musste. Seit dem 5. November 1956 liefen bei ihr die Planungsarbeiten unter der Bezeichnung „Paperjet", ein simulierter Flugbetrieb zwischen Frankfurt und New York: Theorie als Einstellung auf die neue Ära. Lufthansa wertete dabei die Leistungsdaten aus, die der seit eineinhalb Jahren fliegende Prototyp der 707 geliefert hatte. Viele machten dabei mit. So sammelte der Deutsche Wetterdienst die für den Jet-Betrieb interessanten meteorologischen Daten. Die Bundesanstalt für Flugsicherung beschäftigte sich mit Fragen der Kontrolle hochfliegender Jets. Beim Flugbetrieb auf dem Papier wurden nicht nur Windstärke und -richtung, sondern alle wesentlichen Parameter in einer re-

Der erste Bundeskanzler Konrad Adenauer kehrt in einer Lufthansa Super Constellation von einem Staatsbesuch zurück und wird am Flughafen Köln/Bonn empfangen. [Privatfoto/Archiv Spaeth]

alistischen Kombination erfasst, auch die Sichtverhältnisse am Zielflughafen und die Verkehrslage. So kam man schon zu sehr wirklichkeitsnahen Daten über Startgewicht, erreichbare Reiseflughöhe, Flugzeit und Kraftstoffverbrauch. Es ging zu wie im richtigen Flugbetrieb – mit exakten Startvorbereitungen: Flugdienstberater errechneten anhand der Wettervorhersagekarten den Minimum Time Track, also die Route, auf der das Interkontinental-Flugzeug am schnellsten zum Zielflughafen gelangt. Das war damals in der vorelektronischen Zeit eine überaus zeitraubende und mühselige Arbeit. Düsenflugzeuge können wirtschaftlich nur in großen Höhen fliegen. Wie sich das in der Praxis auswirken würde, musste durchexerziert werden. Schon früh verfiel man rein rechnerisch auf den Trick, Umwege in Kauf zu nehmen, um starken Gegenwinden auszuweichen und die günstigen Jetstreams in großen Höhen als Rückenwind zu nutzen. Selbst Umwege von 700 bis 800 Kilometern erwiesen sich zwischen Frankfurt und New York noch als wirtschaftlich vorteilhaft. „Trotz des faszinierenden Verfahrens, Geisterflugzeuge fliegen zu lassen, blieben bei der Einführung der Jets noch zahllose Fragen offen. Letzten Endes fühlte man sich wie ein Nichtschwimmer, der ins Wasser geworfen wird und plötzlich schwimmen soll“, erinnert sich Rudolf Braunburg und zitiert die später gemachte Aussage eines der Paperjet-Initiatoren: „Heute könnte ich nicht mal mehr sagen, ob sich der Aufwand wirklich gelohnt hat. Aber wir mussten ja irgendwie anfangen.“

Lufthansa hatte sich bei ihrer Bestellung von vier Düsenflugzeugen für die Boeing 707 entschieden. Der endgültige Vertrag trägt das Datum vom 23. Januar 1957. Es war eine Entscheidung gegen die konkurrierende Douglas DC 8. Beide Flugzeuge glichen sich äußerlich stark, und vor allem die traditionellen „Douglas-Gesellschaften“ wie Swissair und SAS hatten für ein ausreichendes Auftragspolster beim Konkurrenzmodell aus Long Beach gesorgt. Offen blieb nach der grundsätzlichen Festlegung auf den Boeing-Vierstrahler noch die Frage der Antriebswahl. Als Standardtriebwerk sowohl der Boeing 707 als auch der Douglas DC 8 wurde das Pratt & Whitney-Triebwerk JT4A-3 angeboten. Lufthansa hatte sich im Gegensatz zu den meisten anderen Gesellschaften die endgültige Entscheidung noch vorbehalten. Es galt als wahrscheinlich, dass es auch eine Version mit dem Rolls-Royce-Conway-10-Mantelstromtriebwerk geben würde, dem ersten dieses Typs weltweit. Eine eingehende Untersuchung ergab, dass die Boeing 707 mit Rolls-Royce-Antrieb wegen des geringen Triebwerksgewichtes und des niedrigeren Kraftstoffverbrauchs auf der kritischen Strecke von Frankfurt nach New York eine wertvolle Erhöhung der maximalen Nutzlast versprach. Dies war neben Preisvorteilen der entscheidende Grund für die Wahl dieses Triebwerks. Lufthansa war die erste Fluggesellschaft, die das Conway-Triebwerk mit einem Schub von je 80 kN für die dann Boeing 707-420 genannte Version bestellte. Zudem ließ dieses Triebwerk einen etwas geringeren Lärmpegel erwarten: Rolls-Royce hatte Pionierarbeit auf dem Gebiet der Schalldämpfung geleistet, das war nicht unwichtig angesichts einer sich abzeichnenden Debatte um den Düsenlärm. Zum Zeitpunkt der Bestellung war Pratt & Whitneys JT4A-3 zweifellos bereits auf einem höheren Entwicklungsstand als das Conway-Triebwerk. Allerdings sprach der ausgezeichnete Ruf von Rolls-Royce dafür, dass das Triebwerk termingemäß fertig werden und die garantierten Leistungen erfüllen würde. Im November 1959 rollte die erste Boeing 707 der Lufthansa aus einer Montagehalle der Boeing-Werke in Renton bei Seattle. Eine neue Ära kündigte sich für das kommende Jahrzehnt an.

Exkurs

Deutsche Lufthansa Ost

Auch die DDR startet mit dem Kranich

Mit dem Ende des Zweiten Weltkriegs und bis zum 1. April 1955 war deutschen Airlines das Durchführen von Flügen aller Art durch das Potsdamer Abkommen verboten. Ausländische Fluggesellschaften durften Deutschland jedoch anfliegen. Ziel der Siegermächte war die dauerhafte Entmilitarisierung Deutschlands.

Erst ein Jahrzehnt nach Ende des Krieges durften auch deutsche Fluggesellschaften wieder Passagier- und Frachtflüge durchführen. Seit Anfang der 1950er-Jahre gab es auch in Ostdeutschland erste Schritte in Richtung der Wiederaufnahme eigener Flüge. Die erste Iljuschin Il-14 wurde am 30. Juli 1955 auf dem Berliner Flughafen Schönefeld feierlich übergeben. Vielleicht weil die Verantwortlichen einfach daran gewöhnt waren, dass „Deutsche Lufthansa“ der Name der deutschen Fluggesellschaft aus der Vorkriegszeit war, wählten sie diesen Namen auch für die ostdeutsche Fluggesellschaft im Aufbau.

Am 16. September hob der erste offizielle Flug der Il-14 DDR-ABA in Schönefeld ab. Eine Regierungsdelegation, der auch Walter Ulbricht angehörte, flog nach Moskau, um den Staatsvertrag zwischen der DDR und der Sowjetunion zu unterzeichnen. Auf diesem Flug, wie auch in den ersten Monaten des Flugbetriebs der neuen Fluggesellschaft, waren lediglich die meisten Passagiere und die Flugbegleiter Deutsche. Die Cockpitbesatzungen wurden von der Sowjetunion „ausgeliehen“, bis man selbst in

■ Der Kranich im Osten: Iljuschin IL-14 der Deutschen Lufthansa der DDR auf dem Flughafen Leipzig, späte fünfziger Jahre. [Postkarte/Archiv Spaeth]

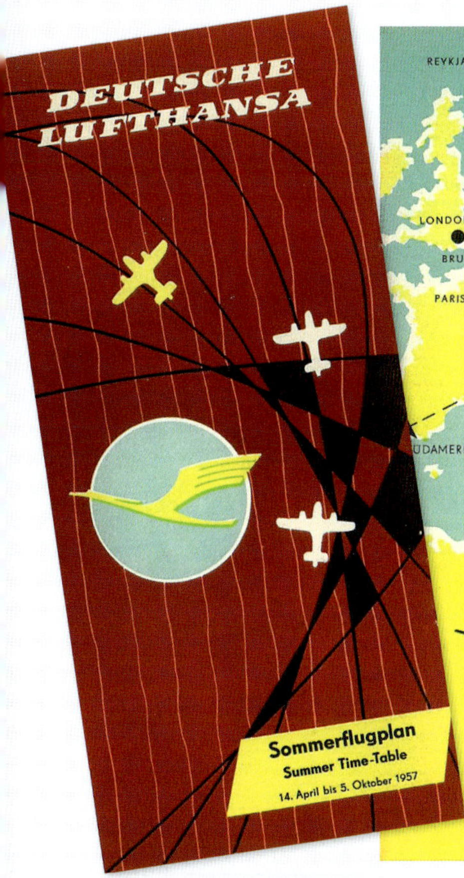

■ Noch 1957 war das Streckennetz der Ost-Lufthansa (rote Linien) sehr bescheiden (links Flugplan Sommer 1957). Ihre Flugtickets (unten) wiesen deutlich auf die DDR hin. [LH]

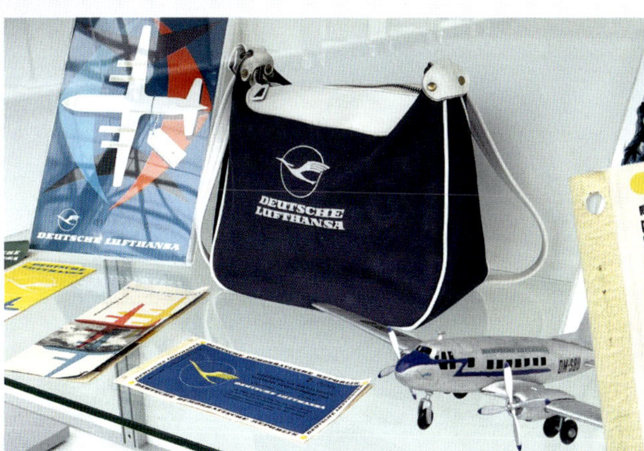

■ In ostdeutschen Museen wird die Erinnerung an die kurze Zeit der DDR-Lufthansa bis heute durch Originalstücke bewahrt. [Spaeth]

In den fünfziger Jahren betrieb die Ost-Lufthansa auf Linienflügen ausschließlich die IL-14, von der sie bis 1962 insgesamt 26 nutzte. [Postkarte/Archiv Spaeth]

der Lage war, eigene Piloten zu rekrutieren und auszubilden. Die Linienfliegerei in der DDR begann erst im Frühjahr 1956 mit Strecken von Berlin nach Warschau, gefolgt von gelegentlichen Flügen nach Leipzig zu den wichtigen Messen dort im Frühjahr und Herbst sowie mit Verbindungen nach Prag, Budapest, Sofia und Bukarest. Im Januar 1956 reichte auch die ostdeutsche Fluggesellschaft einen Antrag auf Nutzung der Markenrechte als „Deutsche Lufthansa“ bei den Behörden ein. Man war damit aber, man muss es so sagen, einfach etwas spät dran und sich dieser nicht wirklich guten Ausgangslage durchaus bewusst. In der Zwischenzeit, eine gerichtliche Klärung schien wahrscheinlich, wollte man jedoch nicht klein beigeben und so gab es einige Jahre zwei Fluggesellschaften, die unter dem Namen „Deutsche Lufthansa“ operierten, jedoch außer dem Namen nichts miteinander zu tun hatten.

Die Deutsche Lufthansa in Westdeutschland war logischerweise alles andere als glücklich über eine andere Fluggesellschaft, die unter dem Namen operierte, den sie als ihr Eigentum betrachtete. Die sehr angespannte politische Lage zwischen den beiden deutschen Staaten trug nicht gerade dazu bei, diese Situation einvernehmlich zu lösen. Die westdeutsche Lufthansa setzte sich mit Nachdruck dafür ein, ihrem ostdeutschen Pendant die Mitgliedschaft in internationalen Organisationen oder wichtige Verkehrs- und Überflugrechte zu verweigern. Die DDR-Regierung war sich der relativ aussichtslosen Lage bewusst, sollte es zu einem Prozess über die Namens- und Markenrechte kommen. Selbst ein DDR-Gericht hätte womöglich gar nicht anders als zugunsten der westdeutschen Lufthansa entscheiden können, so klar lagen die Dinge. Um einem Plan B parat zu haben, wurde im September 1958 eine zweite ostdeutsche Fluggesellschaft gegründet und offiziell als Interflug registriert. Diese war zunächst in erster Linie auf Charterflügen unterwegs, so zur Leipziger Messe, und existierte für einige Jahre parallel zur Deutschen Lufthansa (Ost). Als Airline wurde sie nicht wirklich benötigt, da sie ihre Flugzeuge ohnehin von der Deutschen Lufthansa auslieh und nur durch Aufkleber umdekorierte. Die eigentliche Bedeutung der Interflug lag darin, ein Vehikel für eine neue Fluggesellschaft bereit zu haben, das den Flugbetrieb von der Deutschen Lufthansa (Ost) jederzeit übernehmen konnte. Als die westdeutsche Deutsche Lufthansa eine Klage über die Namens- und Markenrechte beim Obersten Wirtschaftsgericht in Belgrad einreichte, akzeptierte die DDR-Regierung die Tatsache, dass sie in diesem Fall keine großen Chancen hatte, und erklärte sich bereit, ihre Deutsche Lufthansa zu liquidieren und unter dem Namen Interflug weiterzufliegen. Am 1. September 1963 war der Übergang abgeschlossen und die Interflug sollte mitsamt der von der Deutschen Lufthansa Ost geerbten Flugzeuge, Infrastruktur und Personal für die nächsten Jahrzehnte zur nationalen Fluggesellschaft der DDR werden – und das durchaus erfolgreich.

Auszug aus dem Buch „Interflug – Die Fluglinie der DDR“ von Sebastian Schmitz, erschienen bei Motorbuch.

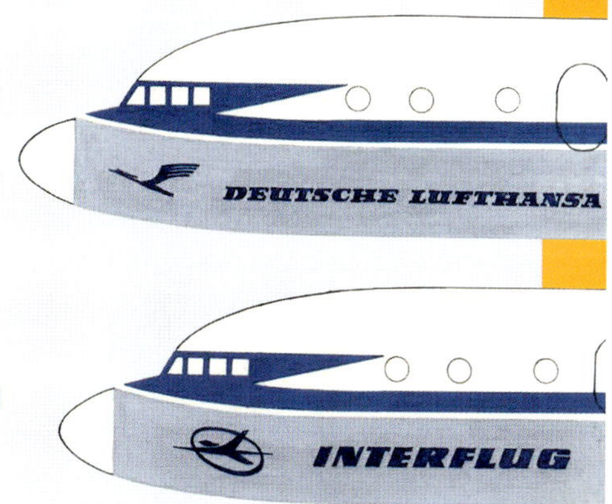

■ In der offiziellen „Warenzeichenurkunde“ der DDR 1956 festgeschriebenes Erscheinungsbild sowohl für Lufthansa (Ost) und Interflug, deren Marke ab 1963 verblieb. [Bundesarchiv]

■ Iljuschin IL-18 in den Farben der alten Lufthansa (Ost) 2018 in Leipzig. Ab 1960 betrieb die DDR-Gesellschaft fünf IL-18-Turboprops. [Urfin7/Wikimedia]

Die 1960er-Jahre

5 Das Jet-Zeitalter beginnt

Die Nachkriegszeit war endgültig vorbei, die „Swinging Sixties“ sollten zu einem Jahrzehnt des Aufbruchs werden, politisch und technisch. Am Ende der Dekade würden Jahrhundert-Ereignisse wie die erste Mondlandung die Chroniken prägen, die umwälzende Revolution im Luftverkehr fand jedoch gleich zu Beginn statt. An die Stelle lauter, langsamer und von Vibrationen geschüttelter Kolbenmotorflugzeuge traten jetzt mit Macht Flugzeuge mit Strahltriebwerken, die weit über dem Wetter in wenigen Stunden die Kontinente verbanden, ohne zahlreiche lästige Zwischenlandungen.

Die Jet-Ära übernahm die Passagierfliegerei mit Macht. Die neuen Düsenflugzeuge mit ihrer Geschwindigkeit, Reichweite und Größe revolutionierten den Weltluftverkehr wie nichts zuvor. Ein Unterschied wie Tag und Nacht, so empfanden es nicht nur die Passagiere. Seit Frühjahr 1960 flogen die vierstrahligen Boeing 707 auf den Langstrecken der Lufthansa, das gesamte Liniennetz wurde umstrukturiert. Die Flugpreise verfielen, weil das Angebot besonders auf dem Nordatlantik sprunghaft stieg. Es waren schwere Zeiten für das junge Unternehmen, zumal die Welt zu Beginn dieses Jahrzehnts von politischen Krisen geschüttelt wurde, ja kurze Zeit am Rande eines neuen Krieges stand.

Was für ein Auftakt der Sechzigerjahre bei Lufthansa, da stand er nun in Hamburg-Fuhlsbüttel, der neue Supervogel aus Seattle in blau-gelber Lufthansa-Bemalung. Und

Einweisung für den ersten Jet der Lufthansa: Am 2. März 1960 trifft die Boeing 707-430 D-ABOB nonstop aus Seattle in Hamburg ein. [LH]

in seinen Ausmaßen, mit seiner gedrungenen Kraft und in seinem schlanken, um die Propeller abgespeckten Äußeren musste er all denen Recht geben, die von einer Revolution im Luftverkehr sprachen: Die erste Lufthansa-Boeing 707 war da. „Um 11.51 Uhr“, so ein Reporter über den 2. März 1960, „schoss das riesige Flugzeug aus dem diesigen Himmel herab und setzte auf der Landepiste auf.

■ Taufe der Boeing 707 D-ABOC auf den Namen Berlin 1960, umständehalber in Frankfurt. [LH]

■ Exot im Jetzeitalter: Von 1964 bis 1969 flog Lufthansa Fracht mit dieser 1945 gebauten amerikanischen Curtiss Wright C-46 D. [Manfred Winter]

Alles spitzte gewohnheitsmäßig die Ohren, aber man hörte kaum etwas. Erst als die Maschine auf das Hallenvorfeld rollte, begriff man, was die kopfhörerartigen grauen Dinger für eine Bedeutung haben, die das Bodenpersonal um den Hals trug: Es waren schlichte Ohrenschützer gegen den Lärm, die sich die Männer überstülpten. Und das war nötig. Die Gäste mussten sich mit den eigenen Händen behelfen.“ Die beiden Piloten Rudolf Mayr und Werner Utter hatten die „Oskar-Bravo“ – mit vollständigem Kennzeichen D-ABOB – aus Amerika herübergebracht und die rund 8100 Kilometer lange Strecke ohne Zwischenstopp in fantastischen 9 Stunden und 47 Minuten zurückgelegt. Undenkbar noch wenige Jahr zuvor. Es war der Einstieg der Lufthansa in die Jet-Ära. Utter, später Chefpilot und Vorstandsmitglied, verglich damals das Gefühl beim Wechsel von der „Super Connie“ auf die Boeing 707 so: „Die Macht der Motoren und die ganzen Maße der Maschine vermitteln den Eindruck, als würde man mit wenigen und leichten Handgriffen über einen Computer hinweg ein riesiges Industriewerk steuern.“ Intern wurde bei Lufthansa vor den kritischen Bereichen vor und hinter dem Düsenflugzeug gewarnt: „Eine Gefahr besonders ernster Art stellt die ‚Staubsaugerwirkung‘ am Lufteintritt der Strahltriebwerke dar. Der bis zu einer Entfernung von etwa zehn Metern reichende gefährliche Luftsog, er kann einen Menschen glattweg heranziehen, ist in der Lage, noch in etwa zwölf Metern Entfernung Kopfbedeckungen und leichte Gegenstände wegzuschlucken. Also: ‚besondere Vorsicht vor dem Sog am Lufteintritt!‘“

■ Schon sechs Jahre nach ihrem Neustart ist Lufthansa 1961 Stammgast mit ihrer 707 etwa auf dem Flughafen Kai Tak in Hongkong samt Kranichflagge. [LH]

Die 1960er-Jahre waren eine Übergangsperiode von Turboprops (vorn die Viscount) zu Jets (hinten die 707) in Frankfurt. [LH]

Ein ungeahntes Wunderland des Fliegens tat sich auf. Für die Passagiere kam das Jet-Gefühl einer völlig neuen Erfahrung gleich, der sie sich staunend hingaben: Der ruhige, so gut wie vibrationsfreie Flug war auch leiser als bis dahin gewohnt. Die langen Flammen aus den Abgasturbinen, die manchem ängstlichen Fluggast den Schlaf geraubt hatten, fehlten jetzt. Die Passagiere saßen in der First wie in der Economy Class in Sesseln, die mit rotem Stoff mit kleinem schwarzem Streifenmuster bezogen waren. Mit der Grundfarbe Rot harmonierten der anthrazitfarbene Bodenbelag und die Wandbekleidung in Beige. Was Lufthansa über kleine Extras verlauten ließ, hatte zusätzlichen Unterhaltungswert. Von Fassbier war die Rede, von den in Kunststofftaschen hygienisch versiegelten Rasierapparaten, und zum ersten Mal seien bei der Boeing 707 die Toiletten mit Wasserspülung versehen. Dahin war jetzt freilich – außer in der bequemen ersten Klasse, wo es an nichts fehlte – die Exklusivität des Fliegens. 120 Fluggäste saßen in der Economy Class jeweils zu dritt in einer Reihe zu beiden Seiten des Mittelgangs, Nichtraucher und Raucher übrigens in bunter Reihe, und alle von der Musik vom Tonband über Lautsprecher berieselt: ein neues Gemeinschaftsgefühl in einem breiten, langen Rumpf. Das neue Wunderflugzeug beförderte doppelt so viele Passagiere wie die bis dahin größten Flugzeuge mit Kolbenmotoren. Es halbierte bei doppelter Geschwindigkeit die Reisedauer. Eine Boeing 707, so die Faustregel, entsprach etwa vier Super Constellations. Die durch die Aktivitäten der Konkurrenz unter starkem Wettbewerbsdruck beschlossene Einführung der Strahlturbinen-Langstreckenflugzeuge, so die offizielle Bezeichnung, kam für Lufthansa mit ihrer Propellerflotte eigentlich zu früh. Ohnehin hing sie am Subventionstropf des Bundeshaushaltes und war vom selbst gesteckten Ziel der Eigenwirtschaftlichkeit noch meilenweit entfernt. Die damals 25 Millionen Mark teure Boeing 707 „Jet Intercontinental“ – so die Lufthansa-Bezeichnung – zwang die Kranich-Linie zu einer weitgehenden Neuordnung ihrer Flotte. Innerhalb weniger Wochen wurden im Frühjahr 1960 die gesamten Dienste in die USA und nach Kanada auf 707 umgestellt – eine beachtliche organisatorische Leistung. Gerhard Höltje sprach von einer „Fülle technischer Probleme“. Doch „durch rechtzeitige Umschulung des fliegenden Personals und Einweisung des technischen Bodenpersonals konnten alle technischen Schwierigkeiten gemeistert werden". Schon Mitte 1961 waren auf drei Vierteln der 64 wöchentlichen Interkontinentalflüge die neuen Düsenriesen im Einsatz.

Mit den Jets im Linienverkehr verlagerten sich innerhalb der Lufthansa die Gewichte geradezu dramatisch: Hamburg, jahrelang Ausgangspunkt der Langstreckendienste, wurde zur – immer weiter ausgebauten – Überholungswerft für Flugzeuge, Triebwerke und Geräte. Frankfurt wuchs mehr und mehr in die natürliche Rolle eines europäischen Luftkreuzes und wurde zum operationellen Mittelpunkt des Lufthansa-Streckennetzes. Damit entwickelte sich Frankfurt auch zur Basis der Wartungstechnik für den täglichen Flugbetrieb und zum Heimatflughafen der Flotte. Von der „Basis Frankfurt" aus mit dem Verwaltungstrakt am Nordwestrand des Flughafens wurden seither die Linien- und Charterflüge der Lufthansa und ihrer Tochtergesellschaften organisiert und gesteuert. Wenige Tage nach Aufnahme der Amerikadienste weihte Lufthansa auf dem Frankfurter Flughafen die wegen ihrer charakteristischen Form sogenannte „Schmetterlingshalle" ein: zu diesem Zeitpunkt die größte und modernste Flugzeughalle Europas. Mit dem 176 Meter langen, 16 Meter hohen und 56 Meter tiefen, imposanten Bauwerk aus Stahlbeton erhielt Lufthansa das Wartungszentrum für die erste Jet-Generation. In der Doppelhalle konnten jeweils bis zu sechs Düsenflugzeuge nebeneinanderstehen.

■ Die Lufthansa öffnete den Deutschen wieder die Welt und warb damit farbenfroh – hier 1962 noch mit altem Logo und Schriftzug. [Archiv Spaeth]

Wer im Luftverkehr jetzt mithalten wollte, brauchte Geld, viel Geld. Während der Hauptversammlung 1960 wurde das Kapital auf 250 Millionen Mark heraufgesetzt, nachdem es bereits 1958 auf 120 Millionen und 1959 auf 180 Millionen Mark aufgestockt worden war. Zwei erfahrene Lufthanseaten, Wolfgang A. Kittel

■ Die Vickers Viscount D-ANUN war die erste von elf gelieferten, die Teilflotte war in den 1960er-Jahren das Rückgrat auf Europastrecken. [LH]

Service Sixties Style: Zumindest auf Werbefotos erhalten Economy-Passagiere in gehobener Kleidung Essen auf Porzellan und Sekt am Platz. [LH]

und Hans Süssenguth, verstärkten inzwischen den Vorstand. Dr. Kurt Weigelt, der die Geschicke der Lufthansa seit den 1920er-Jahren begleitet hatte, legte den Vorsitz im Aufsichtsrat der Lufthansa aus Altersgründen nieder. Zu seinem Nachfolger wurde Hermann J. Abs, Vorstandsmitglied der Deutschen Bank, gewählt. Mit ihm trat eine der profiliertesten Persönlichkeiten der deutschen Wirtschaft an die Spitze des Aufsichtsrates. Die Zeiten waren hart genug. Die Passagierzahlen nahmen zwar wie erwartet zu, sogar sprunghaft – was für die Luxusliner auf dem Atlantik und für die Linienschifffahrt das Ende bedeutete. Bei Lufthansa stieg die Zahl der Fluggäste von über 786.000 (1959) auf mehr als 1.237.000 (1960) und 1961 schon rund 1.553.000. Zwischen 1959 und 1961 hatte sich die Passagierzahl also verdoppelt. Für den Nordatlantikverkehr bedeutete das eine Steigerung von rund 96.700 auf 200.700 Passagiere innerhalb von weniger als drei Jahren, der Jet-Effekt wurde überdeutlich. Fluggäste profitierten von der Umstellung: Die schnellen und großen Flugzeuge mussten gefüllt werden.

Die Tarifpolitik war der Schlüssel, neue Schichten an den Luftverkehr heranzuführen und damit auch die nach dem Krieg aufgebaute Brücke zwischen Europa und Amerika weiter zu festigen. 1961 kostete das preiswerteste Ticket für die Strecke Frankfurt–New York und zurück 1703 Mark. 1959, im letzten reinen „Propellerjahr", hatte man für die Passage noch 500 Mark mehr bezahlen müssen – viel Geld für eine Flugreise in Zeiten, in denen der durchschnittliche Monatslohn eines Angestellten in Deutschland bei knapp 700 Mark lag und ein VW-Käfer gerade unter 4000 Mark zu haben war. Die Flugpreise gaben nach. Doch das Gleichgewicht zwischen Angebot und Nachfrage war in diesen hektischen Monaten nachhaltig gestört. Jeden Tag verließen fabrikneue Jets die Werkhallen der Hersteller und erhöhten weiter die Kapazitäten. Ein Einbruch war absehbar – er kam schon 1961. Die Welt lebte damals eine Zeit lang am Rande der direkten Konfrontation der Weltmächte und damit einer Katastrophe: Die Krisenstimmung durch den Mauerbau in Berlin 1961 und die nachfolgende Kuba-Blockade im Jahr 1962 war nicht dazu angetan, die Reiselust zu fördern.

Die Flugbetriebszentrale der Lufthansa in Frankfurt in den 1960er-Jahren verfolgt jedes einzelne Flugzeug im Betrieb. [LH]

Die elf Boeing 727 in der „Quick Change“-Version mit Frachttor ließen sich kurzfristig von Passagierjets in Frachter und zurück verwandeln. [LH]

Die neue Reservierungsabteilung in Frankfurt nahm ab 1961 Flugbuchungen vor allem telefonisch entgegen. [LH]

Von einem „katastrophalen Ergebnis“ sprach Hans M. Bongers im Jahr 1961 im Hinblick auf den unerwartet hohen Betriebsverlust. Trotz gestiegener Verkaufszahlen war die Gesamtauslastung erheblich gesunken, trotz insgesamt erneut gestiegener Einnahmen und reduzierter Kosten sah sich Lufthansa zurückgeworfen. Das große Ziel, die angestrebte und zum Greifen nahe gerückte Loslösung von den Subventionen, war vorerst wieder in weite Ferne gerückt. Die gefährliche Entwicklung zwang Lufthansa zu hohen Sonderabschreibungen auf die innerhalb eines Jahres veraltete Super-Constellation-Flotte, die durch den schnellen Düsenverkehr nicht mehr wettbewerbsfähig und damit vorzeitig entwertet war. Auch nach Beginn der Jet-Ära bei Lufthansa flogen verbesserten Lockheed Super Stars weiterhin nach Südamerika und in den Fernen Osten. Die Super Star kam durch die 707 nicht mehr recht zum Zuge; die Lufthansa baute zwei ihrer vier Maschinen zu Frachtern um, während ausgerechnet die vibrationsreicheren älteren Super Connies weiterhin im Passagier-Charterverkehr blieben. „Bei der Super Star kann man geradezu von einem tragischen Schicksal sprechen, auch weil Lockheed bei der Montage der Tragflächen einen Fehler gemacht hatte“, so Rudolf Braunburg.

Man hatte die Anstellwinkel an den Rumpf durch falsche Berechnungen so gewählt, dass die Flugzeuge konstruktionsbedingt rund 55 km/h langsamer waren als ohne diesen Fehler, aber trotzdem noch das schnellste seiner Klasse blieb. „Niemand sah die Notwendigkeit ein, noch schneller zu werden, die Boeing 707 hätte zehn Jahre warten können, bis sich die gerade erst angeschafften Kolbenmaschinen amortisiert hätten“, so Braunburg. Noch 1961 hieß es über den Bangkok-Flug, die Flugzeit habe sich durch die abendliche Abflugzeit auf sage und schreibe eineinhalb Tage verkürzt. Doch das war aber immer noch viel zu lang angesichts der Jet-Konkurrenz. Also ging die Ablösung auch bei Lufthansa weiter. Nach dem Eintreffen der ersten vier Boeing 720 B, einer kleineren Version der 707, wurden auch die Strecken in den Nahen und Mittleren Osten von Propeller- auf Düsenflugzeuge umgestellt. Die Reisezeit

■ Eine CV-440 wird abends für den letzten Flug des Tages in Frankfurt vorbereitet. [Fraport]

■ (Rechts) Fast gemütlich wirkt der Flugbetrieb in München-Riem 1961, als die Fluggäste zu zwei bereitstehenden Viscounts laufen. [Flughafen München]

zwischen Frankfurt und Teheran beispielsweise verkürzte sich um ein Drittel. Am 23. Januar 1961 wurde die längste Interkontinentalroute eröffnet von Frankfurt nach Tokio, erst jetzt war die neue Lufthansa so weit vorgedrungen, wie es ihre Vorgängerin bereits 1939 geplant hatte, was dann mit Kriegsausbruch obsolet war. Allerdings empfanden Cockpitbesatzungen damals oft ihren neuen Arbeitsplatz in einer 707 nicht unbedingt als Verbesserung ihrer Arbeitsbedingungen: „Viele fühlten sich nach achteinhalb Stunden Nonstop-Flug bis New York genauso erschöpft wie vorher nach 16 bis 18 Super-Constellation-Stunden. Das raschere Durchfliegen der Zeitzonen, die Vibrationen der Turbinen, die doppelt so große Flughöhe, die Forderung, alle Entscheidungen und Aktionen in der Hälfte der Zeit durchführen zu müssen – dieser neue Stress ließ sich durch die rigorosesten Werbesprüche nicht aus der Welt diskutieren", berichtet Braunburg. Da half auch die als Ausgleich auf das Gehalt aufgeschlagene Jet-Zulage nur bedingt.

Die durch die Jet-Einführung frei werdenden Propellerflugzeuge flogen seit dem 1. September 1961 auf dem Nachtpostnetz der Bundesrepublik, das Lufthansa seither im Auftrag der Deutschen Bundespost betrieb. Auf dem sternförmigen Netz zwischen den deutschen Großstädten wurden damals vier Convair 440 und eine Viscount 814 eingesetzt. Es sollte bis 1964 dauern, ehe sich die Vorteile der Jet-Flotte voll auswirkten und die Überseestrecken nach Nord- und Südamerika, nach Afrika (seit 1962) und in den Fernen Osten rentabel wurden. Als letzter Kontinent erschien Australien 1965 im Lufthansa-Streckennetz. Zur Feier ihres zehnjährigen Bestehens konnte Lufthansa endlich einen positiven Abschluss vorweisen – und kräftig in die Gewinnzone vorstoßen: 36,9 Millionen Mark. Die Eigenwirtschaftlichkeit, das erklärte Ziel der alten wie der neuen Lufthansa, war damit zum ersten Mal in der Unternehmensgeschichte erreicht. Die Welt des Luftverkehrs war nach den Turbulenzen bei der Jet-Einführung wieder in Ordnung, als Hans M. Bongers und Wolfgang A. Kittel Ende 1964 aus dem Vorstand ausschieden. Ein neues Triumvirat, bestehend aus Diplom-Ingenieur Gerhard Höltje, Diplom-Ingenieur Hans Süssenguth und Dr. Herbert Culmann übernahm die Geschäfte. Culmann, Flieger und Jurist, war schon früh zum Büro Bongers gestoßen und hatte 1957 bei Lufthansa die Direktion „Zentralbüros" übernommen. Noch immer saß die Verwaltung in den Räumen der Alten Universität Köln.

Die Weichen bei Lufthansa waren, wie in der gesamten Wirtschaft der Bundesrepublik, Mitte der 1960er-Jahre voll auf Expansion gestellt. Zwar machte sich die zunehmende Betriebsgröße jetzt durch die günstigere Verteilung der Fixkosten bemerkbar. Andererseits war der Nachholbedarf der Gesellschaft immer noch beträchtlich. Die Praxis hatte gezeigt, dass das schnell wachsende Passagieraufkommen in den Saisonspitzen mit den vorhandenen Kapazitätsreserven nicht immer voll aufzufangen war. Dies und die zu erwartende Nachfragesteigerung führten zu Investitionsvorhaben in Höhe von über einer Milliarde Mark in den folgenden fünf Jahren. Damit sollte vor allem die Flotte vergrößert und modernisiert werden. Das Grundkapital war von 250 auf 400 Millionen Mark aufgestockt worden. Erstmals hat-

■ 1963 führt Lufthansa den innerdeutschen „Airbus"-Shuttleverkehr ein, geflogen wird ohne Vorausbuchung mit Barzahlung an Bord. [LH]

ten nun auch Privataktionäre Gelegenheit, Lufthansa-Aktien zu erwerben. Seit April 1966 wurden Lufthansa-Aktien an der Börse gehandelt.

Flottenmodernisierung – diese Forderung beschäftigte Lufthansa in den nächsten Jahrzehnten immer wieder. Und immer stand dahinter auch die Forderung nach Wirtschaftlichkeit des Fliegens. Jetzt, in den Sechzigern, ging es vor allem um den Ersatz der Propellerflotte auf den Kurz- und Mittelstrecken durch Düsenflugzeuge. Lufthansa wagte sich dabei weit vor. Denn immer noch gab es die Meinung, dass Jet-Verkehr eine Domäne der Langstrecken sei, kaum tauglich für Kurz- und Mittelstrecken. „Homogenität hieß das neue Flottenziel", so Rudolf Braunburg. „Bislang flogen Flugzeuge von fünf verschiedenen Herstellern. Mit der Einführung des totalen Jet-Verkehrs wurde der Flugzeugpark eine reine Boeing-Flotte. Bis es so weit war, mussten allerdings einige schwierige Jahre in Kauf genommen werden, in denen die Konkurrenz weitaus moderner erschien. Die Propeller- und Turbopropmaschinen der Lufthansa operierten oft auf Strecken, auf denen andere Gesellschaften bereits mit der Caravelle oder der Comet flogen. Erst die Boeing 727 bescherte der Lufthansa dann schlagartig eine Überlegenheit. Plötzlich erschienen die Comets und Caravelles wie Flugzeuge einer älteren Generation, was sie auch waren."

Als erste europäische Gesellschaft bestellte Lufthansa zwölf dreistrahlige Boeing 727-30 und gab dadurch zusammen mit United Airlines den Anstoß zur Aufnahme der Produktion. Davon profitierten beide Seiten: Lufthansa konnte mit dem „Europa-Jet" als erste Gesellschaft Komfort und Schnelligkeit des modernsten Jets auch auf die Strecken Europas und des Nahen Ostens bieten. Und für Boeing wurde die 727 zu einem ihrer größten Verkaufsschlager, zeitweise sogar zum meistverkauften Flugzeug der Welt. Am 21. März 1964 landete nach einer Flugzeit von elf Stun-

■ Bagdad war in 1960er-Jahren ein wichtiger Zwischenstopp, an dem Lufthansa eigenes Wartungspersonal für Super Connies und die neue 727 bereithielt. Hier sind um 1965 beide Flugzeuge im Irak zu sehen. [Michael Mainka/Archiv Spaeth]

■ Die Boeing 727-100 wurde nach ihrer Einführung 1964 schnell zu einem wichtigen Mittelstreckenflugzeug, hier in Bagdad. [Michael Mainka/ Archiv Spaeth]

den und 16 Minuten die erste Boeing 727 aus Renton bei Seattle kommend in Hamburg, Braunburg nennt sie „das fliegerisch eleganteste und begeisterndste Flugzeug der Lufthansa-Flotte“ und fährt schwärmerisch fort: „Hier hatte der Pilot noch das Gefühl des unmittelbaren Steuerns. Sie war sensibel und feinfühlig wie ein arabisches Reitpferd, und sie erlaubte Flugmanöver wie kein anderes Flugzeug. Die fantastischen Flugeigenschaften rührten nicht zuletzt von der Triebwerksanordnung her. Der Flügel blieb dadurch aerodynamisch völlig ‚sauber‘, da die wirbelerzeugenden Flächentriebwerke fehlten. Weil das Flugzeug so ausgezeichnete Gleiteigenschaften besaß, hatte die Piloten oft Mühe, die Fahrt rechtzeitig herauszubekommen.“ Für alle jene Piloten, die noch nicht auf der Boeing 707 flogen, war die 727 ihre erste Jet-Erfahrung, sie hatten vorher die Turboprop-Viscount oder die Super Connie geflogen, die jetzt beide nach und nach von Boeings neuem Dreistrahler abgelöst wurden. Die bei Crews beliebteste Route damals war wegen der Übernachtung die Strecke in das seinerzeit kosmopolitische Beirut. Alltagsumläufe auf der 727 liefen sonst weit weniger aufregend ab, dafür konnten die Besatzungen abends wieder dort schlafen, wo sie abgeflogen waren. Als typische 727-Tageseinsätze galten damals etwa Frankfurt – Düsseldorf – Hamburg – Kopenhagen – Hamburg – Frankfurt oder Frankfurt – Stuttgart – Frankfurt – London – Frankfurt. Beliebt war die 727 auch wegen ihrer Geräuscharmut in der Kabine und vor allem im Cockpit, wo die ganz hinten sitzenden Triebwerke überhaupt nicht zu hören waren.

Der nächste Schritt der Flottenerneuerung war noch selbstbewusster: Lufthansa überzeugte Boeing von der Notwendigkeit eines Jets für die Kurzstrecke und initiierte damit den Bau der Boeing 737. Am 19. Februar 1965 erhielt der Vorstand vom Aufsichtsrat den Auftrag, abschließende Kaufverhandlungen über den Kauf von 21 Boeing 737 zu führen. Konstruktion und Spezifikation dieses entwicklungsfähigen, später immer wieder modifizierten Typs sind ganz wesentlich dem Drängen des technischen Vorstands der Lufthansa, Professor Höltje, zu verdanken, die 737 galt als „Höltjes Flugzeug“ (siehe auch Exkurs zu diesem Typ). Der Impuls zum Kauf der 737 war bei Lufthansa getrieben vom Streben nach Flotten-Homogenität, denn egal ob 707, 727 oder nun 737 – etliche Einzelteile sind bei allen drei Typen identisch und vereinfachen Wartung und Lagerhaltung. Das Baukastenprinzip bei Boeing ging sogar so weit, dass ganze Rumpfsegmente nahezu gleich sind zwischen den Varianten, vor allem die Bugsektion, aber auch der Rumpfquerschnitt.

■ In Anzeigen verkündet Lufthansa für April 1968 den Einsatz der Boeing 737, damals eine Weltneuheit. [Archiv Spaeth]

Lufthansa hatte damit zum ersten Mal nach dem Krieg ihre technische Kompetenz bewiesen. Von nun an war sie wieder gefragter Partner der Luftfahrtindustrie. Mit der Bestellung der Boeing 737 setzte Lufthansa konsequent eine Flottenpolitik fort, die von der 707 über die 727 und 737 bis zur geplanten 747 – dem „Jumbo" – in der Beschaffung einer technisch möglichst nahe verwandten, von einem einzigen Hersteller stammenden Flotte erhebliche wirtschaftliche und betriebliche Vorteile sah. Im Jahrzehnt seit dem Start 1955 hatte sich das Unternehmen in die Spitzengruppe der Luftverkehrsgesellschaften vorgearbeitet, war inzwischen auf Rang sechs. Auf dem Nordatlantik als am härtesten umkämpfter Markt rangierte sie sogar auf Platz fünf. Und nicht nur die Zahl der Passagiere stieg, auch die Luftfracht, in jener Zeit noch gern als „schlafender Riese" apostrophiert, expandierte. 1965 beförderte Lufthansa mehr als 56.000 Tonnen Fracht, dreimal so viel in diesem einen Jahr, wie die alte Lufthansa in 15 Jahren befördert hatte. Während sich von 1958 bis 1965 der Frachtverkehr weltweit immerhin verdreifachte, konnte Lufthansa ihre Frachtleistungen um das Zwölffache steigern – bis sie Ende der Dekade auch bei der Luftfracht in der Spitzengruppe lag. Daraufhin bestellte Lufthansa zehn Boeing 727-30 C in der „Quick-Change"-Ausführung. Dies waren schnell umrüstbare Flugzeuge für den Ausbau des europäischen Frachtstreckennetzes, bei denen die Sitzreihen einfach und binnen einer Stunde herausgenommen und wieder eingebaut werden konnten. Außerdem erweiterte und modernisierte sie an allen wichtigen Zielorten des In- und Auslandes ihre Bodenanlagen für Fracht.

Lufthansas Drehkreuz in Frankfurt war 1964 noch eine überschaubare Anlage. [Fraport]

■ Eine Rarität: Nach Verlust von zwei ihrer Boeing 720 B charterte Lufthansa für die Saison 1965 eine Douglas DC-8-51 in den USA. Es handelte sich um den modifizierten DC-8-11-Prototyp, der 1958 zum Erstflug gestartet war. [Manfred Winter]

Tatsächlich hatte das Jet-Zeitalter auch den Luftfrachtverkehr in neue Bahnen gelenkt. Der Boeing-707-Frachter, bei Lufthansa Boeing 707 C genannt, war innen mit Kugelrollplatten und Rollenbahnen für Frachtpaletten ausgestattet – ein erster wichtiger Schritt in Richtung Rationalisierung des Luftfrachtumschlags. Dank der Paletten brauchten Frachtstücke nicht mehr einzeln als so genannte „Bulk-Fracht" verladen zu werden, sondern kamen als kompakte Einheit in den Flugzeugrumpf. Vorteil: Während das Flugzeug mit Fracht unterwegs war, konnte die Ladung am Boden in einer Frachthalle auf Paletten zusammengestellt werden. Päckchen und Pakete wurden jetzt auch in sogenannten „Iglus" verladen. Das waren leichte Container-Gehäuse aus glasfaserverstärktem Kunststoff, die in ihrer Kontur dem Querschnitt des Rumpfinnern des Flugzeugs entsprachen. Sie beschleunigten das Verladen einzelner Frachtstücke ganz erheblich und boten zudem einen wirksamen Wetterschutz. Die Umkehrzeit für die Boeing 707 C betrug in Frankfurt jetzt nur noch zwei Stunden. Diese Beschleunigung zeigte sich auch in steigenden Luftfrachterträgen.

1966 überschritt Lufthansa erstmals mit ihrem Erlös die Milliardengrenze. Rund 3,7 Millionen Passagiere flogen in jenem Jahr in Lufthansa-Maschinen an ihre Ziele. Der Weltluftverkehr habe in den letzten vier Jahren täglich etwa 70.000 Passagiere dazugewonnen, hieß es 1967. Lufthansa stellte sich ein auf die vielen Erstflieger, auf unbegleitete Kinder, auf Kranke und Hilfsbedürftige mit einem besonderen Betreuungsdienst, erst in Frankfurt, später auch auf anderen Stationen. Die anhaltende stürmische Aufwärtsbewegung – 5,9 Millionen Passagiere bei Lufthansa im Jahr 1969, 18 Prozent mehr als im Vorjahr – erforderte neue Methoden des Services auf den Flughäfen, wollte man den Zeitgewinn in der Luft nicht am Boden verspielen. Mit den Jets hielt nun die Elektronik Einzug in viele Unternehmensbereiche. 1964 hatte Lufthansa in einem eigenen Gebäude auf der Frankfurter Basis den ersten Rechner in Betrieb genommen. Seit 1967 stand in Frankfurt für die umsteigenden und die Auslandspassagiere eine elektronische Anlage für die Fluggastabfertigung zur Verfügung. Per 1. März 1967 ersetzte der Rechner die manuelle Buchung und beschleunigte das Reservierungsverfahren um ein Vielfaches. An das in jahrelanger Gemeinschaftsarbeit von Siemens und Lufthansa entwickelte Datenverarbeitungssystem waren durch 40 Fernschreibleitungen der Bundespost 200 Buchungsplätze in den deutschen Stadt- und Flughafenbüros der Lufthansa angeschlossen. Diese Anlage war zu dieser

■ Ab 1965 betrieb Lufthansa insgesamt sechs Boeing 707-330C als reine Frachter, damals noch unter der Hauptmarke. [LH]

Zeit in ihrer Art einmalig auf der Welt. Im Laufe der Zeit wurde sie in regelmäßigen Abständen den gestiegenen Anforderungen angepasst.

Auch Ferienflüge gewannen in diesen Jahren wachsenden Wohlstands an Bedeutung. Vom Trend zum Ferntourismus profitierte die Lufthansa-Tochter Condor Flugdienst GmbH, die mit ihrem traditionsreichen Namen wieder vollständig in Lufthansa-Besitz übergegangen war. Sie flog nun nach einer existenzgefährdenden Krise Anfang der 1960er-Jahre im stürmischen Aufwind der Flugtouristik in die Gewinnzone. Innerbetrieblich sorgte Lufthansa durch Umstrukturierungen für die Zukunft vor: Die Mutter legte sich Töchter zu. So wurde die Eigenwirtschaftlichkeit der Borddienstorganisation durch die 1966 gegründete Tochtergesellschaft Lufthansa Service GmbH (LSG) gefördert, in der zunächst die Borddienstbetriebe in Frankfurt, Hamburg, München und Köln/Bonn zusammengefasst wurden. Auch diese Gesellschaft, die Lufthansa und andere Fluggesellschaften mit Mahlzeiten und anderen Annehmlichkeiten für den Fluggast versorgte, ging schnell auf Expansionskurs. So formte sich Ende des Jahrzehnts um die eigentliche Lufthansa herum der Lufthansa-Konzern mit seinen Töchtern und Beteiligungen. Zum ersten Mal legte Lufthansa für das Geschäftsjahr 1967 einen Konzernabschluss vor. Luftverkehr war nur in internationalem Rahmen denkbar und drängte deshalb zur internationalen Zusammenarbeit.

Mitte der Sechzigerjahre war allerdings der vornehmlich unter wirtschaftlichen Gesichtspunkten entstandene Plan, „gewisse Aufgaben verschiedener Gesellschaften zu integrieren" (Bongers) an politischen Querelen und an der Einflussnahme der Regierungen gescheitert. Aus der „Air Union", dieser Vision eines Riesenunternehmens, war nichts geworden. 1967 gab es einen neuen Anlauf: In Paris trafen sich Vertreter von zehn europäischen Fluggesellschaften zu einem Gedankenaustausch über die Möglichkeiten der Zusammenarbeit bei der Einführung und dem Betrieb künftiger Flugzeugmuster. Das „Montparnasse Committee" wurde gegründet. 1968 erklärten sich dann Air France, Lufthansa, Alitalia und Sabena zum Zusammenschluss in der ATLAS-Gruppe bereit. Ein Jahr später wurde der Gründungsvertrag unterschrieben. Offizieller Titel des Dokuments: *„Protocol of an Agreement between Air France – Alitalia – Deutsche Lufthansa – Sabena for technical cooperation in the operation of their B747".* Dieser Vertrag trägt seitens Lufthansa die Unterschriften von Professor Höltje und Dr. Culmann. Er lief auf eine rationelle Arbeitsteilung bei der Ersatzteilhaltung und Überholung der Boeing-747-Flotten der beteiligten Fluggesellschaften hinaus. Lufthansa übernahm dabei die gesamte Triebwerksüberholung für alle Partner. Die Beschränkung auf rein technische Bereiche – später kam das Simulatortraining dazu – erwies sich als glücklicher Gedanke. Eine Ausweitung auf weitere Flugzeugtypen wie Douglas DC 10 und Airbus war von Anfang an vorgesehen und wurde dann auch praktiziert. Diese durch den späteren Beitritt der Iberia im Jahr 1972 auf fünf Mitglieder erweiterten europäischen Kooperation machte von Jahr zu Jahr weitere Fortschritte und hat sich längst eingespielt. Nicht alles, was damals zukunftsträchtig erschien, erfüllte die Erwartungen. Bestes und teuerstes Beispiel: das Überschallflugzeug. Mitte der 1960er-Jahre arbeiteten Franzosen und Engländer schon gemeinsam an der Concorde. Und Boeing-Ingenieure dachten in Seattle über ihr Supersonic Transport (SST)-Projekt nach (siehe dazu Exkurs Lufthansa und Überschall). Das war der Entwurf eines Flugzeugs mit Schwenkflügeln, größer als die Concorde und konzipiert für 250 Passagiere. Geworden ist daraus nichts – jedenfalls nicht bei Lufthansa: Lufthansa war einerseits bestrebt, auf keinen Fall den Anschluss an die Spitzengruppe des Weltluftverkehrs zu verpassen, andererseits aber vorsichtig reserviert.

Ticket in die Welt – Flugscheinheft der Lufthansa aus den 1960er-Jahren.
[Archiv Spaeth]

Die 1970er-Jahre

6 Start in die Jumbo- und Airbus-Ära

Euphorie und Aufbruchstimmung herrschten zu Beginn des neuen Jahrzehnts. Unmittelbar nach der Mondlandung der Amerikaner, den Erstflügen des Großraumflugzeugs Boeing 747 und des europäischen Überschalljets Concorde, allesamt Meilensteine des Jahres 1969, schien alles möglich. Amerikanischer Optimismus hatte neuerlich Grenzen verrückt und gezeigt, dass technisch nahezu jede Vision zu realisieren ist, wenn nur der Wille da ist und das nötige Geld. Der Glaube an den technischen Fortschritt schien ungebrochen.

Vor allem das 1970 für breite Passagierschichten beginnende Jumbo-Zeitalter bedeutete ein befreiendes Gefühl, eine neue Ära des Fliegens. Doch die Freude sollte nicht lange ungetrübt bleiben. Die Preise für Erdöl – Rohstoff für das unentbehrliche Kerosin – explodierten erst 1973 und dann noch einmal 1979: Ölkrisen. Turbulenzen in der Weltwirtschaft waren die Folge, die auch dem internationalen Zivilluftverkehr schwer zu schaffen machten. Die Techniker der Lufthansa und die Produzenten von Flugzeugen und Motoren boten allen Sachverstand auf, um den Treibstoffverbrauch zu reduzieren – mit Erfolg. Ein neues Bewusstsein entstand, Verständnis im Umgang mit unseren Ressourcen begann das gesellschaftliche Denken zu prägen.

Die erste Boeing 747-130 für Lufthansa mit den charakteristischen drei Fenstern des Oberdecks bei einem Testflug in Everett 1970. [LH]

Völlig undramatisch – von der breiten Öffentlichkeit zunächst fast unbemerkt – hatte im Jahr zuvor ein Prozess des Umdenkens begonnen: Der „Club of Rome“ hatte eine Studie über die „Grenzen des Wachstums“ veröffentlicht, die schließlich auf der ganzen Welt einen folgenreichen Bewusstseins- und Wertewandel in Gang setzte. Energie ist knapp, und die ökonomische Entwicklung sollte von nun an immer nachdrücklicher unter ökologischen Aspekten bewertet werden. Das konnte nicht ohne Folgen für die Luftfahrt bleiben, zumindest in Ländern wie der Bundesrepublik, wo eine engagierte, kritisch eingestellte Öffentlichkeit den Gesetzgeber zu härterem Durchgreifen zwang. Dabei demonstrierte Lufthansa durchaus Verständnis für Maßnahmen, die den Fluglärm einzuschränken vermochten, auch wenn ihr nun die verschärften Nachtflugbestimmungen zu schaffen machten. Sie hatte ja selbst früh die Problematik erkannt und schon 1956 den Lärmpegel als wesentlichen Faktor bei der Auswahl des Triebwerks für die Boeing 707-400 berücksichtigt. Und im Oktober 1961 forderte Lufthansa als vermutlich erster Airlinekunde bei der Bestellung der modifizierten 707-300 von Boeing Garantiewerte beim Außenlärm, die auch fixiert und eingehalten wurden. Nach heutigen Maßstäben blieben sie unfassbar laute Donnervögel, bei deren Abheben man eher an einen Raketenstart dachte, doch die Luftfahrt würde in den kommenden Jahrzehnten große Fortschritte erreichen bei Lärm und Emissionen. Im Lauf der 1970er-Jahre wendeten Lufthansa und andere ihrer europäischen Wettbewerber viele Millionen Mark, Pfund oder Dollar für die Lärmreduzierung auf: für die Umrüstung von Triebwerken, für die Erprobung neuer Landeverfahren, für Schallschutzmaßnahmen auf den Flughäfen und nicht zuletzt für die Überwachung von Abflugverfahren. In großen Umtauschaktionen hatte die Kranich-Linie ihre Flotten erneuert – und damit die neueste umweltschonendere Triebwerkstechnologie gekauft. Auch auf den Werften wurde in vielen Bereichen zusätzlich investiert. Umweltschutz in jeder Form sollte von nun an wesentlichen Einfluss auf die Planung, die Entscheidungen, die Arbeit und auch auf das Selbstverständnis und die Selbstdarstellung von Lufthansa der Öffentlichkeit gegenüber haben.

Die Satelliten des neuen „Terminal Mitte“ am Flughafen Frankfurt mit ihren Fingerdocks werden in den Siebzigern zum „Jumbo-Bahnhof“ der Lufthansa. [Fraport]

Mit einem Paukenschlag hatten die 1970er-Jahre für Lufthansa begonnen. Am Ostersonntag dem 30. März 1970, dem vierten Geburtstag des Verfassers, landete die erste Boeing 747-100 unter großer Anteilnahme der Öffentlichkeit in Hamburg (siehe Exkurs zur Boeing 747). Lufthansa war ab dem 26. April 1970 die erste Fluggesellschaft in Europa, die begann auf ihren Langstrecken mit Boeings Jumbo zu fliegen. Und als Weltpremiere folgte ihr ab dem 2. April 1971 als erster Ferienflieger überhaupt ihre Touristiktochter Condor, die 470 Passagiersitze in ihrer Einklassen-Kabine unterbrachte. Noch ein Jahr später, im April 1972, setzte dann wiederum Lufthansa den weltweit ersten reinen Frachtjumbo mit Klappnase und über hundert Tonnen Nutzlast ein – die Kranich-Linie spielte also eine wichtige Pionierrolle in der frühen 747-Ära. Die Luftfahrt war mit dem Riesenflugzeug in neue Dimensionen vorgestoßen. Beim Start wog die 747 vollgetankt 322 Tonnen. Bei Lufthansa fanden damals 361 Passagiere im Rumpf dieses Großraumflugzeugs in zwei Klassen Platz – und sie hatten Bewegungsfreiheit, das war das neue Gefühl. Bereits beim Betreten des Giganten gerate man „in Sektlaune", schrieb ein Journalist. Auch der Service lief jetzt dank der beiden Mittelgänge reibungslos und individueller ab. Komfort in jeder Beziehung: Es gab Filmvorführungen und Musikprogramme, über eine Wendeltreppe war die First Class Bar-Lounge im Oberdeck zu erreichen. Die Passagiere waren begeistert. Beim 747-Erstflug auf der Strecke Frankfurt–New York brachen sie beim Startschub und Abheben in spontanen Beifall aus. Bereits Ende März 1971 war die Propellerära bei Lufthansa endgültig vorbei mit der Stilllegung der letzten Vickers Viscount, die Flotte bestand nun ausschließlich aus allen vier Boeing-Jets von der kleinen 737 über die 727 für Mittelstrecken sowie die bewährte 707 und die neue 747 für Langstrecken. Doch bei der „*all Boeing fleet*" sollte es nicht lange bleiben, schon im September 1970 bestellte die Lufthansa ihr nächstes Großraumflugzeug.

■ Ab 1974 erhält Lufthansa ihre insgesamt elf McDonnell Douglas DC-10-30, die die Lücke zwischen den Boeing-Typen 707 und 747 schließen. [LH]

■ Bodenstopp in Frankfurt – drei Boeing 707 flankieren eine Boeing 737. [LH]

■ Der Lufthansa-Flottenmix 1971 unter einem Dach: Die reine Boeing-Flotte versammelt in der Frankfurter Wartungshalle. [Fraport]

Es war dreistrahlig und kam von McDonnell Douglas: die von Piloten sehr geschätzte DC 10, in die eine Fülle neuer Techniken eingeflossen war. Seit Frühjahr 1974 wurde sie in der Langstreckenversion DC 10-30 auf Routen eingesetzt, deren Passagieraufkommen für den Jumbo zu gering waren. Das waren insbesondere Strecken nach Südamerika und Fernost. Elf Douglas DC 10 waren es schließlich bei Lufthansa. „Sie war die zweite dreimotorige der neuen Lufthansa nach der Boeing 727. Erst beide Typen zusammen sollten sozusagen der vollwertige Ersatz für die einstige Dreimotorige der alten Lufthansa, die Ju 52, werden. Denn diese war Mädchen für alles gewesen, allerdings waren die damaligen Fernstrecken eher eine Addition verschiedener Kurz- und Mittelstrecken", so Rudolf Braunburg. „Einige Piloten hatten bewusst auf ihre Umschulung von der 707 und 727 auf die 747 verzichtet und geduldig auf diese neue Dreimotorige gewartet", schreibt der Autor, der selbst Kapitän auf der DC-10 war. Manche Piloten erachteten den neuen Großraum-Dreistrahler als moderner im Vergleich zur 747. „Als dann freilich 1976 die neue 747 SL (*offiziell hieß sie 747-200M, d. Verf.*) auftauchte, entschloss sich so mancher jüngere Bordingenieur oder Pilot, doch noch von der DC-10 auf die 747 umsteigen", berichtet Braunburg.

Das Jahr 1976 brachte gleich zwei neue Flugzeugtypen auf Lufthansa-Routen. Die 747SL (747-200M), die auch als 747 Combi bezeichnet wurde, weil sie hinten links auf dem Hauptdeck über ein großes Frachttor verfügte. Damit ließen sich im hinteren Teil der Kabine wahlweise Passagiere oder Frachtcontainer befördern, so wurden gleichzeitig 249 Passagiere und sechs Frachtpaletten dank der großen Reichweite nonstop bis nach Los Angeles oder mit Zwischenlandungen sogar nach Sydney geflogen. Im Februar 1976 übernahm Lufthansa ihren ersten Airbus A300, das erste zweistrahlige Großraumflugzeug für den Mittelstreckenverkehr. Seit 1967 hatte es auf den Reißbrettern Konturen angenommen, und 1969 hatten die Bundesrepublik

■ Großer Andrang an einem Buchungsschalter der Lufthansa 1974 in Frankfurt. [Fraport]

und Frankreich einen ersten Regierungsvertrag zur bilateralen Entwicklung abgeschlossen, was im Dezember 1970 zur offiziellen Gründung von Airbus Industrie geführt hatte. Der Aufsichtsrat hatte schon im Dezember 1972 die Entscheidung gefällt, den Airbus A300 zu kaufen, allerdings erst 1975 den Kaufvertrag für drei der europäischen Zweistrahler unterschrieben. Lufthansa investierte viel Zeit und Erfahrung, um dem europäischen Newcomer, der Alternative zu den Amerikanern, auf dem hart umkämpften internationalen Flugzeugmarkt den Rücken bei der Entwicklung des Typs zu stärken. Mit der A300 kamen die Passagiere nun auch auf Kurz- und Mittelstrecken in den Genuss von Großraumkomfort. 253 Fluggäste in zwei Klassen fassten die frühen Lufthansa-A300, später sogar bis zu 280 Passagiere in Einheitsbestuhlung, die auch auf den innerdeutschen Rennstrecken von Frankfurt nach Hamburg und München eingesetzt wurde. „Damit bestellte die Lufthansa nach dem Krieg erstmals ein Flugzeug, an dessen Herstellung deutsche Firmen wesentlich beteiligt waren", konstatiert Braunburg. „Doch obwohl die Lufthansa sich auch auf weitere neue Airbusse Optionen geben ließ, blieb bei den deutschen Vertretern von Airbus Industrie der ganz große Jubel aus: Von einem Dutzend verkaufter Flugzeuge kann kein Flugzeughersteller leben", beschreibt Braunburg die für Airbus damals schwierige Lage. „Der Airbus war in Angriff genommen worden, als sich hinsichtlich des zukünftigen Kurz- und Mittelstreckenflugzeugs ziemliche Ratlosigkeit einstellte. Weder Douglas noch Boeing hatten einen praktikablen Entwurf anzubieten, da witterten die Europäer ihre einmalige Chance", so Braunburg 1978.

Der technische Fortschritt innerhalb von zehn, fünfzehn Jahren hatte dem Luftverkehr neue Schichten von Flugreisenden erschlossen. Diese Entwicklung beeinflusste den Luftverkehr in vielen Bereichen, so in der Angebotsgestaltung und in der Tarifpolitik. Auch die bilateralen verkehrsrechtlichen Regelungen mussten dem steigenden Verkehrsaufkommen angepasst werden. Im Langstreckenverkehr boten sich wegen der größeren Reichweite der Flugzeuge, schnellere Verbindungen mit weniger Zwischenlandepunkten an. Die Streckennetze wurden neugestaltet, zusätzliche Strecken eröffnet. Mit den steigenden Passagierzahlen kamen aber auch Infrastruktur-Probleme. Alles verlangte neue Größenordnungen: Flughäfen, Gepäcksysteme, Computersysteme, Triebwerkswerkstätten, Werftanlagen, Wartungshallen. So wurde im Oktober 1970 auf dem Frankfurter Rhein-Main-Flughafen der Hangar V seiner Bestimmung übergeben: zu diesem Zeitpunkt die größte Flugzeug-Wartungshalle der Welt. Die Konstruktion fand wegen ihrer bautechnischen Originalität internationale Beachtung: Das Dach ist Raumabschluss und tragendes Element in einem. Mit dieser Jumbo-Halle, die Platz für sechs Großraumflugzeuge bot, stellte sich Lufthansa auf die neue Flugzeuggeneration ein. Auch in der Luftfracht sprengte der Einsatz der riesigen Jets den Rahmen des Gewohnten und Herkömmlichen. Am Frankfurter Flughafen entstand eine der größten Frachthallen der Welt, in der die Abläufe schon weitgehend automatisiert waren. Moderne Frachtterminals arbeiteten auch schon in New York und London.

Der Höhenflug der 1960er-Jahre stieß jetzt allerdings an Grenzen. Der weltweite Trend zur Kostensteigerung, insbesondere die Ölkrise, machten der Branche zunehmend zu schaffen. Die Schere zwischen steigenden Allgemeinkosten und einer Rückläufigkeit der Erträge öffnete sich ständig weiter. Zwar stiegen die Passagierzahlen noch immer von Jahr zu Jahr, doch sank der Ertrag je Fluggast kontinuierlich, weil in zunehmendem Maße stark verbilligte Tarife in Anspruch genommen wurden. Die Tendenz war offensichtlich: Trotz stetiger Rationalisierung und deutlicher Produktivitätssteigerung lief der Linienverkehr Gefahr, nicht mehr die Gewinne erwirtschaften zu können, die er zur Bewältigung seiner Dienstleistungsaufgaben brauchte. In einer Zeit, in der das reisende Publikum immer spürbarer nach niedrigeren Flugpreisen verlangte und immer mehr Passagiere auf die Dienste von Chartergesellschaften auswichen, sank die Rentabilität der Liniengesellschaften. Ihre Durchschnittserträge brachen ein, weil man mit stark verbilligten Sondertarifen insbesondere der Charterkonkurrenz offensiv begegnen wollte. Hinzu kamen natürlich die preistreibenden, inflationären Tendenzen in der Gesamtwirtschaft. In einer Welt ständig steigender Preise hatte die Luftverkehrsbranche seit Jahren den Preis für ihr Produkt ermäßigt und so den wirtschaftlichen Vorteil des technischen Fortschritts an den Benutzer weitergegeben. Aber, so warnte Lufthansa damals: „Ein weiteres Absinken der Ertragsmarge würde die Existenz vieler Unternehmen ernsthaft gefährden."

Es waren ohnehin wirtschaftlich unruhige, unsichere Jahre. 1970 und 1971 machte Lufthansa die Aufwertung der Deutschen Mark zu schaffen, die erhebliche Einbußen mit sich brachte, da Tarife im internationalen Luftverkehr in US-Dollar fixiert waren. Später hat man errechnet, dass ohne die Wechselkursänderungen der Deutschen Mark die Betriebsergebnisse des Zeitraums von 1969 bis 1971 deutlich besser gewesen wären. Dazu kam der Streik des Bodenpersonals der Lufthansa, der Dienst nach Vorschrift bei der deutschen Flugsicherung, die ungünstige Konjunkturentwicklung in vielen Ländern, der Tarifverfall vor allem auf dem Nordatlantik und das stetige Vordringen von Chartergesellschaften mit Schleuderpreisen, das einen regelrechten

■ Lufthansa war 1972 die erste Gesellschaft weltweit, die Boeing 747-Frachter mit Klappnase betrieb. Insgesamt 72 VW-Käfer passten an Bord. [LH]

■ Ein sogenannter „Bummelstreik" der Fluglotsen sorgte 1973 monatelang für Verspätungen und Flugstreichungen in Deutschland. [Archiv Spaeth]

In den Siebzigern häuften sich Flugzeugentführungen. Im Februar 1972 traf es eine Lufthansa-Boeing 747, die nach Aden im Jemen umgeleitet wurde. [LH]

Tarifkrieg provozierte. Schwierige Zeiten – wieder einmal. Dann, 1972: „Go-slow“ der Fluglotsen, wie schon 1971 und mit allen unangenehmen Folgen. Vor allem aber: zwei Entführungen von Lufthansa-Flugzeugen: Eine 747 wurde von Delhi aus nach Aden im Jemen entführt, dort gaben die Hijacker auf, es ging glimpflich aus. Kritischer war die Kaperung einer Boeing 727 nach Zagreb im damaligen Jugoslawien im Oktober 1972, ein Nachfolgeakt des Terroranschlags auf die Olympischen Spiele in München kurz zuvor. Ziel war es, die dort verhafteten Terroristen freizupressen, was gelang, die Geiselnahme wurde unblutig im libyschen Tripolis beendet. Außer diesen beiden vollzogenen Flugzeugentführungen sah sich Lufthansa 1972 auch noch 23 Entführungsandrohungen, 92 Bombenwarnungen und zwei Erpressungsversuchen mit Bombendrohung gegenüber – ein Jahr des Terrors.

Und 1973 wurde die allgemeine Lage nicht besser, im Gegenteil: weltweite Inflation und Verlust der Basis des Weltwährungssystems, steigende Zinsraten, die Ölkrise mit Fahrverboten in Deutschland, ein sogenannter „Bummelstreik“ der deutschen Fluglotsen, der im Sommer den Luftverkehr zeitweise lahmlegte. Und erneute eine diesmal blutige Entführung im Dezember 1973, als eine Boeing 737 in Rom gekapert wurde. Ein Polizist am Boden und ein Passagier starben, nach einer Odyssee über Athen und Damaskus endete das Hijacking in Kuwait. Das Resümee der Lufthansa: „1973 war besonders an der ‚operativen Front‘ ein hartes Jahr.“ So hatte die Kranich-Linie beim Passagieraufkommen einen Rückgang um 6,3 Prozent hinnehmen müssen – das innerdeutsche und kontinentale Streckennetz war monatelang durch den „Dienst nach Vorschrift“ der deutschen Fluglotsen stark eingeschränkt worden. Auch 1974 ging schwierig weiter: Rezession in der Weltwirtschaft, Energiekrise, Inflation, fluktuierende Wechselkurse, Zahlungsbilanzprobleme. Durchweg Schwierigkeiten, die die Entwicklung des Weltluftverkehrs nachhaltig beeinträchtigten, und das bei weiter wachsenden Kosten und streckenweise ruinösem Wettbewerb. Ergebnis: „Die Rentabilität des Weltluftverkehrs hat erneut einen Tiefpunkt erreicht.“ Lufthansa beförderte 1975 erstmals in einem Jahr über zehn Millionen Fluggäste, jedoch sank das Frachtaufkommen. Es gab wachsende Schwierigkeiten in der Verkehrspolitik, vor allem in Südamerika, die IATA-Gesellschaften erhöhten ihre Tarife.

Ein Lichtblick: Trotz negativer konjunktureller Einflüsse erzielte Lufthansa einen Jahresgewinn von 33,1 Millionen Mark. Das Jahr 1976 brachte endlich den lang erhofften Umschwung. Die positive konjunkturelle Entwicklung in einigen der wichtigsten Industrieländer belebte die Nachfrage bei einer zugleich relativ maßvollen Preispolitik der erdölexportierenden Länder. Lufthansa konnte sieben Prozent Dividende und 70 Millionen Mark Rücklagen einstellen. Doch bald folgte ein neuer, schlimmer Schock – im Oktober 1977, als palästinensische Terroristen die Boeing 737 „Landshut“ auf dem Flug von Palma de Mallorca nach Frankfurt über der Insel Elba in ihre Gewalt brachten, um in Stuttgart-Stammheim einsitzende RAF-Terroristen freizupressen. Es wurde eine der dramatischsten und brutalsten Entführungen in der Geschichte der Luftfahrt. Nach Landungen in Rom und auf Zypern, in Bahrain und Dubai musste die Maschine in Aden neben der Piste niedergehen. Flugkapitän Jürgen Schumann wurde im Flugzeug von einem der Geiselnehmer erschossen. Copilot Jürgen Vietor brachte die „Landshut" allein nach Mogadischu in Somalia. Dort befreite eine Kommandoeinheit der Bundesgrenzschutztruppe GSG 9 die 82 Passagiere und vier Crewmitglieder. Passagiere wie Besatzungen sahen sich damals, in diesen Wochen und Monaten des Terrors im „Deutschen Herbst", enormen und kaum nachvollziehbaren psychischen Belastungen ausgesetzt. Aber es musste weitergehen.

Auch auf internationaler Ebene vollzogen sich im Luftverkehr zu dieser Zeit drastische Veränderungen: die Deregulierung in den USA und daraus resultierend die Reform der IATA, die im neuen liberalisierten Umfeld als ein Kartell wie zuvor keine Chance mehr hatte. Die erklärte amerikanische Politik strebte danach, die Unterscheidung zwischen Linien- und Charterverkehr gänzlich aufzuheben und Abmachungen der IATA künftig den Anti-Trust-Beschränkungen zu unterwerfen. Die zweite Ölpreiskrise von 1979 sorgte für zusätzliche Belastungen. Einsparungen an Treibstoff waren angesichts der sprunghaft steigenden Preise für das Unternehmen von lebenswichtiger Bedeutung. 1973 hatte Lufthansa rund 200 Millionen Mark für Kerosin ausgegeben. 1974 schon weit über 500 Millionen Mark. Gewiss, an Erdölderivaten führte auf absehbare Zeit kein Weg vorbei, die Luftfahrt sah sich darauf angewiesen. Doch bei Lufthansa selbst gab es noch eine Vielzahl von Möglichkeiten, die Kostenseite zu entlasten. Ein ganzer Katalog von Maßnahmen wurde erarbeitet: Kapazitätsbeschränkungen standen an erster Stelle, vor allem eine Konsolidierung des Nordatlantik-Flugprogramms. Dazu kamen treibstoffsparende Verfahren beim Steig-, Reise- und Sinkflug und geschickte unternehmensinterne Disposition. Schließlich unterbreitete die interdisziplinäre Arbeitsgruppe „Fuel Conservation" etwa 200 Vorschläge für die Bereiche Technik und Flugbetrieb – von der Umrüstung der Triebwerke über den Einsatz von Flugleistungsrechnern bis zur Verminderung des aerodynamischen Widerstands an Flugzeugen und zum Gebrauch leichterer Frachtcontainer. Ihre Realisierung sollte im Laufe der folgenden Jahre zu einer spürbaren Eindämmung der Treibstoffkosten bei Lufthansa führen.

Der Irrflug der Lufthansa-Boeing 737 „Landshut" im Oktober 1977 ging als eine der brutalsten und dramatischsten Entführungen in die Geschichte ein. [LH]

In diesem Jahrzehnt der Rückschläge und Turbulenzen zahlte sich die gesunde Finanzpolitik des Unternehmens aus. Für diese Politik stand Dr. Herbert Culmann. Im August 1972 war er zum Vorsitzenden des kurz darauf durch Umstrukturierung der Organisationsspitze auf fünf Mitglieder erweiterten Vorstands berufen worden. Zu den Prinzipien gesunder Finanzierung gehörte bei Lufthansa immer schon die konservative Abschreibungspolitik: Sie schuf die kaufmännische Voraussetzung für die notwendigen Milliardeninvestitionen vor allem bei der Flotte. Die Flugzeuge

■ Der erste Frachtjumbo der Lufthansa hat gut lachen – durch die leicht geöffnete Bugnase erscheint es jedenfalls so. [LH]

der Lufthansa wurden innerhalb von zehn Jahren auf einen Restwert von fünf Prozent des Anschaffungspreises abgeschrieben. Der Aufwand für Abschreibungen lag regelmäßig zwischen sechs und neun Prozent des jährlichen Gesamtaufwandes beziehungsweise zwischen 400 und 500 Millionen Mark. Dieser Betrag reichte aus, um rund 70 Prozent der Investitionen in Flugzeuge aus Eigenmitteln zu bestreiten. Damit hatte Lufthansa im internationalen Luftverkehr eine allgemein beneidete finanzwirtschaftliche Spitzenstellung erreicht. Wirtschaftliches Fluggerät entschied mehr und mehr über Gewinn und Verlust der Fluggesellschaften. 1970, als Lufthansa ihre ersten Jumbos einsetzte, war sie dem Trend zum Großraumflugzeug gefolgt. Das trug der zunehmenden Nachfrage Rechnung und half zudem, die ohnehin dicht beflogenen Luftstraßen bei steigendem Verkehrsaufkommen nicht noch weiter zu belasten.

„Größter Auftrag der Lufthansa-Geschichte", so lauteten 1977 die Schlagzeilen vieler Wirtschaftsteile der Tageszeitungen. Die Großbestellung lautete auf fünf Boeing 747-200M und sechs Boeing 727-200, Optionen gab es über vier weitere 747 (von denen später zwei eingelöst wurden), Gesamtwert des Auftrags über eine Milliarde Mark. Allerdings handelte Lufthansa geschickt mit Boeing die größte Flugzeug-Umtauschaktion aus, die es in Europa je gegeben hatte. Fünf frühe 747-100 und -200 sowie sechs kleinere 727-30 gingen zurück an den Hersteller, ein Coup für den Kranich, kleinere Rücktauschaktionen hatte es schon früher gegeben. Der Zeitpunkt war gut gewählt, als das Tauschgeschäft ratifiziert wurde, suchten die Flugzeugproduzenten dringend nach Käufern und boten deshalb Billigpreise. Nicht nur in diesem Falle hatte Lufthansa antizyklisch geordert. Auf den Jumbo-Tausch folgte später der Umtausch der gesamten Boeing-737-Flotte. Auch bei der 1970 bestellten Douglas DC 10 hatte Lufthansa Kapazitätspolitik mit Augenmaß betrieben. Vier Flugzeuge dieses Typs wurden damals in einer besonders wirtschaftlichen Version bestellt: Im hinteren Passagierdeck konnten durch die hinte-

■ Der europäische Airbus A300 für bis zu 250 Passagiere brachte ab 1976 eine völlig neue Dimension auf Kurz- und Mittelstrecken. [LH]

re Einstiegstür zwölf schmalere Gepäckcontainer beladen werden, während die Laderäume ausschließlich für Frachtcontainer reserviert blieben. Die Erfahrungen mit dieser gemischten Version schlugen sich später auch im Einsatz der Boeing 747 Combi als kombinierter Fracht-Passagier-Version nieder.

Anfang 1979 traten Lufthansa und Swissair gemeinsam mit der Erstbestellung des Airbus A310 als Launch Customer auf und beteiligten sich maßgeblich an der Konzeption dieses hochmodernen wirtschaftlichen Flugzeugs. Rund 20.000 Ingenieurstunden wandte allein Lufthansa auf, um dieses maßgeschneiderte Großraumflugzeug – ein Meilenstein im Flugzeugbau – zu optimieren. In der auf Wirtschaftlichkeit bedachten Flottenpolitik, bei der Reduzierung des Treibstoffverbrauchs und im Kampf gegen den Fluglärm kam der Lufthansa-Technik eine führende Rolle zu. Seit 1972 wurde sie von Diplom-Ingenieur Reinhardt Abraham geleitet, der zuvor das Wartungszentrum Frankfurt zu seiner Größe und Bedeutung ausgebaut hatte und nun im Vorstand das Technik-Ressort übernahm. Seit den ausgehenden 1970er-Jahren erbrachte die Lufthansa-Technik Dienstleistungen für externe Kunden und trug somit zum Gesamtertrag des Unternehmens in steigendem Umfang bei: Das Spektrum der Leistungen reichte von Flugzeugumbauten, Flugzeug- und Triebwerksüberholungen bis zur technisch komplizierten Reparatur von Bau- und Ersatzteilen, wofür Lufthansa eine besondere Lizenz besaß und auch heute noch besitzt.

■ Jede Nacht wurden einige Boeing 727 „Quick Change“ in Frachter verwandelt um statt Passagieren Güter zu fliegen. [LH]

Die 1980er-Jahre

7 Liberalisierung und Zweimanncockpit

Heckparade am Terminal A in Frankfurt in den Achtzigern – mit DC-10 und A300 im Vordergrund. [LH]

Der globale kommerzielle Luftverkehr verlor 1980 mehr Geld als je zuvor, es wurde schließlich das bis dahin schlimmste Jahr in der kurzen Geschichte des Weltluftverkehrs. Wesentlich durch die Ölkrise bedingt betrug der Verlust der IATA-Gesellschaften rund 2,1 Milliarden US-Dollar, damals 5,1 Milliarden Mark. Lufthansa legte mit 5,6 Millionen Mark dennoch ein positives Ergebnis vor. Das Wort von der „Kunst des Überlebens" machte bei Lufthansa die Runde. Die Welt war in den 1980er-Jahren verfügbar geworden: mehr Nonstop-Verbindungen, immer dichtere Streckennetze. Aber auch: überfüllte Lufträume und immer längere Warteschleifen. Das Flugzeug war nun Massenverkehrsmittel.

Lufthansa strebte danach ein wettbewerbsbewusstes und modern organisiertes Unternehmen zu sein, mit Schwerpunkten wie Marktorientierung, schlagkräftigere Strukturen, Verantwortung in Umweltfragen, Mitarbeiterkommunikation. Und in den späten Achtzigern auch mit überarbeiteter Corporate Identity und neuem Design (siehe Kapitel 16). Am Ende des Jahrzehnts stand die Erfüllung eines Traums am Horizont: Das wiedervereinigte Deutschland und die Rückkehr der Lufthansa in ihre Heimat – nach Berlin.

Die 1980er-Jahre waren ein Jahrzehnt des Wachstums und der Rekorde für den Weltluftverkehr. Die Industrie aller Branchen boomte wie lange nicht mehr in der westlichen Welt, die Passagierzahlen stiegen von Jahr zu Jahr, die Wirtschaft füllte die Frachträume der Jets mit eiligen und hochwertigen Gütern. Der Weltluftverkehr wurde zur Wachstumsindustrie par excellence: Das war die Botschaft dieses von weltpolitischer Entspannung geprägten Jahrzehnts. Der zunehmende Wohlstand weiter Schichten in den Industrieländern veränderte das Urlaubsverhalten. Freie Zeit förderte den Trend zu Zweit- und Drittreisen während des ganzen Jahres oder zum schnell beschlossenen Kurzurlaub aufzubrechen. So verschob sich das Verhältnis von Geschäftsreisenden zu Privatreisenden in den 1980er-Jahren zugunsten der Touristen – mit allen Auswirkungen auf das Liniennetz, die Tarife und die Klasseneinteilung in den Flugzeugen. Die Zeiten des Jetsets, das war jetzt klar, waren endgültig vorbei, Fliegen war für alle da. Und Fliegen war, gemessen am Volkseinkommen und der Preisentwicklung billiger als früher. Mit dem geradezu explodierenden Markt kamen allerdings auch die Probleme. Der Passagier erlebte sie vor allem in der Überfüllung des Luftraums über den großen Flughäfen mit stundenlangen Verspätungen. Allein die Warteschlangen und Warteschleifen kosteten Lufthansa 1989 etwa 190 Millionen Mark. Der Luftverkehr, so schien es, stieß an Grenzen. Unruhe, ja Hektik beherrschte in der Luftfahrt dieses Jahrzehnt, das die Auswirkungen der amerikanischen Deregulierung verspürte und den sich abzeichnenden liberalisierten Markt der Europäischen Gemeinschaft auf sich zukommen sah.

Während sich die konkurrierenden Reisevertriebssysteme weltweit einen erbitterten Kampf um die Märkte von morgen lieferten, stieg die Zahl der Fusionen, Verflechtungen und Kooperationen bei den Fluggesellschaften. Wettbewerb – Anspruch (auch (Be-)Drohung beinhaltend), zog sich wie noch nie zuvor, durch alle Szenarien, Planungen, Zukunftsvorstellungen. Lufthansa, Spätstarter aus historischen Gründen, musste seit ihren ersten Flügen 1955, gegen eine längst etablierte Konkurrenz anfliegen. Sie war Wettbewerb gewohnt, musste sich schon 1982 den Markt mit über 80 anderen Gesellschaften teilen und hatte im Bewusstsein der eigenen Leistung Wettbewerb nie gescheut. Aber die zunehmende Härte, die jetzt aus Amerika importiert wurde und die Mitte des Jahrzehnts zu einem regelrechten Verdrängungswettbewerb über dem Nordatlantik führte, zeugte von einer neuen Qualität des Wettbewerbs, von anderer Gangart. Seit 1985 kam die Wettbewerbsordnung spürbar in Bewegung, wurde das Memorandum der Europäischen Kommission diskutiert. Schon 1984 hatte eine erste Marktöffnung zwischen der Bundesrepublik und Großbritannien stattgefunden, alte Restriktionen wurden beseitigt, Lufthansa erhielt Chancengleichheit auf dem britischen Markt. Das war der Anfang. Mehr Flexibilität bei etwas weniger Bürokratie, so definierte Lufthansa ihre Vorstellung von einer denkbaren neuen Marktordnung im Luftverkehr. Seit dem 1. Januar 1987 wurde das auf bilateralen Luftverkehrsverträgen basierende Verhältnis zwischen den EG-Staaten weiter gelockert, es ließ nun Kapazitätssteigerungen bis zu 20 Prozent zu. Die Welt des Luftverkehrs war in den 1980er-Jahren in Bewegung geraten wie noch nie zuvor seit Ende des Zweiten Weltkriegs. Es waren Jahre des Umbruchs und des Umdenkens, Jahre der Weichenstellung in eine ganz anders organisierte Zukunft.

Kleinbus trifft Airbus – Szene mit einer Lufthansa A300 auf dem Vorfeld in Stuttgart. [Flughafen Stuttgart]

Visitenkarte in bester Lage – das Lufthansa-Stadtbüro in London nahe dem Piccadilly Circus. [LH]

Anfangs hatte es düster ausgesehen in den Achtzigerjahren. Die zweite Ölpreiskrise von 1979 führte zu einer anhaltenden Wirtschaftsflaute. In der Bundesrepublik wirkte sie in Rezession, steigender Arbeitslosenquote und – 1982 – in einer dramatischen innenpolitischen „Wende" nach dem Bruch der sozialliberalen Koalition aus SPD und FDP unter Kanzler Helmut Schmidt. Die FDP koalierte nun mit der CDU/CSU unter dem neuen Bundeskanzler Helmut Kohl. Im „kritischsten Jahr der Geschichte der Zivilluftfahrt" (so der Geschäftsbericht 1980) gelang es Lufthansa als einer von wenigen internationalen Luftverkehrsgesellschaften, einen ausgeglichenen, leicht positiven Abschluss vorzulegen. Die großen Investitionen in die Flotten belasteten zwar das Ergebnis, verbesserten jedoch vor allem in den folgenden Jahren nachhaltig die Wirtschaftlichkeit: Betriebskosten ließen sich durch die moderneren Flugzeuge einsparen. Allerdings spürte auch Lufthansa seit der zweiten Hälfte des Jahres 1980 die Auswirkungen der weltweiten wirtschaftlichen Entwicklung. Im Luftverkehr verschärften sich diese Effekte durch die amerikanische „Open Sky"-Politik. Die Situation schlug sich in stagnierenden, teilweise rückläufigen Verkaufszahlen nieder: Die Passagierzahlen nahmen 1980 insgesamt nur um 1,5 Prozent zu, während die Fracht um 0,6 Prozent zurückging. Verstärkt wurde diese Entwicklung durch die Treibstoffpreiserhöhungen, den allgemeinen Tarifverfall und durch die Stärkung des US-Dollar. Seit Herbst 1980 reagierte das Unternehmen mit einer Reihe von Einsparungsmaßnahmen, stellte unrentable Strecken ein und gab Flugzeuge sowohl zum Verkauf wie zur Vercharterung frei. Investitionen wurden aus Liquiditätserwägungen verschoben, einige Strecken auf wirtschaftlicheres Fluggerät umgestellt.

In dieser kritischen Wirtschaftsphase fand bei Lufthansa ein Wachwechsel statt. Seit 1982 – das immer noch ein „Stagnationsjahr" war – leitete Staatssekretär a.D. Heinz Ruhnau als Vorstandsvorsitzender die Geschicke des Unternehmens. Als Vertreter des Bundesverkehrsministeriums hatte er dem Aufsichtsrat schon vorher jahrelang angehört. 1986 wurde er für weitere fünf Jahre in seinem Amt bestätig. Sein Stellvertreter in dem fünfköpfigen Gremium war bis 1989 Reinhardt Abraham, Leiter des Ressorts Technik. Langsam, mit behutsamer Ausweitung der Kapazitäten, steigenden Investitionen aus eigener Kraft und fortdauernder Modernisierung ging das Unternehmen 1983 auf Erfolgskurs. Die Produktivität stieg merklich an. Ruhnaus erklärte Unternehmenspolitik der „gezielten und schrittweisen Expansion" fiel mit der zügigen gesamtwirtschaftlichen Erholung zusammen, die bald in eine langanhaltende Boom-Periode und Dauerkonjunktur übergehen sollte. Die Weltwirtschaft wuchs im intensiven Austausch zwischen Europa, Amerika und Asien – der nun so genannten „Triade" – immer enger zusammen. Die deutsche Exportindustrie verzeichnete neue Rekorde. 1984 waren die Kräfte des Aufschwungs schon im ganzen Markt spürbar – ein Jahr „erfolgreicher Arbeit", auch „großer Anstrengung" bei Lufthansa. Es wurde wirtschaftlich das beste Jahr in der Unternehmensgeschichte.

Als Wachstumsfelder hatte das Führungsteam der Lufthansa Asien, die Fracht und den europäischen Regionalverkehr ausgemacht. Die Prognosen, die die Geschäftspolitik dieser Jahre bestimmten, erwiesen sich als tragfähig und richtig. Der pazifische Raum trat immer mehr in den Vordergrund. Lufthansa hatte auf diese Herausforderung mit verstärktem Engagement, mit neu angeflogenen Zielen und mit schnellen, zunehmend als Nonstop-Dienste angebotenen Verbindungen reagiert. Seit 1980 flog Lufthansa Peking an, mit den Chinesen wurden zudem umfangreiche Beratungsabkommen getroffen, und in Peking entstand ein eigenes Lufthansa-Center. 1984 folgte Seoul. Auch die zeitsparende Sibirienroute nach Asien öffnete sich Lufthansa nach langwierigen Verhandlungen mit der Sowjetunion wieder, auch wenn dafür auf dem Weg nach Tokio in Moskau zwischengelandet werden musste und die Sowjets hohe Gebühren verlangten. Am Ende des Jahrzehnts rangierte das Verkehrsgebiet Asien/Pazifik, gemessen an den Umsätzen, auf nahezu gleichem Niveau wie das Nordamerika-Geschäft.

Unübersehbar waren die unternehmerischen, innovativen Anstrengungen der Lufthansa bei der Luftfracht, die stärker zu wachsen versprach als der Passagierverkehr. Zwar ging das Volumen und das Gewicht der transportierten Güter zurück, aber ihr Wert stieg. Lufthansa investierte daher weiter: Am 30. Juni 1982 wurde die neue Frachtanlage am Frankfurter Flughafen, das „Lufthansa Cargo Center" (LCC) offiziell seiner Bestimmung übergeben. Sechs Jahre Planung, vier Jahre Bauzeit waren nötig, um diese größte und modernste Frachtanlage der Welt zu realisieren. Von den 250 Millionen Mark flossen 110 Millionen in die Gebäude, 35 Millionen in die Transportsysteme und 105 Millionen in die Elektronik. Das LCC, zunächst auf einen Frachtumschlag von 450.000 Tonnen ausgelegt, war nach dem Baukastenprinzip so konzipiert, dass jede Baugruppe ohne Störung des Betriebs vergrößert werden konnte – was sehr bald auch geschah. Wie kaum eine andere Linienfluggesellschaft setzte Lufthansa optimistisch auf die Luftfracht als Wachstumsmarkt. Sie hatte schon 1981 zusammen mit Schenker & Co., die „c+d Luftfracht System GmbH" gegründet, mit der sie immer neue Märkte dem Door-to-Door-Konzept erschloss. Sie hatte auch der Frachtcharter-Tochter German Cargo Services mit Flugzeugen des Typs Douglas DC 8-73 zu einer wirtschaftlichen Frachterflotte verholfen. Von der weltwirtschaftlichen Erholung seit 1984 profitierte der Luftfrachtverkehr überproportional. Lufthansa baute ihre Nur-Frachter-Flotte weiter aus, investierte in die Datenverarbeitung, errichtete Frachtzentren an den Knotenpunkten des Verkehrs in der Welt. Seit 1986 war Lufthansa im Linienflugverkehr bei der Luftfracht die Nummer eins auf der Welt. 1989 wurden insgesamt 909.000 Tonnen eilige Güter befördert.

Auch die zunehmende Bedeutung des Regionalverkehrs war frühzeitig erkannt worden. Das hatte schon 1978 zur (zwischenzeitlich mehrfach aufgestockten) Beteiligung an der DLT – Deutsche Luftverkehrsgesellschaft mbH – geführt. Lufthansa wirkte seither aktiv an der Schaffung eines flächendeckenden Netzes im Regional- und Ergänzungsluftverkehr mit. Die DLT, die ihre Flotte kontinuierlich modernisierte und Flugzeuge vom Typ Fokker 50 und Embraer Brasilia erwarb, bediente ein ständig größer werdendes Netz im In- und Ausland. Den Luftverkehr in Europa durchzuführen, der mit den kleinsten Lufthansa-Maschinen wirtschaftlich nicht geflogen werden konnte, war das erklärte Geschäftsziel der DLT. Und noch ein neues Wachstumsfeld hatte sich aufgetan: Europa, der für Lufthansa aufkommensstärkste Markt, hatte seine eigene Dynamik entfaltet.

An ihrem Heimatflughafen Frankfurt wartete die Lufthansa intensiv auch ihre 747-Flotte zwischen den Linienflügen. [LH]

Erste innerdeutsche Annäherung – am 30. August 1984 nimmt die Lufthansa Sonderflüge auf von Frankfurt nach Leipzig zur dortigen Messe. [LH]

Der europäische Markt mit seiner geballten Wirtschaftskraft wuchs mit den Jahren enger zusammen, der Verkehr zwischen den politischen und wirtschaftlichen Zentren nahm kontinuierlich zu. Die dramatische Öffnung Osteuropas und die Annäherung an den Westen schlugen sich auch im Luftverkehr nieder. Das gab nicht zuletzt dem Tourismus Auftrieb. Im innerdeutschen Verkehr setzte Lufthansa neue Akzente, trotz aller Probleme mit Engpässen im Luftraum und neuen Wettbewerbern im deutschen Markt. So baute sie den Intervall-Verkehr ständig aus. Seit März 1983 flogen City Jets auf der Strecke Hamburg–München buchstäblich „im Takt“, also mit jeweils gleichen Zeitabständen.

Ein historisches Datum war die Aufnahme des Flugverkehrs in die ehemalige DDR, erstmals 1984 zur Leipziger Herbstmesse. Und einen ganz neuen, originellen Weg schlug Lufthansa 1982 mit dem Lufthansa Airport Express zwischen Düsseldorf und Frankfurt-Flughafen ein. Als erste Fluggesellschaft der Welt hatte Lufthansa damit ihren „Zug zum Flug“ kreiert. Dies war der Auftakt zu einer ständig enger werdenden ökonomisch, und ökologisch sinnvollen Zusammenarbeit mit der Deutschen Bundesbahn im Kurzstrecken- und Zubringerverkehr.

Wettbewerb, während für den Kunden meistens von Vorteil schafft auch Probleme – Probleme der Produktivität und damit der Rationalisierung, Probleme der Organisation. Was in Jahrzehnten gewachsen war, musste unter veränderten Marktbedingungen nicht mehr unbedingt der Weisheit letzter Schluss sein. Mit einer großen Kraftanstrengung ging Lufthansa diese innerbetrieblichen Schwierigkeiten an und suchte sich von Bürokratismus und Verkrustungen zu befreien, steuerte Profitcenter-Strukturen an, führte quasi die Marktwirtschaft im damals noch staatlichen Unternehmen ein. Nahziel war vor allem, die Länge von Entscheidungswegen zu verkürzen, Entscheidungen von oben nach unten zu verlagern, Entscheidungsballast zu beseitigen. Spannungen, Reibungen konnten bei dieser „größten Organisationsänderung der Lufthansa seit ihrer Wiedergründung 1955“ auf diesem „Weg der Änderung und Erneuerung“, wie

Der Lufthansa-Airport-Express-Zug zwischen Köln und Frankfurt konnte nur mit Flugticket genutzt werden und war eine interessante Ergänzung. [LH]

es damals hieß, nicht ausbleiben und wurden auch in der Öffentlichkeit diskutiert. Am tiefsten griff diese Veränderung im Verkauf und im Marketing. Sämtliche Aufgaben der Planung und Entwicklung des Produkts wurden zu einer Einheit zusammengefasst. Zudem wurde ein Streckenmanagement geschaffen, das für den wirtschaftlichen Erfolg des Lufthansa-Streckennetzes verantwortlich war. Fast der gesamte Marketingbereich konzentrierte sich nun in Frankfurt.

Wachstum musste bewältigt werden, das war eine der großen Aufgaben der ausgehenden 1980er-Jahre. Dazu gehörte auch die dringend nötige Entlastung von Frankfurt und Düsseldorf, die am Ende ihrer Kapazität angekommen waren. Deshalb hatte sich Lufthansa entschlossen,

Köln/Bonn mit seinen bis dahin ungenutzten Möglichkeiten stärker als bisher in das Netz einzubeziehen. Neben Frankfurt und München entstand hier mit dem Luftfrachtzentrum West ein drittes Standbein für die Fracht, wichtig für die Wirtschaft in Nordrhein-Westfalen. Die hohen Produktionskosten im Hochlohnland Bundesrepublik Deutschland sorgten im Bereich des fliegenden Personals für Unruhe. Lufthansa ging mit der German Cargo Services (GCS) und der zur Kostensenkung bei Condor als Tochtergesellschaft reaktivierten Südflug den Weg von Ausgründungen. Sie überführte so Teilbereiche in Gesellschaften mit neuen, günstigeren Tarifverträgen und betrieb damit in zunehmendem Maße Unternehmensaktivitäten außerhalb der damaligen Lufthansa-Kostenstrukturen. So flogen sowohl GCS als auch Condor nach Umstrukturierungsprozessen, die zu wettbewerbsfähigen Personal- und Kapitalkosten führten, auf Gewinnkurs. Durchgreifende Veränderungen hatten Auswirkungen: Abteilungen aus der nominellen Hauptverwaltung in Köln zogen auf die Lufthansa-Basis in Frankfurt um, Hamburg blieb Hauptstandort der Lufthansa Technik.

Die zunehmende Liberalisierung förderte in den 1980er-Jahren die Tendenz zu Partnerschaften verschiedenster Form – als Kooperation mit und ohne Kapitalbeteiligung, in Form von Gemeinschaftsunternehmungen, Neugründungen und Beteiligungen. Auch Lufthansa hatte sich diesem Trend nicht verschlossen. Sie fusionierte nicht, das zumindest unter Airlines rechtlich auch gar nicht möglich, aber sie kooperierte „überall dort, wo wir entweder aus eigener Kraft nicht in der Lage sind, die Aufgabe zu bewältigen, oder dies der langfristigen Sicherung unserer Position im Markt dient", so Heinz Ruhnau. Das Streben nach einer starken eigenen Marktposition, das Bewusstsein aus eigener Kraft wachsen zu können, schloss Kooperation nicht aus – im Gegenteil. So schloss Lufthansa 1989 mit der Air France einen vielversprechenden Kooperationsvertrag, in dem eine engere Zusammenarbeit auf vielen Gebieten vereinbart wurde. Beide Gesellschaften hatten sich schon zuvor gemeinsam im Berlin-Verkehr engagiert und 1988 die EuroBerlin France gegründet, an der Lufthansa 49 Prozent hielt. So konnten die Deutschen zumindest einen An-

Parade aller Uniformen von den 1950er bis zu den 1980er-Jahren vor einer DC-10 in Frankfurt. [LH]

teil des Geschäfts mit Flügen nach Tegel selbst machen, was ihnen nach alliiertem Recht offiziell versagt war – bis zum plötzlichen Mauerfall. Der Kooperationsvertrag eröffnete neue Perspektiven, zum Beispiel die Abstimmung und Harmonisierung des Flottenprogramms mit dem Ziel, das Fluggerät zu standardisieren. Die Absprachen betrafen aber auch Frachthandling, die Nutzung von Bodeneinrichtungen und die Untersuchung geplanter Flugstrecken. Beide Gesellschaften glaubten, so besser auf die Kundennachfrage eingehen zu können, ohne die Wettbewerbsposition und die eigene Unternehmenskultur preiszugeben.

Schon zwei Jahrzehnte funktionierte die Technik-Kooperation bei ATLAS, die den beteiligten Gesellschaften zwischen zehn und zwanzig Prozent der Wartungskosten ersparte. Ohne den richtungsweisenden ATLAS-Verbund hätte sich die Einführung moderner Großraumflugzeuge bei den beteiligten europäischen Luftverkehrsgesellschaften weitaus schwieriger und auch finanziell erheblich aufwendiger gestaltet. Am 1. Februar 1989 wurde der neue, weiterführende ATLAS- Vertrag unterzeichnet – ein Beispiel für sinnvolle Zusammenarbeit mit Carriern, die im Wettbewerb zueinander stehen. Kooperation gab es etwa mit der Swissair bei der Pilotenausbildung. Die Verkehrsfliegerschule der Lufthansa, die „Piloten-Schmiede“, die 1987 in Bremen ein neues Schulgebäude beziehen konnte, entwickelte in den Achtzigerjahren ein zukunftsweisendes Konzept: das FUTURA-Programm. Wichtigstes Merkmal war der Einsatz von Vollsimulatoren schon in der Basisausbildung, also beim Ersterwerb der Lizenz. Damit wurden die Flugschüler schon früh auf das mit automatischen, integrierten Flugführungssystemen ausgestattete Cockpit vorbereitet. Zudem wurden Trainingsflüge eingespart: ein Beitrag zum Umweltschutz. Unter den etwa 170 angehenden Flugzeugführern, die Ende der Achtzigerjahre jährlich in Bremen geschult wurden, waren seit 1986 auch Frauen. Damit hatte Lufthansa die Gleichstellung von Mann und Frau auch am Arbeitsplatz Cockpit vollzogen.

■ Viel Platz, aber noch keine flachen Betten oder viel Privatsphäre gab es in der First Class der Lufthansa Boeing 747 der Achtziger. [LH]

Der härter gewordene Wettbewerb mit seinem Kampf um die beste Marktposition forderte zu einer Art Selbsterforschung, zu Selbstbesinnung und Selbstkritik geradezu heraus. Wo stand Lufthansa nach über dreißigjährigem Flugbetrieb, wo sah sie Erfolge und wo Defizite, wo lagen die Schwächen, wo die Stärken, fragte man sich selbst. „Lufthansa war und ist eine Qualitätsfluggesellschaft.“ Dieses unbedingte Bekenntnis zur Qualität war der Tenor jener breit angelegten, 1987 begonnenen Selbstbefragung des Unternehmens, die zu einer neuen Definition der Identitätsmerkmale der Lufthansa, ihrer Kundenbezogenheit, ihrer Servicebereitschaft und ihres Engagements führten. Diese „Generalüberholung“ fand schließlich ihren sichtbaren Ausdruck auch im neuen Design bei den Flugzeugen, in den Kabinen, in den Stadtbüros und an den Schaltern: viel Silber, Weiß und Grau, dazu die Traditionsfarben Blau und Gelb.

Unübersehbar sollten die Serviceverbesserungen für den Kunden sein. Eine davon war die neue Zwischenklasse an der Nahtstelle zwischen Economy (zuvor Touristenklasse) und First Class auf Langstrecken, die Business Class. Mit ihr sollten verstärkt vollzahlende Geschäftsreisende gelockt werden, die als beruflich Reisende mehr Flexibilität und Komfort brauchten als Privatreisende, deren Unternehmen aber nicht bereit waren, dafür ein immer schon exorbitant teureres First Class-Ticket zu buchen. Lufthansa hatte die

■ Ein typisches Dreimann-Cockpit in einer Lufthansa-Boeing 727 der 1980er-Jahre. [LH]

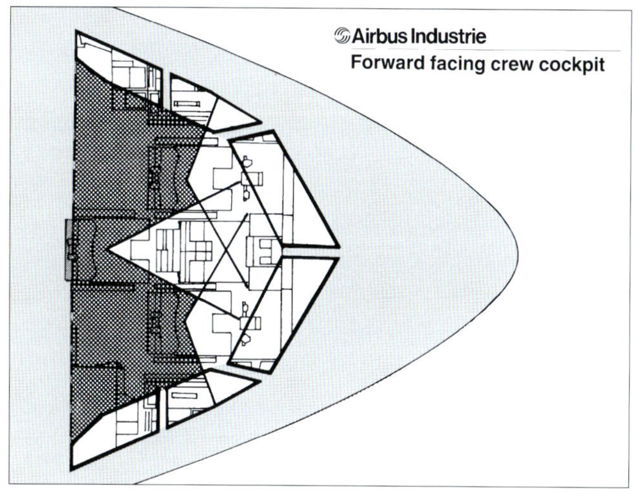

■ Airbus-Konzept für ein nach vorn blickendes Dreimann-Cockpit 1980, aus dem dann das Zweimann-Cockpit entstand. [DTMB]

neue Kabine seit dem 1. Januar 1979 zuerst nur auf dem Nordatlantik angeboten. Wenig später wurde sie auf dem mit Boeing 747 und Douglas DC 10 beflogenen Langstreckennetz weltweit eingeführt. Erst 1989 entschloss sich Lufthansa zur Einführung des Drei-Klassen-Systems auch auf den Kontinentalstrecken. Die Entscheidung fiel trotz aller Schwierigkeiten, die durch die unterschiedliche Buchungslage auf unterschiedlichen Strecken entstanden, vor dem Anliegen, den Service insbesondere für die Geschäftsreisenden zu verbessern. Flexibilität durch verschiebbare Trennwände zwischen den Bereichen war Voraussetzung für diese neue Art der Kabineneinteilung auf Kurz- und Mittelstrecken.

Unübersehbar war auch in diesem Jahrzehnt die Modernisierung der Flotte. Die aus Boeing 737-100 bestehende Kurzstreckenflotte der Lufthansa wurde schon in den Jahren 1981/1982 durch ein weiterentwickeltes Muster, die Boeing 737-200 ersetzt. Ihm folgte später ein noch wirtschaftlicherer Typ, die Boeing 737-300. Deren Weiterentwicklung, die verkürzte Boeing 737-500, wurde ab 1990 ausgeliefert. Waren in der 737-100 acht Sitze in der Ersten Klasse und 82 in Economy fest installiert, so wiesen die nachfolgenden 737-200 bereits eine flexible Kabine auf mit insgesamt 103 Sitzen, wo durch einen Vorhang das Premium-Abteil den Anforderungen entsprechend groß oder klein gehalten wurde. Die größten Flotteninnovationen bei Lufthansa in den 1980er-Jahren aber gingen auf das Konto von Airbus. Zunächst 1983 mit der Einführung des Airbus-A310-Großraumflugzeugs für Kurz- und Mittelstrecken. Dieses Flugzeug, eine verkürzte und modernisierte Version des Ur-Airbus A300, verkörperte den neuesten Stand der Technik und wurde von Lufthansa und Swissair in enger Zusammenarbeit als Launch Customer optimiert. Die A310 brachte später weit verbreitete Neuerungen, etwa den Trimmtank im Seitenleitwerk. Entscheidendes Merkmal der A310 – und damals eine Innovation, über die erbittert gestritten wurde – war ihr bereits erheblich digitalisiertes Zweimann-„Glascockpit“, erstmals in einem Großraumflugzeug fiel die Position des Flugingenieurs weg. Das Zweimann-Cockpit bewährte sich dank seiner ausgefeilten Elektronik schnell, Lufthansa bot ihren „dritten Männern“ im Cockpit, den Flugingenieuren die Ausbildung beziehungsweise die Umschulung zum Flugzeugführer an.

Nachdem das Zweimann-Cockpit bald zum Standard geworden war, tobte die Diskussion um die Sicherheit zweistrahliger Flugzeuge auf Transatlantikstrecken. Durch die

Die älteren 737-Versionen, wie hier im Bild zu sehen, wurden ab August 1986 von der moderneren 737-300 sukzessive ersetzt. [Dirk Grothe]

erhebliche Verzögerung der ersten 747-Lieferungen schaffte Lufthansa Fakten und setzte ab dem 12. Juni 1989 auf der Route nach Montréal und Philadelphia erstmals eine zweistrahlige A300-600 ein, die sonst vorwiegend Rennstrecken im Inland und Europa flog. Vorher galten Ozeanüberquerungen mit nur zwei Triebwerken als „No Go“. Die Zweistrahler mussten entlang spezieller ETOPS (*Extended Twin Operations*)-Flugrouten kleine Umwege fliegen, um im vorgeschriebenen Mindestabstand zum nächsten Ausweichflughafen zu bleiben. Doch im Flugbetrieb machte das keinen großen Unterschied, Zweistrahler über dem Großen Teich wurden ebenso schnell Alltag wie die nur noch zwei Piloten im Cockpit.

Von einschneidender Bedeutung für die Flottenentwicklung der kommenden Jahrzehnte war die Auslieferung des ersten Kurz- und Mittelstreckenflugzeugs Airbus A320-200 D-AIPA am 16. Oktober 1989. Der wegen seiner hohen Computerisierung zunächst als „Atari-Flieger“ geschmähte erste kleinere Airbus war vor allem im Cockpit auffällig anders: Statt der bis dahin in allen Flugzeugen vorhandenen Steuerknüppel bedienten sich die Piloten nun ihrer Sidesticks zur Flugsteuerung, daher damals die Assoziation mit Computerspielen. Anfangs dienten die zulaufenden A320 der Ablösung der Boeing-727-Flotte, die bis 1992 vollzogen wurde. Lufthansa bestellte damals 31 Airbus A320, bis 2024 sollten insgesamt 135 A320 bei Lufthansa im Einsatz gestanden haben oder stehen und 122 der später entwickelten Varianten A319 bzw. A321.

Ein beinahe ebenso wichtiger Meilenstein der Flottenerneuerung war die Boeing 747-400, Boeings stark überarbeitete und modernisierte Variante ihres mittlerweile 20 Jahre alten Jumbo-Jets. Lang erwartet jedoch mit einiger Verspätung ausgeliefert, stieß im Mai 1989 die erste Boeing 747-400 D-ABVA zur Flotte, ebenfalls mit einem Zwei-Mann-Cockpit. Allerdings waren die ersten neuen Jumbos in erheblichem Ausmaß von Kinderkrankheiten betroffen, die für massive Störungen und Verzögerungen sorgten, eine Achillesferse waren anfangs die Bordtoiletten. Mit diesem Flugzeug konnte Lufthansa auch entfernte Ziele wie Buenos Aires im Nonstop-Flug bedienen, denn die Reichweite der 747-400 lag mit über 14.000 km rund 2000 km über jener ihrer Vorgängermodelle. Bis zum Ende des Jahres 1989 wuchs die Zahl der Boeing 747-400 bei Lufthansa auf fünf Flugzeuge an, am Ende sollten es 35 werden (siehe Exkurs zur Boeing 747). Mit Nachdruck hatte sich Lufthansa auch für die Entwicklung eines Langstreckenflugzeugs mit geringerer Kapazität als Ersatz für die Douglas DC 10 eingesetzt. Mit Erfolg: Im Mai 1989 genehmigte der Aufsichtsrat die Bestellung von 15 Airbus A340 – einem idealen Flugzeug für Lufthansa.

Am 10. April 1989 wagte sich tatsächlich erstmals ein nennenswerter Konkurrent auf innerdeutsche Strecken: German Wings, im Besitz der Burda-Brüder, starteten mit zunächst vier, später sechs MD-83 den Betrieb auf vier

Rennstrecken im Inland (ohne Frankfurt zu berühren) sowie einige Paris-Verbindungen. Zu vergleichbaren Preisen, aber mit viel besserem Bordprodukt, nur vier breite Sessel pro Reihe und Essen auf Porzellangeschirr. Lufthansa versuchte den Konkurrenten so klein zu halten wie möglich, eine Anerkennung ihrer Tickets auch auf Lufthansa-Flügen musste German Wings erst vor Gericht erstreiten. Daher lief der Ticketverkauf anfangs schleppend, unattraktive Start- und Landezeiten an den Flughäfen taten ein Übriges, nach nur einem Jahr stellte German Wings den Betrieb ein. Lufthansa kaufte die Namensrechte und holte sie später für ihren Billigflieger Germanwings wieder aus der Schublade.

Gut gerüstet also, schien es, sah die Lufthansa mit ihren Ende der 1980er-Jahre 57.000 Mitarbeiterinnen und Mitarbeitern dem letzten Jahrzehnt des 20. Jahrhunderts entgegen. 13 Milliarden DM, so die Planung, sollten in der ersten Hälfte der 1990er-Jahre investiert werden, um international an der Spitze mithalten zu können, zeitsparende Nonstop-Verbindungen sollten dabei im Vordergrund stehen. Seit dem Beschluss des Ministerrates der Europäischen Gemeinschaft vom 7. Dezember 1987, dank dessen der einst regulierten Linienflugverkehr den Weg in die freie Marktwirtschaft nehmen sollte, hatte sich die Lufthansa mit zunehmender Intensität auf die Europäisierung des Luftverkehrs und auf neue Wettbewerber eingestellt. Das hieß auch: Einstimmung auf einen rigorosen Ausleseprozess. Sie hatte sich neu und schlagkräftiger organisiert, zu einer neuen Identität gefunden und baute trotz härter werdender Konkurrenzsituation auf Wachstum aus eigener Kraft.

Nach intensiver Diskussion im gesamten Unternehmen wurden 1989 die Orientierungspunkte für den Weg in die 1990er-Jahre festgelegt. Hohe Qualität und Wachstum, eingebettet in eine klare Identität – so wurden die Unternehmensziele definiert, mit dem Ziel, „das führende Luftverkehrsunternehmen in Europa zu werden". Das Bemühen um den Kunden rückte neben der technischen Kompetenz und der fliegerischen Zuverlässigkeit noch weiter in den Vordergrund. Im Binnenmarkt 1993, so hieß es 1989 im Positionspapier, werde Lufthansa eine „deutsche Fluggesellschaft mit europäischem Heimatmarkt sein". Eine Gesellschaft, die keinen „abrupten Kurswechsel" vollzieht, aber sich auf neue Entwicklungen einstellt. Die kamen dann noch Wochen vor Ende der Dekade: Am 9. November 1989 fiel die Berliner Mauer, die innerdeutsche Grenze wurde durchlässig, eine deutsche Vereinigung wurde absehbar. Das warf auch für die beiden deutschen Flag Carrier in Ost und West grundsätzliche Fragen auf, auf die baldmöglichst Antworten gefunden werden mussten.

Im Februar 1982 wurde der erste Airbus A310-200 vorgestellt, der auf einer Seite Lufthansa- und auf der anderen Swissair-Farben trug, die beiden Erstkunden. [LH]

Die 1990er-Jahre

8 Wiedervereinigung, Binnenmarkt und Allianzen

Das Jahrzehnt begann verheißungsvoll für die Lufthansa-Welt. Die dramatischen Veränderungen in den osteuropäischen Staaten, die friedliche Revolution der Bürger der Deutschen Demokratischen Republik, ließen eine lang gehegte Hoffnung Wirklichkeit werden: Seit dem 3. Oktober 1990 gab es das wieder vereinte Deutschland. Damit realisierte sich auch für Lufthansa die von ihrem Vorstandsvorsitzenden Heinz Ruhnau bereits seit Mitte der 1980er-Jahre immer wieder formulierte Vision vom Wiederanflug Berlins: Seit dem Kriegsende 1945 durften allein die Flugzeuge der West-Alliierten durch die Luftkorridore in diese Stadt fliegen. Mit der Wiedervereinigung waren die alliierten Sonderrechte Geschichte.

Am 28. Oktober 1990 um 9.04 Uhr setzte der Airbus A310-300 „Donaueschingen" mit der Flugnummer LH 6100 aus Köln/Bonn kommend auf dem Berliner Flughafen Tegel auf. Nach 45 Jahren kam Lufthansa erstmals im Linienverkehr wieder nach Berlin – zurück in ihre Stadt, in der sie vor fast 65 Jahren geboren wurde und in der sie den Grundstein ihres Erfolgs legte. Ein historischer Tag, der allerdings in Te-

Historische Landung am 28. Oktober 1990 – die Lufthansa ist zurück in Berlin! [LH]

Lufthansa-Chef Heinz Ruhnau spricht nach der ersten Landung eines Lufthansa-Flugs in Berlin-Tegel. [LH]

gel im Chaos stattfand. Aus dem herrschenden Durcheinander bei der Übernahme von Pam Am-Personal durch Lufthansa, allerdings zunächst nicht ihren Piloten, meldeten sich diese aus Protest krank. Dabei ging ohne sie wenig, Flugstreichungen und -verspätungen waren die Folge. Für die Welt war dieser Tag trotzdem ein Zeichen der Normalisierung und Einheit Deutschlands, für die Berliner brachte er die Anbindung an das Streckennetz der Deutschen Lufthansa. Und Berlin/Brandenburg sollte sich in den 1990er-Jahren kontinuierlich zu einem wichtigen Standort der Lufthansa mit schließlich über 4000 Beschäftigten in mehr als zwei Dutzend Konzerngesellschaften entwickeln. Allerdings mit einem sehr bitteren Nachgeschmack für die 8000 Mitarbeiter der damaligen DDR-Fluggesellschaft Interflug. Nach anfänglichen Hoffnungen auf eine Kooperation mit Lufthansa, einer im Juli 1990 durch das Bundeskartellamt untersagten Fusion mit Lufthansa und darauf zunehmenden Schwierigkeiten der Interflug wurde diese im Februar 1991 durch die Treuhandanstalt abgewickelt, also aufgelöst. Die Lufthansa hatte sich unterdessen bereits alles an Infrastruktur am Flughafen Schönefeld gesichert, dass für sie nützlich war.

Abgestellte Lufthansa-Boeing 737 und umregistrierte Iljuschin Il-18 der Interflug in Schönefeld. [Spaeth]

Die wirtschaftliche Entwicklung in Europa stand 1990 im Zeichen der Auflösung der Ost-West-Gegensätze. Vor allem die deutsche Vereinigung brachte einen kräftigen Nachfrageschub, der den westlichen Teil Deutschlands zum Wachstumszentrum Europas machte. Der Luftverkehr innerhalb der Bundesrepublik belebte sich durch die Vereinigung Deutschlands spürbar. Lufthansa nahm als neue Ziele Berlin und Dresden ins Programm auf. In den letzten Monaten des Jahres 1990 belief sich der Nachfragezuwachs in Deutschland auf mehr als 60 Prozent gegenüber dem Vorjahr. Um diesen Zuwachs zu bewältigen, musste Lufthansa zusätzliches Fluggerät chartern. Die Euphorie des deutschen Wiedervereinigungsprozesses wurde aber überschattet durch die internationale Golfkrise. Mit dem Einmarsch irakischer Truppen in Kuwait am 2. August 1990 verschärften sich die Probleme der internationalen Luftfahrt erheblich: Die Nachfrage im Nahen Osten und auch in Nordamerika ging deutlich zurück. Gleichzeitig stiegen die Treibstoffpreise ebenso wie die Versicherungsprämien bei Flügen in die Krisenregion. War so schon das Jahr 1990 laut Geschäftsbericht „das schwierigste Jahr seit der Ölkrise“ 1979, bedingt durch die Abschwächung der Konjunktur in den USA und in Teilen Westeuropas, auch durch die immer härtere Konkurrenz im Zeichen der Liberalisierung, so steigerten sich 1991 die düsteren Töne noch weiter: Vom „schwierigsten Jahr der Weltluftfahrt“ war jetzt die Rede. Der langjährige Lufthansa-Ingenieur Jürgen Weber, der am 1. September 1991 den Vorsitz im Vorstand übernommen hatte, musste für 1991 den Aktionären einen Verlust vorlegen – die „katastrophale Entwicklung der Branche“ war die Ursache.

Erstmals seit mehr als 50 Jahren verzeichnete der Weltluftverkehr einen Rückgang der Nachfrage um vier Prozent und eine Abnahme der Leistungen um zwei Prozent. Die resultierenden Überkapazitäten führten zu wachsender Konkurrenz und verschärftem Wettbewerb. Da die Ertrags- und Finanzlage der Fluggesellschaften bereits nach 1990 äußerst angespannt war, rutschte die Branche als Ganzes tief in die roten Zahlen. Die abflachende Weltkonjunktur, ob direkt mit dem Golfkrieg zusammenhängend oder nicht, traf die Lufthansa in ihrem größten Investitionsprogramm, das sie im Hinblick auf den Binnenmarkt, zur Festigung der Position im Heimatmarkt und zum Aufbau des Luftverkehrs in Berlin und den neuen Bundesländern unternommen hatte. Die fast schon existenzbedrohende Krise forderte rigorose Schritte, Beobachter sahen die damals noch voll im Staatsbesitz befindliche Lufthansa kurz vor der Pleite. 23 Flugzeuge wurden stillgelegt, Kaufoptionen nicht wahrgenommen, das Angebot der schwächer gewordenen Nachfrage angepasst. Am Aufwandsbudget wurden 3,5 Prozent eingespart, die Mitarbeiterzahl um 1000 reduziert, hinzu kam ein ganzes Paket personeller Anpassungsmaßnahmen. In den Folgejahren mussten insgesamt 15 % aller Lufthanseaten, rund 8000 Mitarbeiter das Unternehmen verlassen, darunter jede dritte Führungskraft.

Dennoch betrugen die Verluste 1991 fast eine halbe Milliarde Mark, erstmals seit 18 Jahren gab es überhaupt rote Zahlen. „Vor allem eine überzogene Expansion mit über zehn Milliarden Mark Schulden und viel zu hohe Kosten hatten die Airline in eine existenzielle Krise getrieben“, schrieb das Manager Magazin. „Bis zu 230 Millionen Mark Verlust flogen die Jets monatlich ein. Im Dezember 1991 reichte das Geld nicht einmal mehr für die Gehälter. Hätte nicht die Kreditanstalt für Wiederaufbau mit einer halben Milliarde ausgeholfen, die Lufthansa wäre zusammengebrochen.“ Das Management der Lufthansa hatte alle Hebel in Bewegung gesetzt, um sich aus der schweren Wirtschafts- und Branchen-Krise wieder zu befreien. Die Flotte schrumpfte um zehn Prozent, das Flugangebot wurde um 14 Prozent verringert, die First Class auf Inlandsflügen abgeschafft, eine Ausbildungsgebühr für Nachwuchspiloten erhoben und die Kölner Konzernzentrale verkauft, um nur einige Maßnahmen zu nennen. Vor allem wurde der Verwaltungsapparat geschrumpft und Bürokratie und Hierarchien abgebaut. „Eingangs der 1990er-Jahre erfüllte die Lufthansa nahezu alle Merkmale einer Behörde: aufgeblasen, umständlich, kundenfern“, urteilte das Manager Magazin.

Flotte und Anlagen waren schließlich auf einem modernen Stand und für den anstehenden Qualitätswettbewerb besser gerüstet. Die Anstrengungen im Verkaufs- und Vertriebsbereich waren verstärkt worden, Lufthansa zeigte sich preisaggressiver, das Partnerkonzept mit mittelständischen Reisebüros etablierte sich am Markt. Der Produktname DLT wurde in Lufthansa CityLine geändert. Jürgen Weber über die Lage der Lufthansa: „Mit einer starken Identität und einer größeren Kundennähe sind wir darangegangen, unser Produkt mit Erfolg zu verkaufen.“ Aber noch war die Krise nicht gemeistert – im Gegenteil: Das Jahr 1992 sollte die Krisenstimmung noch steigern. Einem Nullwachstum in zwei Jahren stand eine erhebliche Angebotsausweitung der internationalen Luftverkehrsindustrie gegenüber. Im Wettbewerb verfielen die Preise dramatisch, die IATA-Gesellschaften flogen 1992 annähernd fünf Milliarden Dollar Verluste ein. Von einer „Umbruchphase“ sprach Lufthansa: Deutschland, klassisches Hochlohnland, erwies sich in einer Branche, in der Wettbewerb auf globaler Basis stattfindet, zunehmend als schwieriger Standort. Zusätzliche Belastungen kamen von den höheren Kosten der Luftverkehrsinfrastruktur und von den Wechselkursen. Radikale Kostensenkungspolitik war angesagt, zeigte auch erste Auswirkungen. So lagen seit September 1992 die Kosten trotz erheblich gestiegener Beförderungsmenge im Monatsvergleich vier bis fünf Prozent unter Vorjahresniveau. Quer durch das Unternehmen waren unzählige Rationalisierungsideen entwickelt und umgesetzt worden – ein Spareffekt von einigen hundert Millionen DM.

In der Nacht vom 16. auf den 17. Mai 1992 passierte in der deutschen Luftfahrt etwas Historisches: Erstmals in der alten Bundesrepublik schloss ein bestehender Verkehrsflughafen und wurde durch einen vollkommen neu gebauten

Flughafen ersetzt. In München startete am alten Flughafen Riem um kurz vor Mitternacht die Lufthansa-Boeing 737-300 „Freising“, bevor die Bahnbefeuerung zum letzten Mal ausgeschaltet wurde. Gut 28 Kilometer nordöstlich war im Erdinger Moos bei Freising in den Jahren zuvor für 8,5 Milliarden Mark ein neuer Flughafen entstanden mit Parallelbahnen und reichlich Kapazität. Bereits im Oktober 1991 hatte Chefpilot Robert Salzl hier erstmals mit der Boeing 747-400 „Berlin“ ein Verkehrsflugzeug gelandet. Der offizielle erste Start ging ebenfalls auf das Konto der Lufthansa, am 17. Mai 1992 um 5.55 Uhr hob ebenfalls eine Boeing 747 auf einem Sonderflug mit geladenen (darunter der Autor) und zahlenden Gästen zu einem Alpenrundflug ab. Trotzdem konnte sich die Lufthansa zunächst nicht für größere Präsenz an der Isar und die Einrichtung eines zweiten Drehkreuzes neben Frankfurt entscheiden, erst 1998 verkündete sie, in München einen Hub zu errichten. Ein wichtiger Meilenstein für die künftige Strategie.

Der Kostenabbau brauchte seine Zeit. Zwar betrug 1993 der Verlust nach Steuern im Lufthansa-Konzern immer noch 92 Millionen DM, lag damit aber um 77 Prozent besser als im Vorjahr. 1993 ging dann als das erklärte „Jahr

■ Der neue Flughafen München eröffnete am 17. Mai 1992. Besucherandrang auf dem Aussichtshügel (unten) und das Vorfeld (rechts). Lufthansa bietet für geladene Gäste einen Premierenflug über die Alpen. [Flughafen München]

der Sanierung" in die Geschichte ein, von einem „neuen Kurs" konnte das Unternehmen jetzt sprechen: „Wir haben den Absatz gesteigert, den Umsatz auf Vorjahresniveau gehalten und die Kosten gesenkt" und das angesichts ungünstiger Bedingungen wie abnehmender Wirtschaftsleistung, zunehmender Arbeitslosigkeit, wachsender Defizite der öffentlichen Haushalte, rückläufiger verfügbarer Einkommen. Personalabbau, Kapazitätsanpassung und rigoroses Kostenmanagement waren notwendig. Die Maßnahmen zur Ertragssteigerung, etwa die Einführung des Bonusprogramms Miles & More, die Einrichtung des Netzmanagements oder die deutlich veränderte Preispolitik, waren ebenso wichtig. Der Sanierungserfolg machte dem Unternehmen und den Mitarbeitern nach den harten Jahren neuen Mut.

Die große, ja lebensgefährliche Krise war 1993 endgültig überwunden. Das Unternehmen hatte sich gefangen und beruhigt. Preis- und Vertriebspolitik sowie das neue Vielfliegerprogramm Miles & More zur Kundenbindung trugen dazu bei, dass die Umsatzerlöse der AG trotz des vor allem im Passagierverkehr anhaltenden Preisverfalls auf Vorjahresniveau gehalten werden konnten. Deutschland erlebte zwar 1993 die schwerste Rezession seit Bestehen der Bundesrepublik, dennoch zählte Lufthansa fast sieben Prozent mehr Passagiere auf den Strecken innerhalb Deutschlands. Im internationalen Passagierlinienverkehr konnte Lufthansa, gemessen in Passagierkilometern, auch 1993 die dritte Position behaupten. Die Deutsche Lufthansa AG steigerte ihren Frachttransport um 5,4 Prozent auf 1,1 Millionen Tonnen. Damit hielt Lufthansa im internationalen Frachtlinienverkehr unverändert ihre führende Position. Zu den wichtigsten strategischen Zielen zählte – neben struktureller Veränderung und Privatisierung – die Suche nach einem Partner in den USA. Das heikle Thema bedurfte zunächst einer langwierigen politischen Abstimmung, bevor Stephen Wolf, Präsident der United Airlines, und Jürgen Weber, Vorstandsvorsitzender der Lufthansa, im Oktober 1993 einen Kooperationsvertrag zwischen beiden Gesellschaften unterzeichneten.

■ Lufthansa-Chef Jürgen Weber war 1997 einer der Gründungsarchitekten des lange führenden Luftfahrtbündnisses Star Alliance. [Spaeth]

Lufthansa hatte lange für diese Kooperation gekämpft, sie konnte nur zustande kommen, nachdem die Regierungen beider Seiten ein neues Luftverkehrsabkommen ausgehandelt hatten. Zwar gab es noch Auslegungsstreitigkeiten, die erst im Frühjahr 1994 ausgeräumt werden konnten. Aber damit stand fest: Lufthansa würde noch 1994 bis zu 40 Ziele in den USA in den Flugplan aufnehmen, die unter gemeinsamer Flugnummer mit United Airlines bedient werden sollten.

Jürgen Weber sagte damals, 1993: „Wir stehen nun am Beginn einer sehr engen und globalen Partnerschaft mit United Airlines. Zwei bedeutende Luftverkehrsmärkte werden miteinander verknüpft und wir schaffen neuen weltweiten Kundennutzen." Diese Allianz hat maßgeblich zur Verbesserung der deutschen Wettbewerbsposition auf dem Nordatlantik beigetragen. Über die Kooperationsvereinbarungen mit der United Airlines und dann der Thai International Airways und SAS entstanden die Wurzeln des ersten globalen Airline-Bündnisses. Denn Fluggesellschaften können nicht einfach wie andere Unternehmen grenzüberschreitend fusionieren, weil Verkehrsrechte immer eine nationalstaatliche Angelegenheit jedes Landes bleiben und seine Hoheitsrechte berühren. Gehört die nationale Airline eines Landes

■ Am 17. Mai 1997 wurde die Star Alliance gegründet, Anlass für ein Gruppenfoto der Flugzeuge der Gründungsmitglieder in Frankfurt. [LH]

nicht mehr mehrheitlich Eignern aus dessen Herkunftsstaat, können ihr andere Länder die Verkehrsrechte verweigern. Genau aus diesem Dilemma heraus, bei der gleichzeitigen Notwendigkeit, sich in der Luftfahrt global zu vernetzen, entstanden Airline-Allianzen als Hilfskonstruktion zur operationellen Verflechtung, wo besitzrechtliche Verflechtungen nur sehr begrenzt möglich waren. Alle wettbewerbsrechtlich erlaubten Absprachen wie Koordination von Einkauf, Flugplan, Vertrieb oder einheitlichen Bonusprogramm wurden ausgeschöpft, gleichzeitig peinlich darauf geachtet, nicht wie ein Kartell zu agieren, vor allem durfte es keine Absprachen bei den Flugpreisen geben. Doch zur Beruhigung der Wettbewerbshüter führten Allianzen mittelfristig eher zu sinkenden Flugpreisen.

„Die Idee war aus der Not geboren“, sagte Jürgen Weber. 1993 habe er erkannt, „dass wir auf Dauer nur am Markt überleben können, wenn wir uns global ausbreiten.“ Das ging nur über weltweite Kooperationen. Und die allererste derartige Vereinbarung wurde am 14. Mai 1997 in einem heißen, stickigen Zelt auf dem Vorfeld des Frankfurter Flughafens zwischen den Chefs von Lufthansa, SAS, United Airlines, Varig, Thai Airways und Air Canada geschlossen, die Star Alliance war geboren. Draußen standen sternförmig angeordnet Flugzeuge aller sechs Gründungs-Airlines Nase an Nase, sie hatten bereits einen Formationsflug für Foto- und Filmaufnahmen über dem Rhein-Main-Gebiet unternommen. Lufthansa war nun wichtiger Teil der größten weltumspannenden Allianz der Weltluftfahrt. Im Rennen um die Globalisierung des Geschäfts setzte diese – im Laufe der Jahre ständig erweiterte – Kooperation Maßstäbe. „Wie gut die Idee offenbar ist, zeigt ihre Nachahmung, vor allem durch die Luftfahrtriesen British Airways und American Airlines im Oneworld-Bündnis.“ Das wurde erst 1999 gegründet, erst 2000 zogen Airlines rund um Air France/KLM, Delta Air Lines und Korean Air mit Skyteam nach. Alle drei Allianzen gibt es bis heute, Star Alliance ist stets die größte geblieben.

Von einem „neuen Kapitel“, das mit dem Jahr 1994 bei der Lufthansa begonnen hatte, sprach Jürgen Weber mit Blick auf die ersten Schritte in Richtung Privatisierung (die dann 1997 endgültig realisiert wurde). Jetzt, 1994, hatte die Bundesrepublik Deutschland, bis zum Herbst 1994 Hauptaktionär des Unternehmens im Rahmen der Kapitalerhöhung und des Verkaufs eines Teils ihres Aktienbestands die Mehrheit zugunsten privater Investoren aufgegeben. Ab Oktober 1994 hielt sie noch rund 36 Prozent des Aktienkapitals der Deutschen Lufthansa AG. Das Management der Lufthansa begrüßte die Privatisierung. Im liberalisierten Umfeld der Branche – so hatten die Erfahrungen der letzten Jahre gezeigt – hatten sich privatisierte Unternehmen gut behaupten können. Neue Herausforderungen wie die seit 1993 wirksame Liberalisierung des Luftverkehrs innerhalb der EU verlangten nach anderen, nach neuen Organisationsformen, die der zunehmenden Geschwindigkeit des Marktwandels besser gerecht werden konnten. Bis 1997 und der Erreichung des europäischen Binnenmarktes wurde Schritt für Schritt die völlige Deregulierung des Luftverkehrs innerhalb der EU eingeleitet, jede Airline aus einem EU-Land konnte von nun an frei überall innerhalb der Gemeinschaft fliegen. Sogar Inlandsflüge in anderen Mit-

Rollout des ersten Canadair Regional Jets für Lufthansa City Line im Dezember 1991 in Montréal. [Spaeth]

gliedsländern waren nun möglich – wovon vor allem die heute innerhalb Europas marktbeherrschenden Billigflieger bald regen Gebrauch machten. Somit viel jede staatliche Einmischung und Regulierung von Frequenzen, Routen und Kapazitäten innerhalb der EU weg – wahrlich eine neue Ära für die Jahrzehnte lang von ihren Regierungen protegierten, aber auch finanzierten „Flag Carriern".

Durch die Privatisierung war bei Lufthansa das Tor zur Kapitalerhöhung und zu weiterem Unternehmenswachstum aufgestoßen. Ohne den dringend benötigten Zugang zu neuem Eigenkapital wäre es der Lufthansa versagt geblieben, ein führendes und prosperierendes Unternehmen der weltweiten Luftverkehrsbranche zu bleiben. Nach drei Verlustjahren hatte Lufthansa im Geschäftsjahr 1994 die Rückkehr in die Gewinnzone geschafft. Als Folge der Privatisierung verzeichnete die Lufthansa-Aktie stattliche Kursgewinne, hohe Liquidität und steigende Dividende machten die Aktie zu einer rentablen Geldanlage. Die Lufthansa 1995 war eine Lufthansa in neuer Gestalt. An der strukturellen Veränderung des weltweit agierenden Konzerns Deutsche Lufthansa AG wurde seit Anfang 1994 gearbeitet. Ende 1994 waren die Voraussetzungen dafür geschaffen. Ziel der energisch betriebenen Konzernumstrukturierung waren selbstständige, dem Wettbewerb ausgesetzte und ergebnisorientierte Unternehmen, so wie es Condor und LSG erfolgreich vorgemacht hatten. So stellte sich die neue Unternehmensstruktur dar: Die Deutsche Lufthansa AG selbst betrieb seit 1995 nur noch den Passagierlinienverkehr, an Bord und am Boden waren im Jahresmittel über 27.000 Lufthanseaten beschäftigt.

Lufthansa Technik AG (mehr als 10.000 Beschäftigte), Lufthansa Cargo AG (mehr als 5000 Beschäftigte) und Lufthansa Systems GmbH (1100 Beschäftigte) agierten seit Jahresbeginn 1995 als rechtlich selbstständige und eigenständig wirtschaftende Unternehmen, die natürlich eng in den Konzern eingebunden blieben. Damit waren drei neue Gesellschaften zu den bestehenden großen Konzerngesellschaften LSG Sky Chefs (37.000 Beschäftigte), Condor (2350 Beschäftigte) und Lufthansa CityLine (1300 Beschäftigte) gekommen. Der neu strukturierte Konzern war in guter Verfassung, wie die Lage der einzelnen Gesellschaften zeigte. „Stratege Weber hat das Unternehmen ganz neu erfunden. Seit Anfang 1995 können die Tochtergesellschaften weitgehend selbstständig vom Mutterhaus agieren", staunte das Manager Magazin.

Die „neue" Lufthansa verbuchte schon im ersten Geschäftsjahr einen historischen Rekord: Sie beförderte 32 Millionen Fluggäste, 7,9 Prozent mehr als im Vorjahr. Das Netz weltweiter Kooperationen war geknüpft. Mit United Airlines und Air Canada dominierte Lufthansa wieder auf den Nordatlantik-Routen, mit Varig steuerte Lufthansa neue Ziele in Südamerika an. SAS war nun Partner im europäischen Luftverkehr. Gemeinsam stärkten Lufthansa und South African Airways die Verbindung zwischen Europa und Südafrika. Und mit Thai Airways International garantierte Lufthansa prompten Anschluss nach Asien/-Pazifik. Condor Flugdienst GmbH, 1996 seit 40 Jahren in einem turbulenten Markt tätig, konnte seine führende Stellung in der deutschen Touristik erneut unterstreichen, ihr Marktanteil betrug 25 Prozent. Die Gesamterlöse übertrafen erstmals die Rekordmarke von 2 Milliarden Mark. Mehr als sechs Millionen Fluggäste hatten einen kurzfristig realisierten Flottenausbau nötig gemacht. Lufthansa CityLine sah sich weiterhin auf Wachstumskurs, weitete das Angebot im Europaverkehr aus und stellte schrittweise die Flotte auf Düsenflugzeuge um. Ziel war es, auf eine reine Jet-Flotte umzustellen, eine Revolution im Regionalverkehr. Dafür wurde die City Line bei Bombardier zum Erstkunden für den neuen 50sitzigen Canadair Regional Jet (CRJ), der ab 1992 eingesetzt wurde, ein Jet in dieser Klasse war eine kleine Sensation in der kommerziellen Passagierluftfahrt, wo bis dahin Regionalverkehr immer Propellerflugzeug bedeutet hatte. Die CRJ- und Avro RJ85-Flotte der City Line flogen im Jahr 1996 schon über drei Millionen Passagiere.

1995 hatte als ein „Erfolgsjahr“, wie es bei Lufthansa hieß, neuen Schwung gebracht. Absatz und Umsatz wurden gesteigert, Gewinne eingefahren. Wie wetterwendisch allerdings, wie unvorhersehbar das Geschäft in Passage und Fracht sein kann, wie abhängig von konjunkturellen Auf- und Abschwüngen von Währungsparitäten, zeigte sich schon 1996, als in der ersten Jahreshälfte die Auslastung der Kapazitäten deutlich unter dem Vorjahresniveau lag (ein Trend, der sich in der zweiten Hälfte noch umkehrte). Dafür stiegen Anfang der zweiten Jahreshälfte die Treibstoffpreise überraschend und rasant. In der Spitze lagen sie bis zu 60 Prozent über dem Vorjahresniveau. Angesichts von Konjunkturschwäche und zunehmendem Wettbewerbsdruck und zudem den völlig liberalisierten Markt von 1997 vor Augen, entschloss sich Lufthansa zu einem auf fünf Jahre angelegten „Programm 15“, einem Kostensenkungsprogramm mit dem Ziel, die Stückkosten um jährlich rund vier Prozent zu senken. So wurde beispielsweise die gesamte Teilflotte der Boeing 737-400 ausgemustert und Einkaufsaktivitäten mit denen der Kooperationspartner koordiniert. Zum Bemühen um Wettbewerbsfähigkeit gehörten vor allem die Anstrengungen, Produkt und Service weiter zu verbessern sowie die Neugestaltung der Lufthansa-Terminals am Flughafen Frankfurt.

Das Jahr 1997 sollte mit der Vollprivatisierung der Lufthansa als „historisches Jahr“ in die Geschichte eingehen. Die Bundesrepublik Deutschland verkaufte ihre verbliebenen Anteile an der Deutschen Lufthansa AG. Sie war damit am Ziel ihrer behutsamen und doch konsequenten Privatisierungspolitik, deren Weg über die einvernehmliche Lösung der Probleme der Altersversorgung der Lufthanseaten, die wettbewerbsorientierte Vereinbarung von Open Skies mit den USA bis über die letzte Hürde des Luftverkehrsnachweissicherungsgesetzes mit der Einführung der vinkulierten Namensaktie führte. Am 13. Oktober 1997 nahmen die Börsen den Handel mit den bisher von der Bundesrepublik und der Kreditanstalt für Wiederaufbau gehaltenen Aktien der Lufthansa auf, die Privatisierung war abgeschlossen. Dabei waren die Gegner dieses Schrittes zahlreich, von der CSU bis zu großen Gewerkschaften. „Weber und seine Crew mahnten, bis die Mahnung zur Einsicht wurde: Als Staatsbetrieb verkommt die Lufthansa zur Provinz- und Pleite-Airline“, schrieb das Manager Magazin. Lufthansa war stets ein im Wettbewerb stehendes Unternehmen, das nach wirtschaftlichen Kriterien geführt wurde. Die Privatisierung erschloss ihr jedoch neue Handlungsspielräume, erleichterte und förderte die Identifikation mit dem Unternehmen und verbesserte das Ansehen bei den Kunden. Sie war Voraussetzung für das Interesse internationaler Investoren.

Das Geschäftsjahr 1997 war das bisher erfolgreichste der Lufthansa – und das exakt in dem Jahr, in dem die Liberalisierung die letzten Schranken für einen ungehemm-

■ Rückgrat der Lufthansa-Flotte in den 1990er-Jahren – Airbus A310 und Airbus A320. [LH]

ten Wettbewerb in Europa aus dem Weg geräumt hatte. Mit einem Gewinn vor Steuern von mehr als 1,6 Milliarden Mark hatte Lufthansa ihr Vorjahresergebnis um 140 Prozent übertroffen. Rating-Agenturen, Finanzanalysten und Investoren sahen Lufthansa in der Spitzengruppe der internationalen Luftverkehrsunternehmen. Damit nicht genug: Nach diesem Erfolgsjahr erzielte Lufthansa im Jahr 1998 ein weiteres Mal einen Gewinn in Rekordhöhe. Obwohl die Messlatte hoch lag, gelang es, das anspruchsvolle Ziel eines Vorsteuerergebnisses von zwei Milliarden Mark um nahezu eine halbe Milliarde zu übertreffen. Die Strategie der vergangenen Jahre hatte Früchte getragen: Klare Unternehmensstrukturen hatten sich nicht nur in der Steuerung des Konzerns bewährt, sie erleichterten vor allem eine präzise Einschätzung der Leistungsfähigkeit der Konzerngesellschaften. Ein „verantwortungsvoller Umgang mit Ressourcen und ein sowohl mit Augenmaß als auch mit Konsequenz betriebenes Kostenmanagement", ließ das Unternehmen verlauten, habe Lufthansa fit gemacht für die Zukunft. Zum hervorragenden Ergebnis trugen die Allianzen im Geschäftsfeld Passage ganz erheblich bei. Jürgen Weber schrieb damals den Aktionären: „Unseren größten Vorteil sehe ich in der während der vergangenen Jahre mit unseren Partnern geschmiedeten Allianz, die ihresgleichen sucht. Sie wächst immer enger zusammen, bietet Kostenvorteile und erschließt neue Ertragspotenziale. Wir haben uns den weiteren Ausbau und die Vertiefung dieser schon jetzt weltweit größten Allianz auf die Fahne geschrieben. Heute konkurrieren Allianzsysteme um den globalen Kunden. Die führende Rolle, die Lufthansa in diesem Wettbewerb spielt, wollen wir uns so schnell auch nicht wieder nehmen lassen."

Tatsächlich nahm die Bedeutung der Allianzen als strategischer Erfolgsfaktor deutlich zu. 1998 leisteten sie einen Ergebnisbeitrag von rund 500 Millionen Mark. Neue Partner vervollständigten das weltweite Netz der Lufthansa. Mit über 700 Zielen bot die Star Alliance mehr Verbindungen als je zuvor. Es galt jetzt, den Wettbewerbsvorsprung auszubauen – beispielsweise mit einer eigenen Managementstruktur. Auch wenn 1998 der Luftverkehrsmarkt über lange Strecken von regionalen Währungs- und Wirtschaftskrisen geprägt war, gelang es den Unternehmen des Lufthansa-Konzerns, ihre Marktposition zu festigen und auszubauen. Globalisierung war für Lufthansa längst kein Schlagwort mehr: Die Zahl der internationalen Kooperationspartner der Konzerngesellschaften war weiter gewachsen. Seit Jahren stand Lufthansa weltweit im Wettbewerb auf Beschaffungs-, Absatz- und Finanzmärkten. 30,4 Prozent des Aktienkapitals hielten ausländische Aktionäre. 1999, das Jahr vor der Jahrtausendwende endete positiv für die Lufthansa: Zum dritten Mal in Folge erreichte sie ein Spitzenergebnis unter den europäischen Luftverkehrsgesellschaften. Die seit längerem schon verfolgte Strategie der Lufthansa einer Wandlung von der Airline zum Aviation-Konzern fand in diesem Ergebnis ihre Bestätigung. Jürgen Weber sprach von einem „Jahr der Bewährung für den Lufthansa Aviation Konzern." Der hatte im Laufe der Neunzigerjahre sichtbar Gestalt angenommen.

Die langfristig angelegte Strategie der Lufthansa zielt letztlich darauf, das Unternehmen zum weltweit führenden Anbieter von Luftverkehrs- und luftverkehrsaffinen Dienstleistungen weiter zu entwickeln. Als integrierter Aviation-Konzern engagierte sich Lufthansa nun in sieben strategischen Geschäftsfeldern. Die Führung jedes einzelnen Bereichs – Passage, Logistik, Technik, Catering, Touristik, IT Services, Ground Services – verfolgte jeweils eine klare internationale Wachstumsstrategie. Neben dem Wachstum aus eigener Kraft wurde in den einzelnen Geschäftsfeldern eine Expansion durch strategische Allianzen und Beteiligungen angestrebt. Jedes der Geschäftsfelder sollte mittelfristig im jeweiligen Marktsegment eine globale Führungsrolle spielen und profitables, langfristiges Wachstum aufweisen. Aktivitäten, die nicht unter den Begriff des Aviation-Konzerns fallen, wurden nicht langfristig, sondern allenfalls aus Opportunitätsgründen verfolgt.

Hintergrund der ehrgeizigen Strategie: Die Liberalisierung des Luftverkehrs und die Globalisierung wichtiger Industrien hatten zu einer Verschärfung des weltweiten Wettbewerbs beigetragen.

■ Vor der Allianz-Ära war Lufthansa selbst noch in Australien präsent: 747-Landung in Sydney 1992 mit Aufkleber für Olympia in Berlin 2000. [Spaeth]

Das Ziel der Strategie: den Konzern zunehmend von den zyklischen Schwankungen des Luftverkehrs zu entkoppeln. Das Jahr 1999 stand im Zeichen der Stärkung des Aviation-Konzerns, die Handschrift der neuen Strategie wurde deutlicher. 38,9 Millionen Fluggäste, 7,8 Prozent mehr als im Vorjahr, nutzten die Dienste der Lufthansa. Lufthansa CityLine war weiter im Aufwind und steigerte sich auf die Beförderung von 4,9 Millionen Passagieren, ein Plus von 11,3 Prozent. Der Beitritt von Air New Zealand, Ansett Australia und All Nippon Airways zur Star Alliance baute den weltweiten Vorsprung dieses Bündnisses aus. In Erwartung einer weiteren Konsolidierung des europäischen Luftverkehrs hatte Lufthansa auch ihre Marktposition in Europa verbessert. Wichtige Schritte dazu waren im zweiten Halbjahr der Erwerb von 26 Prozent am italienischen Regional-Carrier Air Dolomiti und eine umfassende Kooperationsvereinbarung mit Spanair. Die Übernahme von 20 Prozent an British Midland und deren geplante Aufnahme in die Star Alliance stellten weitere Meilensteine dar. Darüber hinaus mündeten erfolgreiche Gespräche mit der Austrian-Airlines-Gruppe und Singapore Airlines in deren Aufnahme in die Star Alliance. Mit dem Beitritt der Mexicana im Jahr 2000 wurde die Präsenz der Allianz in Mittelamerika verbessert. Dass die Star Alliance mehr war als nur ein loses Zweckbündnis, stellten United Airlines und Lufthansa mit ihrer entschiedenen Unterstützung für Air Canada bei der Abwehr eines feindlichen Übernahmeversuchs nachdrücklich unter Beweis. Auch aus dieser Bewährungsprobe ging die Allianz gestärkt hervor.

Auch die Schattenseiten des Luftverkehrs, die Ohnmacht der Fluggesellschaften, zeigte sich 1999 wieder in aller Deutlichkeit. So wirkten sich die Leistungsdefizite der europäischen Flugsicherungssysteme teilweise katastrophal auf den planmäßigen Flugbetrieb aus. Sie verursachten unzumutbare Verspätungen. Lufthansa reagierte massiv auf die sich abzeichnenden Probleme. Bereits im April 1999 kündigte sie die Initiative „Operational Excellence“ an, die mit Wirkung vom 1. Juni 1999 ihre Arbeit aufnahm. Ziel des Projektes war es, die von Lufthansa zu verantwortenden Verspätungen zu minimieren und durch die Erhöhung von Reservekapazitäten und umfassende Prozessanalysen die Produktqualität deutlich zu verbessern – mit Erfolg. Die Prognosen zur Jahrtausendwende waren positiv und Lufthansa präparierte sich auf das erwartete Wachstum mit einer Kapazitätserweiterung. Ausbau der Allianzen und Kooperationen stand auf der Agenda. Das dichte Netz von globaler Reichweite, undenkbar ohne Allianzen mit leistungsfähigen Partnern, hatte sich bewährt. Mit dem Konzept des „nahtlosen Reisens“ hatte Lufthansa einen Kundennutzen geschaffen, der sich in Schnelligkeit, Verlässlichkeit und Transparenz niederschlug. Das 20. Jahrhundert ging zu Ende – das Jahrhundert, das einen der kühnsten Träume der Menschheit verwirklicht hatte, den Traum vom Fliegen. Was kein noch so visionärer Zeitgenosse nach 1900, angesichts der ersten Hüpfer der Brüder Wright, hätte vorauszusagen gewagt, ist Jahrzehnte später eine Selbstverständlichkeit des Alltags: Millionen und Abermillionen Passagiere steigen in die Flugzeuge, Millionen Tonnen Fracht werden verladen. Die Welt ist flugplanmäßig vernetzt. Die Lufthansa-Geschichte ist Teil dieser rasanten Entwicklung.

Die 2000er-Jahre

9 Globalisierung, Kriege, 9/11 und SARS

Würde in der Nacht zum neuen Jahrtausend die technisierte, computergesteuerte Welt stehen bleiben und die moderne Menschheit im selbst verschuldeten Chaos versinken? Der angeblich drohende „Y2K-Bug“ (wörtlich: Der Jahr-2000-Fehler) hielt die Menschheit schon Jahre vor der Silvesternacht 1999/2000 in Atem. Seit den 1960er und 1970er-Jahren waren stets nur zweistellige Jahreszahlen in den Computersystemen programmiert worden. Würde sich das jetzt rächen und alle Uhren auf den 1. Januar 1900 zurückspringen? Millennium hieß das Zauberwort, die ganze Welt befand sich im Taumel des Jahrtausendwechsels. Aber es sprach für den Stand der Technik, dass der hochgespielte „Millennium Bug“, der prophezeite und befürchtete weltweite Computerabsturz, dank rechtzeitiger Gegensteuerung einfach ausblieb. Für 100.000 Lufthansa-Passagiere, die in dieser denkwürdigen „Nacht aller Nächte“ die Millenniumsgrenze durchbrachen, hieß es aus Cockpits und von den Stationen: „Alles im grünen Bereich“.

Die Weltluftfahrt, diese Klammer der Globalisierung, sah, wie es schien, glänzenden Zeiten entgegen. Sie würde, so der Tenor aller Analysen, in Zukunft immer mehr die Rolle einer Schlüsselindustrie einnehmen – die schlüssige Konsequenz in einer Welt, die sich vom Mauer-Denken des 20. Jahrhunderts abgewendet und dem Netzdenken der Globalisierung verschrieben hatte. So wie das Internet ein großes Netz der Kommunikation um den Globus wirft, so schaffen die Airlines und ihre Allianzen ein paralleles Netz der Mobilität. Lufthansa würde von dieser zunehmenden Vernetzung und Verknüpfung profitieren. Allein die Natur ihres Geschäftes, nämlich gewaltige Volumina an Reservierungsdaten zu bewältigen, Unmengen an Informationen zu speichern und augenblicklich verfügbar zu machen, Daten auf fliegende Objekte zu übertragen und global zu kommunizieren, hatten dem Unternehmen eine wichtige Rolle in der Entwicklung der zukunftsweisenden Informationstechnologie zugewiesen.

Flugzeug und Internet sind zu einem Gespann des 21. Jahrhunderts geworden, und Lufthansa ist einer der Pioniere darin, beides zusammenzubringen. In den Industrieländern fliegt heute jeder Dritte, in Deutschland startet alle fünf Sekunden ein Flugzeug. Mit zunehmender Geschwindigkeit hat sich die Reichweite der menschlichen Beziehungen und des Geschäftsverkehrs vergrößert. Der internationale, weltumspannende Luftverkehr ist, wie die Telekommunikation Rückgrat der offenen Gesellschaft. Sein Beitrag zur Weltwirtschaft um die Jahrtausendwende: 28 Millionen direkte und indirekte Arbeitsplätze weltweit und ein Anteil von 1400 Milliarden US-Dollar an der Bruttoweltproduktion, 1,6 Milliarden Menschen nehmen jährlich die Dienste von Airlines in Anspruch, rund 40 Prozent aller Exportgüter, gemessen am Warenwert, werden inzwischen mit dem Flugzeug befördert. Die Luftfahrt ist eine tragende logistische Säule der Weltwirtschaft. Innerhalb der Aviation-Industrie selbst hatte sich die Lufthansa gut positioniert. In ihrem Gesamtauftritt als weltweit tätige Unternehmensgruppe galt sie zur Jahrtausendwende bei internationalen Branchenbeobachtern als bestaufgestelltes Unternehmen überhaupt.

Der Aviation-Konzern Lufthansa ist mit rund 350 Tochter- und Beteiligungsgesellschaften in aller Welt präsent. Die Konzerngesellschaften sind in sieben Geschäftsfeldern allesamt im oder für den Luftverkehr tätig. Allein in Deutschland arbeiten bei Lufthansa Menschen mit 120 Nationalitäten, rund 150 sind es weltweit. 42,5 Prozent der Beschäftigten im Konzern sind weiblich, bei der Lufthansa AG sogar 63,8 Prozent. Von den 70.705 Mitarbeiterinnen und Mitarbeitern des Konzerns sind rund 43,4 Prozent bei der

Lufthansa AG tätig, nahezu die Hälfte davon gehört zum Fliegenden Personal. Der überwiegende Rest verteilt sich auf 37 Konzerngesellschaften. Mit einem Durchschnittsalter von 7,4 Jahren gehört die Flotte des Lufthansa-Konzerns zu den jüngsten und umweltfreundlichsten der Weltluftfahrt – getreu der Unternehmensphilosophie, stets modernste Technik einzusetzen, sofern sie marktgerechte Lösungen bietet. So fliegen für die Lufthansa Passage Airline die aktuellen Airbus-Typen. Im Jahr 2003 wurden die ersten der zehn fest bestellten Airbus A340-600, eine verlängerte Weiterentwicklung der bereits bewährten A340-300, in die Flotte aufgenommen. Auch Lufthansa CityLine verfügt über eine junge Regionaljet-Flotte, Durchschnittsalter zu dieser Zeit nur 4,9 Jahre. Moderne Boeing-Jets der Typen 757 und 767 zählen zur Flotte der Condor, während Lufthansa Cargo ihr ehrgeiziges Modernisierungsprogramm mit der Übernahme der 14. Boeing MD-11F im Jahr 2001 fast beendet hat. 75 Jahre nach der Lufthansa-Gründung in Berlin ist die Lufthansa Passage weltweit die zweitgrößte internationale Airline, befördert 125.000 Passagiere pro Tag. Lufthansa Cargo ist führend in Logistik, Lufthansa Technik die Nr. 1 der Wartungsbetriebe, LSG Sky Chefs Weltmarktführer im Catering mit 365 Millionen Mahlzeiten pro Jahr.

Soweit die Lage zur Jahrtausendwende. Mit hoch gesteckten Zielen startete Lufthansa in das 21. Jahrhundert. Es galt, Schrittmacher, ja Vorläufer zu sein beim Einstieg in die Informationstechnik – dieser dritten Revolution in der Luftfahrt nach dem Wechsel von Propellermaschinen zu düsengetriebenem Fluggerät, der ersten Revolution und dem Umstieg auf Großraumflugzeuge Anfang der 1970er-Jahre, der zweiten. Mit E-Business soll der Weg zu neuen Märkten er-

Nach den Terroranschlägen vom 11. September 2001 mussten auch Lufthansa-Flüge in Kanada ihre Reise beenden und saßen tagelang fest. Aus Dankbarkeit für die Hilfe vor Ort benannte Lufthansa eine A340 nach Gander und Halifax. [LH]

■ Hunderte von Transatlantikflügen mussten am 11. September 2001 abgebrochen werden. Fast 40 Flugzeuge und ihre Insassen, darunter diese A340 von Lufthansa, verbrachten tagelang in Gander/Neufundland. [LH]

schlossen werden. Wie kaum eine andere Branche sah sich der Luftverkehr von der Internet-Technologie beeinflusst. Um sich darauf einzustellen und von der Zukunftstechnologie zu profitieren, richtete Lufthansa ein Team ein, das im November 2000 einen Masterplan vorlegte: „eViation“. Als Zielsetzungen waren projektiert: durch den Ausbau von Internet-Vertriebskanälen den Anteil des Online-Verkaufs an den Verkaufserlösen bis 2005 auf 25 Prozent zu steigern; durch beispielhaftes Kundendaten-Management und individualisierte Dienstleistungen die höchste Kundenbindung der Branche zu erreichen; durch die Einführung von „Internet on Board“ Maßstäbe in der Produktentwicklung zu setzen; durch die umfassende Nutzung von Internet-Plattformen die Transaktionskosten und Beschaffungspreise zu senken.

Das neue Jahrhundert ließ sich für die Lufthansa gut an. Im Jahr 2000 war sie zum vierten Mal in Folge die erfolgreichste Luftverkehrsgesellschaft Europas. Jedes einzelne Konzernunternehmen lieferte einen signifikanten Beitrag ab. Im Geschäftsfeld Passage beförderte die Lufthansa 47 Millionen Fluggäste, 7,4 Prozent mehr als im Jahr zuvor. Eindrucksvolle Erfolgszahlen im Jahr 2000, einem Jahr mit guter Weltkonjunktur, getrübt durch den harten Crash der New Economy, der Tausende Firmen in den Ruin trieb und Millionen Kleinanleger um ihr Vermögen brachte. Lufthansa jedenfalls hatte in diesem Jahr einen deutlichen Beweis ihrer Resilienz gegeben. „Wir haben uns den Blick für das Machbare bewahrt und uns wie ein gewissenhafter Kaufmann verhalten“, so Jürgen Weber rückblickend über das schwierige Geschäft im Airline-Business, ein Geschäft, das „anfällig ist gegen weltpolitische Krisen, abhängig von Ausschlägen der Währungskurse, vom Ölpreis und dem Auf und Ab der Konjunktur.“ Damit schienen die Risiken der kommenden Jahre vorgezeichnet. Aber nicht alle, wie sich jedoch schon bald zeigen sollte.

Das Jahr 2000 war für die Fracht bei Lufthansa das erfolgreichste in der Geschichte. Luftfracht war stets ein verlässlicher Frühindikator kommender Dinge. Und die Luftfracht war es, die im Frühjahr 2001 erste, von den USA ausgehende Rückgänge verzeichnete, Anzeichen dafür, dass die Konjunktur nicht mehr so gut verlaufen würde, wie zu der Zeit noch prognostiziert. Die Sinne waren jetzt geschärft, die Antennen aufgestellt. Seit der Existenzkrise des Unternehmens Anfang der 1990er-Jahre hatte die Lufthansa eine eigenständige Kultur der Wachsamkeit und der Eigeninitiative gegenüber Risiken und Trends der Veränderung entwickelt. Dank dieser Erfahrungen nahm Lufthansa angesichts der nicht mehr so ausgeprägt positiven weltwirtschaftlichen

Entwicklung ein neues Kosten- und Effizienzprogramm in Angriff, das alle Konzernunternehmen einbezog. Sein Name: D-Check, damit sollte das Ergebnis des Konzerns weiter verbessert werden. Bis 2004 sollten die Kosten um eine Milliarde Euro gesenkt, dabei die branchenweite Führung behalten und ausgebaut werden.

Alles deutete zunächst auf ein positives Geschäftsjahr 2001 hin, Lufthansa konnte von einer Ergebniserwartung von einer Milliarde Euro ausgehen. Doch dann drückte die Wirtschaftsschwäche in den USA und zunehmend auch in Deutschland und Europa erst auf die Stimmung, dann auf die Zahlen. Als zusätzliche Belastung war ein Tarifkonflikt mit der Pilotenvereinigung Cockpit mit anschließendem Richterspruch hinzugekommen. Eine Gewinnwarnung war die Folge. Mitte des Jahres lautete die Einschätzung für 2001 nur noch 700 bis 750 Millionen Euro, eine durchaus realistische Schätzung – bis das Unfassbare geschah und alle Berechnungen der Fluggesellschaften zu Makulatur werden ließ: der 11. September, heute oft nach seinem amerikanisch geschriebenen Datum 9/11 als Nine-Eleven bekannt. Es war ein schwarzer Tag in der Weltgeschichte, dieser 11. September 2001, ein schwarzer Tag auch in der Geschichte der Luftfahrt. 19 Terroristen brachten mit Teppichmessern vier amerikanische Passagierflugzeuge in ihre Gewalt. Betroffen waren zwei Maschinen der United Airlines, Flug 93 von Newark nach San Francisco und Flug 175 von Boston nach Los Angeles, sowie die American-Airlines-Flüge 11 von Boston nach Los Angeles und 77 von Washington nach Los Angeles. Um 8.48 Uhr Ortszeit raste eine Boeing 767 der American Airlines mit 81 Passagieren und elf Besatzungsmitgliedern in einen Turm des World Trade Centers in New York. Knapp 20 Minuten später zerschellte eine Boeing 767 der United Airlines mit 56 Passagieren und neun Besatzungsmitgliedern am zweiten Turm des World Trade Centers. Beide Türme brachen etwa eine Stunde nach dem Aufprall in sich zusammen. Später stürzte eine Boeing 757 der American Airlines mit 58 Passagieren und sechs Besatzungsmitgliedern auf das Pentagon, das Gebäude des amerikanischen Verteidigungsministeriums, in Washington DC. Eine vierte Maschine, eine Boeing 757 der United stürzte mit 38 Passagieren und sieben Besatzungsmitgliedern nahe des Ortes Shanksville im Bundesstaat Pennsylvania ab.

Der Terrorismus hatte eine unvorstellbare Dimension erreicht, die Welt stand angesichts der schrecklichen Bilder unter Schock. Allein im völlig zerstörten World Trade Center starben 2752 Menschen. In Deutschland war es gegen 15.00 Uhr, als die Tragödie bekannt wurde und das Fernsehen erste Versuche einer Einordnung des furchtbaren Geschehens ausstrahlte. Lufthansa rief in Frankfurt sofort ihren Krisenstab zusammen, der fortan ununterbrochen tagte. Der 11. September 2001 veränderte die Menschen und die Welt. Auch der internationale Luftverkehr war ins Mark getroffen. Das Risikobewusstsein war ein anderes geworden – unwiderruflich. Die Folgen der Terroranschläge von New York und Washington stürzten den Weltluftverkehr in seine tiefste Krise seit dem Zweiten Weltkrieg. Dramatische Einbrüche waren vom 11. September bis zum Jahresende zu verkraften. Das Aufkommen in der Passage im internationalen Luftverkehr sank im Gesamtjahr weltweit um vier Prozent, in der Fracht sogar um acht Prozent. Die in der AEA organisierten europäischen Gesellschaften meldeten allein auf den Nordatlantikflügen ein um 30 Prozent rückläufiges Verkehrs-aufkommen, im Fernost-Verkehr brach die Nachfrage um 17 Prozent ein. Belastend waren auch die zusätzlichen Sicherheitsmaßnahmen und die dramatisch gestiegenen Kosten für den Versicherungsschutz der Flugzeuge. Die IATA, internationaler Dachverband der Weltluftfahrt, schätzte für 2001 die Verluste ihrer 274 Mitglieder auf 15 Milliarden US-Dollar, mehr als die Branche in zwanzig Jahren an Gewinnen eingeflogen hatte.

Einigen renommierten Fluggesellschaften wie Swissair und Sabena brachte die Krise das Aus. In den USA überlebten viele Fluggesellschaften nur dank eines Fünf-Milliarden-US-Dollar-Hilfsprogramms der amerikanischen Regierung. Ende 2001 waren rund 2100 Verkehrsflugzeuge weltweit geparkt. Rund 400.000 Menschen verloren ihren Arbeitsplatz in der Luftfahrtindustrie. Bereits die viertägige Sperrung des amerikanischen Luftraums nach dem Terroranschlag brachte für Lufthansa sowohl operationell als auch wirtschaftlich beträchtliche Belastungen. In diesen Tagen musste Lufthansa insgesamt 223 Flüge streichen. 56.000 Passagiere konnten nicht wie gebucht reisen. Viele andere waren so verunsichert, dass sie ihre geplanten Flüge gar nicht erst antraten: Die Zahl der Passagiere, die nicht zu ihrem gebuchten Flug erschienen, lag zeitweise 50 Prozent über den Werten normaler Tage. Die Erlösausfälle und die Zusatzkosten für die Betreuung der gestrandeten Passagiere summierten sich auf 46 Mio. Euro. Insgesamt beliefen sich die Belastungen der fliegenden Gesellschaften des Konzerns für 2001 auf rund 600 Millionen Euro.

Lufthansa zeigte in dieser dramatischen Krise der Weltluftfahrt schnelle Reaktionen, gestützt auf den Erfahrungen der Golfkrise Anfang der 1990er-Jahre. Jürgen Weber: „Wir haben gelernt, fix zu sein." Was das Unternehmen zehn Jahre zuvor in neun Monaten geschafft hatte, bewältigte es diesmal in kaum neun Wochen. 43 Jets wurden vorübergehend aus dem Verkehr gezogen. Es gelang innerhalb von ein paar Wochen, einen neuen Flugplan mit einem um elf Prozent reduzierten Sitzplatzangebot zu erstellen. Einstellungs-, Projekt- und Investitionsstopps wurden verfügt, mit den Gewerkschaften Cashflow-Entlastungen bei den Personalkosten ausgehandelt; die Führungskräfte verzichteten auf Teile ihrer Gehälter. „Wenn die Erholung eintritt, sind wir sofort wieder voll da. Die atmende Produktion funktioniert", so Weber damals. Vom „schwierigsten Jahr des Luftverkehrs seit dem Ende des Zweiten Weltkriegs" sprach die Lufthansa rückblickend. Ein einziges Krisenjahr mit Konjunktureinbruch und Reisezurückhaltung hatte gleich alle positiven Ergebnisse ausgelöscht, welche die Branche in 20 Jahren erwirtschaftet hatte. An eine Dividende war angesichts des Ergebnisses der gewöhnlichen Geschäftstätigkeit von minus 745 Millionen Euro nicht zu denken. Das negative Finanzergebnis der Lufthansa war besonders belastet durch die vom 11. September am härtesten getroffene LSG Sky Chefs, die sich gerade mitten in einem Umstrukturierungs- und Integrationsprozess befand. Der gewaltige Rückgang bei Flügen und Passagierzahlen, mit den schärfsten Sicherheitsauflagen verbundene Kosten und die Entscheidung zahlreicher Fluggesellschaften, ihren Bordservice zu reduzieren oder ganz aufzugeben, hatten nachhaltige Auswirkungen auf Umsatz und Erträge. Im Hauptmarkt USA, wo sogar rund 4000 Mitarbeiter entlassen werden mussten, sank der Umsatz im Zeitraum September bis Dezember gegenüber dem Vorjahr um rund 30 Prozent, in Europa und Asien um rund 15 Prozent.

Ganz anders die Lufthansa Technik: Sie konnte das verhängnisvolle Jahr relativ unbeschadet überstehen und mit dem besten Ergebnis ihrer Unternehmensgeschichte abschließen. Die Konzentration auf die Betreuung modernster Flugzeuge und Motoren zahlte sich aus. Hochtechnologie-Projekte wurden entwickelt, so die Ausstattung des ersten Interkontinentalflugzeugs mit Internetanschlüssen der Breitband-Technologie, die ein fliegendes Online-Büro ermöglichte, so auch die Ausstattung von VIP- und Business-Jets vom Typ 737 BBJ und A319 ACJ. Der Umsatz der Technikgruppe, die strategisch in Asien und den USA expandierte, stieg 2001 um 25 Prozent. Zwei Unternehmensgruppen, zwei diametral verschiedene Ergebnisse – der Aviation-Konzern sah sich in dieser absoluten Krisensituation besonderen Belastungen ausgesetzt, hielt aber an seinem Konzept fest. Immerhin hatte die Deutsche Lufthansa AG trotz rezessiver Tendenzen und Terrorfolgen einen operativen Gewinn von 28 Millionen Euro erzielt und stand damit besser da als das Gros der Wettbewerber. Noch im Dezember 2001 gab der Konzern ein weithin beachtetes Zeichen: Antizyklisch bestellte er 15 Airbus-Riesen vom Typ A380 zur geplanten Auslieferung ab 2007. Eine Entscheidung mit Symbolcharakter.

Ein „Jahr des Übergangs" hätte es werden sollen, das Jahr 2002, ein „Jahr der Neuorientierung", so hatte man bei Lufthansa gehofft. Doch die Krise in der Weltluftfahrt fraß sich tiefer und tiefer. Wollte man das Jahr 2002 mit einem Wort umschreiben, so lautete es für Europa und Amerika unisono: Zurückhaltung – Zurückhaltung beim Konsum, beim Reisen, bei den Investitionen. Flaute allerorten. Allein Asien zeichnete ein helleres Bild. Das Jahr hatte der Weltwirtschaft nicht die erhoffte Erholung gebracht, im Gegenteil: Die Konjunktur gewann nicht an Fahrt, steigende Arbeitslosenzahlen verunsicherten die Verbraucher, Terroranschläge und die Gefahr eines Irak-Krieges dämpften die Reiselust noch zusätzlich. Die Fluggesellschaften des Lufthansa-Konzerns verzeichneten erstmals seit Bestehen zwei Jahre in Folge rückläufige Leistungsdaten. Dennoch: Der Aviation-Konzern Lufthansa hatte erneut seine Stärke bewiesen. Lufthansa Technik und Lufthansa Systems konnten ihre Stellung am Markt deutlich ausbauen und gute Ergebnisse erzielen. Lufthansa Cargo litt unter der Marktschwäche und der damit einhergehenden geringeren Nachfrage nach Frachtdienstleistungen. Dennoch gelang es dem Unternehmen, seinen Rang am Weltmarkt zu behaupten. Jürgen Weber konnte ein gutes Ergebnis vorlegen. „Erneut haben sich die gemeinsamen Anstrengungen von Geschäftsleitung und Mitarbeitern ausgezahlt, sich an das veränderte Umfeld anzupassen. Eine rasche Angleichung der Kapazitäten an die Kundennachfrage, eine rigorose Begrenzung der Ausgaben und ein Gehaltsverzicht der Lufthanseaten haben es ermöglicht, im Jahr 2002 ein operatives Ergebnis von 718 Mio. Euro zu erwirtschaften. Es übertrifft das des Vorjahres um 690 Mio. Euro und bewegt sich damit weltweit in der Spitzengruppe unserer Branche", verkündete der Vorstandschef.

Einer der Erfolgsfaktoren war die rasche Angleichung der Kapazitäten an die Kundennachfrage, bei Lufthansa Aufgabe des Bereiches Netzsteuerung. Er setzt alle Preise weltweit, verteilt die Kapazitäten auf die verschiedenen Märkte und ordnet das Platzangebot den unterschiedlichen Preisklassen zu. Die Mitarbeiter stützen sich dabei auf ein ausgefeiltes elektronisches Prognose- und Steuerungssystem, das die notwendigen Daten und Informationen liefert. Permanent verfolgt wird zudem die Entwicklung der Buchun-

■ Als erste Airline der Welt testete Lufthansa 2003 Live-Internet an Bord mit WLAN in der Kabine. [LH]

Ab 2004 führte Lufthansa die neue A340-600 ein als zweitgrößtes Flugzeug nach der Boeing 747-400. [LH]

gen, um so die Kapazitäten kurzfristig der tatsächlichen Nachfrage anpassen zu können. Informationen zu Umfeldveränderungen wie Naturkatastrophen, geopolitische und wirtschaftliche Entwicklungen oder die Streckenaufgabe eines Wettbewerbers werden umgehend ins Prognosesystem eingegeben. Dafür stehen die Mitarbeiter in engem Kontakt mit den Verkaufs- und Stationsleitern vor Ort. Auch das sorgfältige Monitoring der Prognosequalität liefert wichtige Hinweise. Ziel der Netzsteuerung ist immer die Optimierung der Wirtschaftlichkeit des Lufthansa-Flugprogramms.

Als die „wirkliche Innovation der letzten zehn Jahre" bezeichnete Jürgen Weber im Juni 2002 „die Schaffung leistungsfähiger Allianzen". Und fügte er vor den Lufthansa-Aktionären hinzu: „Wir haben hier einen immensen Vorsprung." Gemeinsam führten die Partnergesellschaften der Star Alliance zu der Zeit 11.000 tägliche Flüge zu 729 Destinationen in 124 Ländern durch. Seit ihrer Gründung am 14. Mai 1997 hatte sich die erste wirklich globale Allianz an die Spitze aller weltweiten Allianzen gesetzt. Bei den für Kunden besonders wichtigen Kriterien wie Größe des geografischen Netzes und Marktgröße lag und liegt die Star Alliance unangefochten auf Platz eins. Bei aller Kooperation und Abstimmung hatten die Fluggesellschaften ihr eigenes Gesicht gewahrt. Die Basis für ein erfolgreiches gemeinschaftliches Handeln liegt, so hatte es sich gezeigt, in einer gesunden Balance zwischen Partnerschaft und Konkurrenz. Nicht Dominanz, sondern demokratische Anerkennung, nicht Zentralisierung, sondern Harmonisierung prägen die Zusammenarbeit der Star-Alliance-Partner. Waren es im Jahr 1997 noch fünf Gründungsmitglieder, zählten im Mai 2002 schon 14 renommierte Namen des internationalen Flugverkehrs zu dem Airline-Verbund. „Das wichtigste Erfolgselement der Star Alliance", so hieß es anlässlich des Geburtstages, „liegt im Grad der Erfüllung von Kundenbedürfnissen nach Netzgröße, schnellen Transfers sowie Service und Anerkennung seines Kundenstatus. Reichweite des Netzes und Tiefe der Integration sind daher Fragen, die uns in der Star Alliance weiter beschäftigen werden." Die Ära der National Carrier ging zu Ende. Im Krisenjahr 2002 hatte die Zusammenarbeit innerhalb der Star Alliance einen neuen Schub erfahren. Um Kosten zu sparen, wurden Lounges und Abfertigungsleistungen zusammengelegt (ohne den Service für die Fluggäste zu beeinträchtigen), und das Flugangebot wurde noch weiter koordiniert.

Die Harmonisierung der Services und Systeme wurde vorangetrieben von einem Management-Team, das sich aus Vertretern der Partner-Airlines zusammensetzt.

Im Januar 2003 feiert Lufthansa eine Weltpremiere – die Boeing 747-400 „Sachsen Anhalt" wird das erste Linienflugzeug, in dem Passagiere während des Flugs Internetzugang mit Geschwindigkeiten nutzen können, die vergleichbar mit dem ist, was man am Boden kennt. Dafür war eine spezielle Antenne hinten auf dem Rumpf installiert worden und WLAN-Router an Bord. Über das Lufthansa-eigene FlyNet-Portal können Fluggäste und Crew nun während der 90 Tage eines Praxistests auf dem Flug von Frankfurt nach Washington DC und zurück zunächst kostenfrei im Netz surfen und Mails verschicken. Ein wichtiger Meilenstein, um Kunden die Möglichkeit zu geben, ihre Zeit im Flugzeug produktiver zu nutzen, was später zumindest auf Langstrecken Standard werden sollte. Trotz des Preisverfalls bei Tickets gingen verstärkte Investitionen in die Qualität weiter. So hatte Lufthansa 2003 ein Flottenmodernisierungsprogramm begonnen, mit dem 20 neue Flugzeuge in Dienst gestellt werden, darunter der Airbus A340-600, das zu dieser Zeit modernste und längste Verkehrsflugzeug der Welt. 300 Millionen Euro investierte die Lufthansa allein in die Neugestaltung der Business Class auf Langstreckenflügen, die im Oktober 2003 in Frankfurt präsentiert wurde. Die gesamte Langstreckenflotte, etwa 80 Flugzeuge, wurde sukzessive mit dem neuen Produkt ausgestattet, was allerdings stets Jahre dauert.

Die Erneuerung kann nicht darüber hinwegtäuschen, dass Lufthansa gerade bei ihrem Premiumprodukt auf Langstrecken im Branchenvergleich grundsätzlich spät dran ist. So bietet British Airways schon ab kurz vor der Jahrtausendwende in der Geschäftsreiseklasse kleine Einzelabteile mit 180° flachen Bettsitzen an – Lufthansa dagegen hält auch mit dem neuen Produkt noch auf viele Jahre an Zweiersitzen mit wenig Privatsphäre und leicht geneigten Liegeflächen fest. Dafür ist das zum Teil kostenfreie Internetangebot im neuen Unterhaltungssystem am Platz wegweisend. „Mit der neuen Business Class eröffnen wir eine neue Dimension für unsere Kunden", wirbt Lufthansa. „Das neue Zwei-Meter-Bett ermöglicht entspanntes Schlafen in der Business Class" – wenn nur der ungeliebte Rutscheneffekt durch die Neigung nicht wäre.

Dass Flugverkehr der Umwelt schadet, ist keine neue Erkenntnis, doch zu Anfang des neuen Jahrtausends rückt Nachhaltigkeit viel stärker in den Fokus des Publikums und vieler Unternehmen. Mit dem Beitritt zum „UN Global Compact" im Dezember 2002 unterstrich Lufthansa ihre Verpflichtung, auch weiterhin neben den wirtschaftlichen Aspekten den Verantwortungen im Umwelt- und Sozialbereich gerecht zu werden. „Wirtschaftlicher Erfolg und eine an Nachhaltigkeit und Umweltschutz orientierte Unternehmenspolitik schließen sich nicht aus", betont die Gesellschaft. Während die Frage nach Einschränkungen für die Luftfahrt wegen ihrer Lärm- und Schadstoff-Emissionen politisch immer wieder lokal und global heiß diskutiert wird, lässt sich kaum bestreiten, dass Lufthansa sich um eine bessere Ökobilanz bemüht. Mit einer Vielzahl von Projekten von der umwelttechnischen Modifizierung moderner Flugzeuge bis zur Unterstützung von Forschungs- oder Naturschutzprojekten.

■ 2003 führte Lufthansa ihre neue Business Class ein, in der sich die Sitze zu (geneigten) Betten ausfahren ließen. [LH]

Durch kontinuierliche Flottenmodernisierung und den Einsatz besonders emissionsarmer Flugzeuge gelang es Lufthansa, Verkehrswachstum und Umweltauswirkungen zu entkoppeln. Über die Hälfte des Wachstums der vergangenen Jahre konnte ohne zusätzliche Belastungen der Umwelt erbracht werden. So hatte Lufthansa Passage Airlines von 1991 bis 2003 die Transportleistung um 91,4 Prozent steigern können, während sich im gleichen Zeitraum der absolute Treibstoffverbrauch nur um 36,5 Prozent erhöhte. Hier zeigt sich vor allem der technische Fortschritt moderner Flugzeuge und ihrer Triebwerke. Auch die Reduktion des spezifischen Treibstoffverbrauchs setzte sich weiter fort. Um einen Passagier hundert Kilometer weit zu fliegen, benötigten die Jets der Lufthansa Passage Airlines 2003 im Durchschnitt nur noch 4,5 Liter Kerosin. Dies war eine Verbesserung um 31,8 Prozent gegenüber 1991. Bis 2012 sollte dieser Wert um insgesamt 40 Prozent gegenüber dem Bezugsjahr verringert werden. Lufthansa fördert auch eine Reihe von Projekten zur Atmosphären-Grundlagenforschung, die der Wissenschaft zu einem noch besseren Verständnis globaler Klimaeffekte verhelfen. Drei Langstreckenflugzeuge vom Typ Airbus A340 messen im Reiseflug kontinuierlich jeden Kilometer klimarelevante Spurengase.

Kaum war das Tal nach 9/11 scheinbar überwunden, braute sich erneut eine extrem unheilvolle Gemengelage für den Weltluftverkehr zusammen. Am 20. März 2003 fielen die ersten Bomben, marschierten amerikanische und britische Truppen in den Irak ein, nachdem die Weltöffentlichkeit monatelang den militärischen Aufmarsch hatte mitverfolgen können. Die Welt hatte einen neuen Krieg – und einen neuen brisanten Krisenherd im Nahen und Mittleren Osten. Fast zeitgleich, Mitte März 2003, wurde in Frankfurt/Main ein Arzt mit Frau und Schwiegermutter auf einem Flug von New York nach Singapur in Quarantäne genommen. Der Arzt hatte auf dem Flug Symptome bei sich festgestellt, die denen eines von ihm in Singapur behandelten Patienten stark ähnelten. Der Verdacht lautete auf ein „Schweres akutes Atemwegssyndrom" (*Severe Acute Respiratory Syndrome*, SARS). Der Erreger, ein anfangs völlig unbekanntes Virus, war vermutlich aus der südchinesischen Provinz Guangdong nach Hongkong eingeschleppt worden. Bis Juli 2003 waren bei dieser ersten großen Epidemie des 21. Jahrhunderts etwa 8500 Menschen erkrankt und 812 verstorben. Die Angst war allgegenwärtig.

Eine verheerende Gesamtlage: konjunktureller Stillstand mit spürbarer Zurückhaltung der Geschäftsreisenden; weltweite Verunsicherung aufgrund des Irak-Konflikts; anhaltende Ängste vor terroristischer Bedrohung und schließlich das SARS-Virus. Ein Lufthanseat im Interview: „Die Situation verschlechtert sich täglich. Sie konnten fast stündlich im Computer beobachten, wie die Buchungen zurückgingen. Einen derart dramatischen Zusammenbruch in so kurzer Zeit hat es zuvor nie gegeben." Besonders die SARS-Massenpsychose traf die Lufthansa mit voller Wucht, betraf sie doch das Verkehrsgebiet Asien-Pazifik, in dem Lufthansa durch hohes Engagement bis dahin besonders erfolgreich war. So gingen beispielsweise nach dem Ausbruch von SARS die Passagierzahlen auf den Hongkong-Flügen um mehr als zwei Drittel zurück. Der Weltluftfahrtverband IATA berichtete Ende Mai 2003, dass SARS der Airline-Branche einen noch stärkeren Schaden zugefügt habe als die Folgen des 11. September 2001 und des Irak-Krieges zusammengenommen. Die IATA ging davon aus, dass die Branche in den ersten fünf Monaten des Jahres 2003 allein über 10 Milliarden US-Dollar verloren habe. Im Juni 2003 waren im Lufthansa-Verbund noch 68 Flugzeuge stillgelegt. Die Verschärfung der Krisen zwang den Vorstand zu weiteren Maßnahmen. Erstmals wurde die Regelung für Krisenzeiten angewandt. Sie ermöglichte beim Bodenpersonal eine Verkürzung der Arbeitszeit ohne Lohnausgleich vom 15. April bis 31. August 2003. Für das Kabinenpersonal galt vom 1. April bis 30. Juni Kurzarbeit. Auch mit dem Cockpit-Personal wurde im Mai ein Krisenbeitrag vereinbart. Jürgen Weber sagte in seiner Abschiedsrede als Lufthansa-Chef: „Drei Krisen auf einmal stellen in der Tat eine Herausforderung neuen Kalibers dar."

Dennoch, Lufthansa hatte Kurs gehalten und Stabilität in turbulenten Zeiten bewiesen. Dank der Flexibilität des Unternehmens und des Engagements der Mitarbeiter konn-

te Lufthansa aus einem Rekordverlust im ersten Quartal in Höhe von 415 Millionen Euro bis zum Jahresende 2003 einen kleinen operativen Gewinn in Höhe von 36 Millionen Euro erwirtschaften. Auf der Hauptversammlung übergab Jürgen Weber am 18. Juni 2003 den Vorstandsvorsitz an Wolfgang Mayrhuber. „Ich hätte mir zu meiner letzten Hauptversammlung als Vorstandsvorsitzender gewiss einen besseren Jahresausblick gewünscht", sagte Weber. „Aber immerhin: Die Talsohle ist erreicht, das Fundament der Lufthansa widersteht dem Sturm und das Wissen, dass ein gutes Team die Geschicke der Lufthansa lenken wird, gibt mir ein sicheres Gefühl auch in dieser schwierigen Situation."

Wolfgang Mayrhuber, „mein Rudergänger vom Dienst", so Weber, hatte unter anderem das Sanierungsteam geleitet, das 1992 unter Weber eingesetzt worden war. Der damals 56jährige Österreicher, bereits seit 33 Jahren bei Lufthansa und seit 2001 im vierköpfigen Konzernvorstand, stand seinem Vorgänger nahe und beide gelten als ähnliche Typen. Vier große Problemfelder hatte Jürgen Weber im Jahre seiner Amtsübergabe 2003 ausgemacht. Zum Ersten die Vollendung der Liberalisierung und die nachhaltige Sicherung ihrer gewünschten Effekte. Liberalisiert sind bisher nur die Fluggesellschaften. Auf rund 70 Prozent ihrer Kosten haben die Luftverkehrsgesellschaften – von denen Politik und Publikum scharf kalkulierte Preise erwarten – kaum Einfluss. Zu schwer wiegen die Monopolstrukturen ihrer Lieferanten, der Flughäfen, der Flugsicherung und anderer Monopole. Zweitens: die bedarfsgerechte Entwicklung der Luftverkehrsinfrastruktur. Weber: „Vor allem die großen Drehscheiben Frankfurt und München spielen eine wichtige Rolle für das Wohlergehen unserer Volkswirtschaft, von der wir leben. Deshalb müssen sie mitwachsen können, wenn unsere Wirtschaft wächst." Drittens: *Safety* und *Security*, also das, was im Deutschen mit „Sicherheit" umschrieben wird. Die Unfallstatistiken entwickeln sich immer günstiger – aber die Bedrohung durch Terroristen nimmt eher zu. Lufthansa setzt viele Abwehrstrategien um, das kostet viel Geld. Viertens: die Forderung einer Weltluftverkehrsordnung, welche die Fragen von Wettbewerb, Verkehrsrechten, Sicherheit und Standards für einen zuverlässigen Luftverkehr global regelt.

Die erste Amtshandlung Wolfgang Mayrhubers vor einer breiten Öffentlichkeit war die festliche Einweihung des Terminals 2 auf dem Münchner Flughafen am 29. Juni 2003. Mayrhuber: „Wir haben eine neue erste Adresse im Weltluftverkehr: München. Was hier entstanden ist, ist das modernste und komfortabelste Terminal am modernsten Großflughafen in Europa." 2300 Ehrengäste feierten die Eröffnung, sind beeindruckt von der hellen und großzügigen

■ Zum 50. Jubiläum der neuen Lufthansa erhielt 2005 eine A321 die Retro-Bemalung der Anfangszeit. [Flughafen Düsseldorf]

Architektur, der angenehmen Atmosphäre und dem umfassenden Angebot von Restaurants, Geschäften und Kinderspielzonen. Erst 1998 hatte Lufthansa endlich den zukunftsträchtigen Entschluss gefasst, eine südliche Drehscheibe in München zu etablieren. Seit 1960, seit Beginn der Jet-Ära, hatte Frankfurt die Funktion des zentralen Drehkreuzes im internationalen Luftverkehr eingenommen, des „Hubs", des Knotenpunkts in Deutschland. Doch Frankfurt stieß an Grenzen, ein ewiges Problem für Lufthansa. „Mit dem parallelen Drehscheiben-Konzept nutzen wir die föderale Struktur in Deutschland und verlassen uns nicht auf einen einzigen Standort – im Gegensatz zu Paris und London, wo dieses historisch bedingt erforderlich ist", hatte Jürgen Weber gesagt. In München ging Lufthansa neue Wege: Sie beteiligte sich an der Finanzierung des 1,2-Milliarden-Euro-Projekts mit 40 Prozent. Das war – abgesehen von einer kleinen Ausnahme am Flughafen JFK – etwas ganz Neues. Die Beteiligten, die Flughafengesellschaft und Lufthansa, sollten von Beginn an ihr Know-how einbringen.

Lufthansa besteht Anfang des 21. Jahrhunderts aus drei großen Produktsäulen: dem Interkontinentalverkehr, dem Kontinentalverkehr und dem Regionalverkehr. Der Regionalluftverkehr im Lufthansa-Verbund startete im Oktober 2003 in eine neue Ära: Unter dem gemeinsamen Namen „Lufthansa Regional" richteten die Lufthansa-Partner Air Dolomiti, Augsburg Airways, Contact Air, Eurowings und Lufthansa CityLine ihre Zusammenarbeit mit Lufthansa neu aus. „Der Regionalverkehr ist wesentlicher Bestandteil unseres weltweiten Angebots", so Wolfgang Mayrhuber bei der Vorstellung des Konzepts in Frankfurt. „Umsteigepassagiere, die von den Lufthansa- Regionalpartnern befördert werden, füllen bereits heute rein rechnerisch 19 Jumbojets pro Tag. Über die Umsteigeverbindungen mit Lufthansa und den Partnern der Star Alliance können Passagiere von Bremen bis Friedrichshafen nahtlos zu mehr als 700 Zielen in 128 Ländern reisen", fügte er hinzu. Das Regionalflugsegment ist bei Lufthansa seit 1995 kontinuierlich gewachsen. Mit der Neustrukturierung werden die Partner ihre Kooperation mit Lufthansa vereinfachen. „Auch das von Lufthansa eingeläutete Zeitalter von Jets im Regionalverkehr ist eine Erfolgsstory geworden und wird konsequent weiterentwickelt. Lufthansa bleibt damit auch in diesem Segment führend in Europa", sagte Mayrhuber.

Auch die schlimmste Krise neigt sich einmal dem Ende zu. Auf über 30 Milliarden US-Dollar schätzte die IATA die Einbußen der Airlines infolge des 11. September 2001. Auch 2003, noch ein Krisenjahr geprägt durch Konjunkturschwäche, Irak-Krieg und SARS, hatte der Lufthansa einen Nettoverlust von 984 Millionen Euro und einen mageren operativen Gewinn von 36 Millionen Euro gebracht. Das Jahr 2004 endlich, ließ die taumelnde Branche aufatmen. Die Konjunktur nahm vor allem in den USA Fahrt auf. Die Welt hatte sich an den Krisenzustand im Irak gewöhnt. SARS schien unter Kontrolle. Nur der Terrorismus mit Anschlägen auf Bali, in Istanbul, Moskau und Madrid lastete unberechenbar und beängstigend wie eh und je auf den Menschen. Der Luftverkehr hatte sich zu Beginn des neuen Jahrhunderts strukturell verändert. Nunmehr galt die Aufteilung in drei Märkte: No-Frills-, Charter- und Netzwerk-Carrier. Lufthansa sieht sich auf allen drei vertreten: vom Billigticket bei Germanwings über die ab 2002 eingeführten reinen Business-Class-Flüge mit Partner Privat Air nach New York und Chicago bis zur Lufthansa First und Business Class. Was sie verbinden soll ist die gleiche Sicherheitsphilosophie und das gleiche Verständnis von Qualität. Im Mittelpunkt der Konzernstrategie standen 2004 profitables Wachstum und die konsequente Weiterentwicklung der Lufthansa Passage als Vollsortimenter.

Die Gesellschaft baut verstärkt auf Qualität, investiert in innovative Produkte, in neue Flugzeuge wie die A340-600 oder die A330-300, in die neue Business Class für die Langstrecke und in die Weiterentwicklung ihres Premiumproduktes. In die First Class, vor allem wegen des ständig stärker werdenden Konkurrenzdrucks im mittleren Bereich des Flugangebotes, der Business Class. „Top-Service für Top-Kunden" ist die Maxime, unter der seit Dezember 2004 Passagiere der ersten Klasse im neuen separaten First Class Terminal in Frankfurt betreut werden. 50 Millionen Fluggäste hat die Lufthansa im Jahr 2004 befördert. Trotz

Altbundeskanzler Helmut Schmidt als Geburtstagsredner zum 50jährigen Bestehen der neuen Lufthansa am 31. März 2005 in Hamburg. [Spaeth]

des drastisch gestiegenen Ölpreises erwartet der Konzern 2004 einen operativen Gewinn in dreistelliger Millionenhöhe. Mit der Entscheidung für den Kauf von sieben Langstreckenflugzeugen des Typs Airbus A340-600 setzt Lufthansa ihren Kurs fort, sie zeichnet sich durch hohe Treibstoffeffizienz und niedrige Emissionswerte aus. Die Flugzeuge werden 2006 und 2007 geliefert.

Die Bestellung der A340-600 steht im Einklang mit der Kapazitätsplanung für die Einführung des Airbus A380, beginnend ab Ende 2007. Zum einen werden mit der Auslieferung vorhandene Flugzeuge ersetzt, zum anderen stellt Lufthansa die Flugzeugkapazität sicher, die für den in den nächsten Jahren prognostizierten Bedarf erforderlich ist. Seit 2003 bereitet sich Lufthansa mit 40 Projektteams auf das neue Flaggschiff der Flotte, den Airbus A380, vor. Es geht, neben den technischen Spezifikationen für den Flugbetrieb, um die Kabineneinrichtung, um das Catering mit neuen Hubwagen, um Bordservice und Unterhaltungsmöglichkeiten. Mit etwa 20 Flughäfen auf der Welt, vornehmlich in Asien, Nordamerika und Südafrika, wird das zeitsparende Boarding abgestimmt; dazu gehören auch neu zu bauende Fluggastbrücken. Mit dem Airbus A380 stößt der Luftverkehr in eine neue Dimension vor, beginnt ein neues Kapitel in der Geschichte des Luftverkehrs. Lufthansa ist gerüstet. Probleme herrschen, wie sich bald zeigen wird, jedoch beim Hersteller Airbus.

Am 1. April 2005 wird die Nachkriegs-Lufthansa 50 Jahre alt, und sie feiert dieses Jubiläum in Hamburg, das anfangs wichtigster Standort beim Neuaufbau war. Der ehemalige Bundeskanzler und Hamburger Senator Helmut Schmidt berichtet in einer launigen Rede am Vorabend des Geburtstags: „Damals stritten natürlich alle großen Städte Westdeutschlands um den Sitz der erwarteten neuen Lufthansa. Es war klar, weil verkehrsgeografisch unvermeidbar, dass Frankfurt der Knotenpunkt werden würde. Dafür bekam aber Köln den Sitz der Verwaltung – und ich war stolz darauf, dass ich für Hamburg-Fuhlsbüttel den Standort der technischen Basis, der Werft also ergattern konnte. Ich wusste natürlich: Daraus werden in Zukunft Tausende Arbeitsplätze entstehen – so ist es dann ja tatsächlich auch gekommen", freute sich der Altbundeskanzler. Und berichtete aus seinen frühen Erinnerungen an die neue Lufthansa: „Zwei oder drei Jahre später ging es dann los – nicht etwa mit Ju 52 oder FW-200 – sondern mit vier Convair 340 und dann mit vier Super Constellations – das war damals ein sehr imposanter Vogel. Allerdings war er auch nicht ohne Tücken. Ich saß in einer Super-Connie, als diese in den Fünfzigerjahren im Anflug auf Gander/Neufundland ihr Fahrwerk nicht herausbekommen wollte." Das größte Jubiläumsgeschenk zum Fünfzigsten machte sich Lufthansa selbst, als der Airbus A321 „Westerland" in den Traditionsfarben der Airline lackiert am 50. Jahrestag der Betriebsaufnahme der Deutschen Lufthansa AG die Flugroute des historischen Eröffnungsfluges nachflog. Mit der Sonderflugnummer LH1955 ging es begleitet von Feierlichkeiten an jeder Station des Jubiläumsfluges von Hamburg über Düsseldorf und Frankfurt nach München. Passend zum Anlass trug die Kabinenbesatzung Uniformen im Retrolook der 1950er-Jahre.

Am 22. März 2005 schrieben der Lufthansa-Aufsichtsrat sowie der Verwaltungsrat der schweizerischen Swiss International Air Lines AG Luftfahrtgeschichte, als sie dem gemeinsam entwickelten Geschäftsmodell zur Übernahme und Integration der Swiss in den Lufthansa Konzern zustimmten. Der Integrationsvertrag sah vor, Swiss schrittweise zu übernehmen und bereits zum Winterflugplan 2005/2006 ein gemeinsames, weltumspannendes Streckennetz anzubieten. Die Europäische Kommission und die amerikanische Kartellbehörde ebneten am 4. Juli 2005 den Weg zur Integration mit ihrer kartellrechtlichen Genehmigung. Nach einer weiteren Erhöhung auf 49 Prozent der Anteile wurde Lufthansa schließlich zum 1. Juli 2007 hundertprozentige Eigentümerin der Swiss. Zum Zeitpunkt der Übernahmevereinbarung beschäftigte die Swiss 7900 Mitarbeiter und setzte eine Flotte von 80 Flugzeugen ein, die im Jahr 2004 insgesamt 9,2 Millionen Passagiere zu 70 Zielorten beförderte.

Heute ist es gar nicht mehr anders vorstellbar, aber 2005 war die Einführung der Bordkarte zum Selbstausdruck mithilfe der Barcode-Technologie eine kleine Sensation. Barcode-Check-in und -Boarding waren Neuheiten, als sie zwischen August und Oktober 2005 zunächst auf der Strecke Berlin–Frankfurt testweise eingeführt wurden. Fluggäste, die mit einem elektronischen Ticket von Berlin-Tegel nach Frankfurt flogen und im Internet eingecheckt hatten, druckten sich ihr Boarding-Dokument vor Anreise zum Flughafen selbst aus. Ein Zwischenstopp am Check-in Schalter und der Ausdruck einer Bordkarte am Flughafen war für Reisende ohne aufzugebendes Reisegepäck fortan nicht mehr erforderlich. Beim Boarding legte der Flugreisende den Barcode seiner selbst ausgedruckten Bordkarte auf das Lesegerät am Flugsteig und wurde automatisch vom IT-System als eingestiegen identifiziert. Im gleichen Jahr testete Lufthansa in der Düsseldorfer Senator Lounge den Barcode Check-in als MMS-Nachricht auf das Handy des Fluggastes. Eine echte Novität, denn nur wenige Handys der damaligen Generation konnten MMS-Nachrichten empfangen.

Das Geschäftsjahr 2006 sollte als das bis dato erfolgreichste in die Geschichte der Lufthansa eingehen. Nachdem die Passagierzahlen ein Rekordniveau erreicht hatten, der Umsatz gestiegen war und die Kosten Rahmen blieben, konnte CEO Wolfgang Mayrhuber auf der Jahreshauptversammlung 2006 den Aktionären einen operativen Gewinn von 845 Millionen Euro präsentieren. Ein Anstieg um 46,4 Prozent gegenüber dem Vorjahr. Das Konzernergebnis stieg sogar um beachtliche 77,3 Prozent auf 803 Millionen Euro – ein absoluter Rekord, 53,4 Millionen Fluggäste wurden befördert. Reibungsloser und schneller als vom Lufthansa Vorstand erwartet, verlief in 2006 auch die Integration der SWISS in den Konzern. Die Fußball-Weltmeisterschaft in Deutschland vom 9. Juni bis zum 9. Juli, als sogenanntes „Sommermärchen" in die deutsche Geschichte eingegangen, war auch bei Lufthansa das beherrschende Sommerthema. Und das obwohl die deutsche Airline nicht „Official Carrier" des Weltfußballverbands FIFA war. Dieses Werberecht hatte sich mit üppigen Zahlungen an den umstrittenen Veranstalter Emirates gesichert. Was aber weder die Lufthansa noch ihren damaligen innerdeutschen Konkurrenten Deutsche BA daran hinderten, mit Mitteln des sogenannten „Guerilla Marketings" auf den Fußball-Werbezug aufzuspringen, wenn auch inoffiziell. Bei der Kranich-Linie bekam der Fußball sogar ein Gesicht – genauer gesagt, eine Nase: Die Fußball-Nase, die zahlreiche Flugzeuge der Lufthansa-Flotte zierte, erzielte weltweit Beachtung. Insgesamt 50 Lufthansa-Flugzeuge mit schwarz-weiß lackierter Nase haben die WM von Deutschland aus in die Welt getragen, ohne das Wort „World Cup" je zu erwähnen, aus gutem Grund.

Auf der Welle des Erfolges schwimmend stimmte der Aufsichtsrat am 6. Dezember 2006 einer Bestellung von 20 Boeing 747-8 sowie sieben Airbus A340-600 Langstreckenjets zu. Nach Listenpreis betrug das Investitionsvolumen für beide Flugzeugmuster zusammengerechnet rund 6,9 Milliarden US-Dollar. Mit dieser Order wurde Lufthansa zum Launch Customer für die neueste Version von Boeings Jumbo, der ab 2012 die Kapazitätslücke zwischen der A340-600 mit ca. 300 Sitzen und dem Airbus A380 mit ca. 550 Sitzen schließen sollte. Die Bestellung der Boeing 747-8 stellte die Weichen für die Fortsetzung der jahrzehntelangen engen Kooperation zwischen Lufthansa und Boeing, die 1960

Deutschland ist Gastgeber der Fußball-WM 2006, Lufthansa aber nicht „Official Carrier". Die zur WM eingeführten „Fußball-Nasen" gelten als Guerilla-Marketing. [LH]

mit Einführung der Boeing 707-430 bei Lufthansa ihren Anfang genommen hatte. Lufthanseaten waren lange vor dem „Design Freeze" der Boeing 747-8 in Arbeitsgruppen eingebunden, um zusammen mit Boeing und sogar dem legendären „Vater der 747", dem pensionierten Ingenieur Joe Sutter, die wirtschaftlichste und technologisch beste Auslegung auch für die jüngste Jumbo-Version zu finden. Mit einer neuen, extrem sparsamen Triebwerksgeneration von General Electric ausgestattet, rechnete Lufthansa mit einem Durchschnittsverbrauch der 747-8 von nur 3,5 Liter Kerosin pro Passagier auf 100 Kilometer. Weniger spektakulär, aber für den Fluggast umso spürbarer gestaltete sich 2006 die Ausrüstung von 142 Kurz- und Mittelstreckenjets der Lufthansa mit neuen Kabinen. Die jetzt leichteren Sitze trugen ihren Anteil dazu bei, dass Lufthansa im Jahr 2006 den Durchschnittsverbrauch der Flotte auf 4,4 Liter Kerosin je 100 Kilometer und Passagier senken konnte. Das Ziel des „Drei-Liter Flugzeuges" war erneut ein Stück näher gerückt.

War 2006 bereits ein wirtschaftliches Rekordjahr für den Lufthansa Konzern, konnte der Erfolg in 2007 erneut übertrumpft werden. Vorstandsvorsitzender Wolfgang Mayrhuber verkündete den größten operativen Gewinn der Unternehmensgeschichte in Höhe von 1,4 Milliarden Euro. Obwohl die Einführung des Mega-Airbus A380 bei Lufthansa erst für Sommer 2009 geplant war, liefen die Vorbereitungen auf dieses große Ereignis schon 2007 konzernweit auf Hochtouren. Höhepunkt dieser vorbereitenden Aktionen waren vier Streckenerprobungsflüge der Lufthansa mit A380-Testflugzeugen des Herstellers von Frankfurt nach New York, Washington, D.C., Chicago, Hongkong und München. Diese sogenannten *Route Proving*-Flüge waren von größter Bedeutung, um einen reibungslosen Ablauf aller Tätigkeiten am Boden und an Bord bis zum Start des regulären Lufthansa-A380-Flugbetriebes zu gewährleisten. Ein erfolgreicher Praxistest, der sich für Lufthansa zwei Jahre später positiv auszahlen sollte. In Frankfurt, dem künftigen Standort der Lufthansa A380-Flotte, schritt 2007 der Bau der Lufthansa Technik A380-Wartungshalle auf der Südseite des Flughafens mit großen Schritten voran. Vier Airbus A380 oder sechs Boeing 747 sollen gleichzeitig Platz finden in der künftig größten Flugzeugwartungshalle Europas. Der Start in das Jahr 2007 war geprägt von einer öffentlichen Diskussion über den schädlichen Einfluss des Luftverkehrs auf den Klimawandel. Zur weiteren Senkung des Kerosinverbrauchs und der Emissionen wurden 80 neue Flugzeuge bestellt. 45 Maschinen für die Regionalflotte, 32 Flugzeuge der A320-Familie und neun Langstreckenmaschinen des Typs A330-300 für die Swiss. Die Modernisierung der Flotte sollte das geplante Wachstum absichern und den Verbrauch und die Emissionen nachhaltig senken. Das Stichwort lautete Drei-Liter-Flugzeug.

Als Lufthansa in das Geschäftsjahr 2008 startete, hätten die wirtschaftlichen Rahmenbedingungen nicht herausfordernder sein können. Die globale Banken- und Finanzkrise, die im Sommer 2007 als regionale US-Immobilienkrise ihren Anfang nahm, drohte nun die Weltwirtschaft aus den Fugen zu heben. Die Lage spitzte sich insbesondere im September 2008 nochmals dramatisch zu, als die US-amerikanische Großbank Lehman Brothers zusammenbrach. Sie riss in einem Dominoeffekt weitere Kreditinstitute rund um den Erdball mit in einen finanziellen Strudel. So auch die deut-

Die Boeing 737-300 ist auch im ersten Jahrzehnt des neuen Jahrtausends noch eines der Haupt-Arbeitspferde auf Europastrecken. [Fraport]

sche Bankenbranche. Eine Rezession kündigte sich in den führenden Industrienationen für die kommenden Jahre an, die nicht zuletzt das Lufthansa-Management vor große Herausforderungen stellen sollte. So rechnete Vorstandsvorsitzender Wolfgang Mayrhuber anlässlich der Lufthansa Jahreshauptversammlung 2008 damit, dass das Folgejahr zu einem der wirtschaftlich schwierigsten der gesamten Branche werden würde. Und er sollte mit dieser düsteren Prognose nicht nur für 2009 Recht behalten. Ungeachtet dieser widrigen Rahmenbedingungen gelang es Lufthansa 2008, ihr zweitbestes Finanzergebnis zu präsentieren. Mit 1,35 Milliarden Euro lag der operative Gewinn nur knapp unter dem absoluten Rekord des Vorjahres. Auch die Passagierzahlen entwickelten sich erneut auf Rekordniveau. Mit 70,5 Millionen Menschen reisten so viele Passagiere wie noch nie zuvor mit den Gesellschaften des Lufthansa Konzerns.

Für einen weiteren Ausbau des Konzern-Netzwerkes unterzeichnete das Lufthansa-Management 2008 Verträge, die den schrittweisen Erwerb der belgischen Brussels Airlines sowie die Integration der österreichischen Austrian Airlines in den Lufthansa Konzern vorbereiteten. Die am 24. September vom Lufthansa Aufsichtsrat genehmigte Übernahme von Brussels Airlines sollte für den Lufthansa Konzern vor allem auf dem afrikanischen Kontinent weitere Märkte erschließen. Anfang Dezember einigten sich Lufthansa und die österreichische Staatsholding ÖLAG auf eine komplette Integration der Austrian Airlines in den Lufthansa Konzern. Vorbehaltlich ausstehender Genehmigungen sollten sowohl Austrian Airlines als auch Brussels Airlines in den Lufthansa-Verbund aufgenommen, aber unter ihren eigenen Marken fortgeführt werden. Dies analog zur eidgenössischen Swiss, die sich auch in 2008 zu einer tragenden Säule im Lufthansa Konzern entwickelte und erneut wesentlich zum guten operativen Ergebnis beitrug.

Neben den internationalen Akquisitionen und Kooperationen erweiterte Lufthansa auch im Heimatmarkt Deutschland ihr Beteiligungsportfolio. So wurde die Eurowings, Muttergesellschaft des Low-Cost-Carriers Germanwings, nach Übernahme des gesamten Aktienpaketes von der AK Industriebeteiligungen zur hundertprozentigen Tochtergesellschaft der Lufthansa. Weitere Partnerschaften ging Lufthansa in 2008 über den Star Alliance Verbund ein. Das weltweit führende Airline-Bündnis hieß Egyptair und Turkish Airlines in seinem Kreis willkommen. Beschlossen, aber noch nicht vollzogen waren 2008 die Beitritte von Continental Airlines, TAM, Air India und Brussels Airlines.

Der internationale Luftverkehr wurde im Jahr 2009 mit voller Wucht von den negativen Auswirkungen der schwersten globalen Rezession seit Ende des Zweiten Weltkrieges getroffen. Nach Angaben des internationalen Airline-Dachverbandes IATA verzeichneten dessen Mitglieds-Fluglinien einen durchschnittlichen Nachfragerückgang von vier Prozent beim Passagieraufkommen sowie 13 Prozent im Frachtbereich. Nach den Rekordergebnissen der Vorjahre musste auch die Lufthansa einen schmerzlichen Einbruch beim Konzernergebnis auf minus 112 Millionen Euro verbuchen. Trotzdem blieb der Konzern, im Gegensatz zu manchem Wettbewerber, auch in der Rezession finanziell und strategisch unabhängig und handlungsfähig. Um die Lufthansa Passage auch in turbulenten Zeiten weiter auf Kurs zu halten, legte der Konzern das Ergebnissicherungsprogramm „Climb 2011" auf, das die Kostenbasis bis Ende 2011 nachhaltig um eine Milliarde Euro senken sollte. Dies bedeutete nicht nur den Abbau von 400 Arbeitsplätzen in der Verwaltung, sondern auch Projekte zur Kostensenkung beim Einkauf, eine veränderte Flottenstruktur, ein flexibleres Kapazitätsmanagement und Produktivitätssteigerungen.

Viele Lufthanseaten verfolgten wehmütig den Abschied von einem lieb gewonnenen Flugzeugtyp: dem Airbus A300-600. Am 1. Juli 2009 um 9.07 Uhr endete der letzte Umlauf einer A300-600 im Linieneinsatz bei der Lufthansa. Zahlreiche Lufthanseaten nutzten die Gelegenheit, sich von „ihrem" Flieger bei der anschließenden Feier in Halle 5 der Lufthansa Technik in Frankfurt zu verabschieden. Seit Einführung der ersten A300-600 bei Lufthansa im März 1987 legte die Flotte eine Flugstrecke zurück, die 8560 Erdumrundungen entsprach. Mit Ausmusterung der letzten A300-600 mit dem Kennzeichen D-AIAM endete bei Lufthansa auch die Ära der ersten Airbus-Generation, die 1976 mit Indienststellung einer A300B2 begann. Immer wieder weiterentwickelt, zählte der Airbus A300 zu den Wegbereitern der heutigen Hightech-Cockpits. So war die Ausmusterung der A300-600 auch das Finale eines ganz besonderen Stücks Lufthansa-Geschichte. Vielleicht mag der spannende Ausblick in die Zukunft den Abschied für manchen Lufthanseaten erleichtert haben. Denn am 6. Oktober 2009, mit über zwei Jahren Verspätung, erhob sich das erste Exemplar des neuen Flaggschiffs der Lufthansa, die A380-800 mit dem Kennzeichen D-AIMA, erstmals im französischen Toulouse in die Lüfte. Wenige Tage nach ihrem Erstflug wurde „Mike Alpha" zum Airbus-Werk nach Hamburg-Finkenwerder überführt, wo sie ihre Inneneinrichtung im Lufthansa-Design sowie ihre Außenlackierung erhielt.

Sparen und gleichzeitig in die Zukunft investieren. Unter diesem Motto standen die bereits im Vorjahr auf den Weg gebrachten und 2009 schließlich vollzogenen Beteiligungen an Austrian Airlines, Brussels Airlines sowie an British Midland. Den Anfang machte die belgische Beteiligung, als die Europäische Kommission am 22. Juni ihre Zustimmung zum geplanten Zusammenschluss von Lufthansa und Brussels Airlines gab und damit den Weg für den Erwerb von zunächst 45 Prozent der Anteile an der Brussels Airlines Muttergesellschaft SN Airholding SA/NV ebnete. Für das Jahr 2011 stellte die EU-Kommission in Aussicht, dass Lufthansa dann auch die restlichen 55 Prozent der Anteile und Brussels Airlines somit in drei Jahren vollständig übernehmen kann.

Nachdem eine sogenannte „vertiefte kartellrechtliche Prüfung" des Zusammenschlusses von Lufthansa und Austrian Airlines seitens der EU Kommission positiv beschieden wurde, konnten Lufthansa, Austrian Airlines und die Österreichische Industrieholding AG am 3. September die erfolgreiche Übernahme der AUA durch Lufthansa verkünden. Die traditionsreiche österreichische Fluglinie wurde so zu einem Teil des Lufthansa-Konzerns. Die von Lufthansa betriebene Konsolidierung im europäischen Luftverkehrsmarkt fand 2009 vorläufig mit der kompletten Übernahme von British Midland (bmi) ihren Abschluss. Der Kauf wurde perfekt, nachdem die britische Beteiligung der Deutschen Lufthansa AG, „LHBD Holding Limited" die zuvor von der skandinavischen Fluglinie SAS gehaltenen 20 Prozent der bmi-Anteile übernommen hatte. Am 2. Februar ging der Lufthansa-Ableger Lufthansa Italia an den Start, der den italienischen Luftverkehrsmarkt noch intensiver bedienen sollte. Der Jungfernflug führte vom Flughafen Mailand-Malpensa aus in die spanische Hafenstadt Barcelona. Die sechs Airbus A319 kamen anfangs ab Mailand zu acht neuen Nonstop-Verbindungen innerhalb Europas zum Einsatz. Nur zwei Monate später wurde die Flotte um zwei weitere A319 ergänzt, was Lufthansa Italia die Bedienung von inneritalienischen Strecken ab Mailand nach Rom, Neapel und Bari ermöglichte.

Die 2010er-Jahre

10 Riesen-Airbus und Konsolidierung

Zu Beginn des neuen Jahrzehnts kämpfte Lufthansa noch mit den Auswirkungen der Finanz- und Wirtschaftskrise, aber dank der spürbaren Marktbelebung in der zweiten Jahreshälfte erholte sich der Gewinn des Gesamtjahres und kletterte auf 876 Millionen Euro. Das Konzernergebnis stieg von einem Minus im Vorjahr auf plus 1,1 Milliarden Euro. Dass das Jahr 2010 für Lufthansa so positiv enden würde, darauf deutete in dessen ersten Monaten noch wenig hin. Die Spätfolgen der weltweiten Finanzkrise, Schneechaos in Deutschland und zahlreichen europäischen Lufthansa-Destinationen, ein Streik der Lufthansa-Piloten sowie der Ausbruch des isländischen Vulkans Eyjafjallajökull, dessen Aschewolken den europäischen Luftraum im April tagelang lahmlegten, waren gleich eine Vielzahl an Herausforderungen, vor die sich die Lufthanseaten im ersten Halbjahr 2010 gestellt sahen.

Das Highlight des Jahres 2010 war die mit Spannung erwartete Übergabe des ersten A380-800 an die Lufthansa. An allen Stellen des Konzerns liefen die Vorbereitungen für den großen Tag auf Hochtouren. Noch im Januar begannen die künftigen A380-Piloten im Frankfurter Trainingszentrum der Lufthansa Flight Training mit dem Simulator-Training für das neue Großraumflugzeug. Parallel dazu wurden

■ Ab 2010 wird der Airbus A380 als größtes Verkehrsflugzeug der Welt auch zum neuen Lufthansa-Flaggschiff. [Sebastian Thoma]

die Kabinen-Crews in einem eigenen Lufthansa-Simulator für Notfall-Übungen auf den Linieneinsatz vorbereitet. Am 19. Mai 2010 war es schließlich so weit. Lufthansa CEO Wolfgang Mayrhuber übernahm von Airbus-Chef Tom Enders im Rahmen einer feierlichen Auslieferungszeremonie in Hamburg-Finkenwerder die erste Lufthansa A380 mit dem Kennzeichen D-AIMA, bevor das Flugzeug nach Frankfurt überführt wurde. Der neue Mega-Airbus setzte auch beim Passagierkomfort neue Maßstäbe. Als erster Großraumjet erzielte die A380 einen spezifischen Treibstoffverbrauch von drei Litern pro Passagier und 100 Kilometern und stieß damit in neue Dimensionen bei der Ökoeffizienz des Fliegens vor. Das „Drei-Liter-Flugzeug" war geboren, dessen Rolls-Royce Trent 900 Triebwerke zudem mit sehr geringen Lärmemissionen glänzten. Noch am Abend des Übergabetages erhielt das neue Lufthansa-Flaggschiff seinen Taufnamen. „Ich taufe dich auf den Namen ‚Frankfurt am Main' und wünsche dir, deiner Besatzung und deinen Passagieren always happy landings!" Mit diesen Worten, und vorsichtig den Inhalt einer obligatorischen Flasche Champagner über die Flugzeugnase entleerend, vollzog Frankfurts Oberbürgermeisterin Petra Roth die Taufe des ersten Airbus A380-800 auf den Namen seiner Heimatbasis.

Bis 2015 wuchs die A380-Flotte auf 14 Flugzeuge an. Mit Übernahme der „Mike Alpha" feierte auch die neue Lufthansa First Class an Bord der A380 Weltpremiere, während viele Kunden enttäuscht waren, dass im Oberdeck des Riesen weiter die alte Business Class mit geneigten Sitzen eingebaut war, die lange Verzögerung der Auslieferung hatte keine andere Wahl gelassen. Die First Class dagegen war neu, wobei nicht besonders revolutionär, einzig echte Neuerung an Bord überhaupt war je ein Urinal in beiden First Class-Waschräumen. Separate Abteile gab es in der First nicht, Kundenwunsch war der Verzicht auf separate, jeden Sitzplatz umschließende Kabinen, wie sie von Wettbewerbern angeboten wurden. Stattdessen bestach die neue Lufthansa First Class durch besonders viel Freiraum für den Fluggast in einem exklusiven Ambiente. Großzügige Staumöglichkeiten an den Sitzplätzen und persönliche, abschließbare Garderobenschränke ermöglichten den Verzicht auf einengend wirkende Staufächer an der Kabinendecke. Der neue First-Sitz verband Ergonomie und Komfort und ließ sich zum „besten Bett seiner Klasse" ausfahren mit einer Länge von 2,07 Metern und einer Breite von 80 Zentimetern. In den Sitz integriert war zudem ein flexibler Sichtschutz für die Privatsphäre eines jeden Reisenden. Damit nicht genug trugen eine erstmals in ein Verkehrsflugzeug integrierte Luftbefeuchtung und ein auf den Tagesrhythmus abgestimmtes Lichtkonzept zusätzlich zum Wohlbefinden der Lufthansa First Class-Gäste bei.

Als der Lufthansa-Aufsichtsrat am 22. September den Weg für eine weitere Flugzeug-Großbestellung ebnete, befanden sich zwar keine für die Lufthansa-Gruppe neuen Flugzeugmuster darunter, doch zeugte die Order über 48 Verkehrsflugzeuge von einem optimistischen Blick in die Zukunft. Die Bestellung setzte sich aus acht Airbus A330-300 Langstreckenjets sowie 40 kleineren Maschinen für den Kontinentalverkehr der Lufthansa Passage, der Swiss sowie der Germanwings zusammen.

Neue Konzepte für wirtschaftlich erfolgreiches Wachstum zu entwickeln und somit den nachhaltigen Erfolg des Unternehmens zu sichern, war eine der zentralen Herausforderungen, vor die sich das Lufthansa-Management im Jahr 2011 gestellt sah. Der harte Wettbewerb, einerseits durch europäische Low Cost Carrier und andererseits durch staatlich geförderte Airlines mit Sitz am Persischen Golf, drohte die Ergebnismarge der Lufthansa auf dramatische Weise zu erodieren. Und dies ungeachtet eines Rekordumsatzes in 2011 von fast 29 Milliarden Euro. Lufthansa lief Gefahr, die notwendigen Investitionen in eine moderne und ökoeffiziente Flotte sowie den geplanten Ausbau der Servicekonzepte nicht mehr aus eigener Kraft leisten zu können. Mit dem klaren Ziel vor Augen, auch künftig den Spitzenplatz unter den europäischen Fluglinien zu belegen und diese Position weiter auszubauen, präsentierte das Lufthansa-Führung unter der Leitung des neuen Vorstandsvorsitzenden Christoph Franz daher 2011 eine Reihe von Ergebnis sichernden und verbessernden Maßnahmen. Franz hatte zuvor die erfolgreiche Konzerntochter Swiss geführt.

■ Am 13. Juli 2014 wird Deutschland durch einen 1:0-Sieg gegen Argentinien in Rio de Janeiro Fußball-Weltmeister. Die Mannschaft fliegt stilecht mit dem „Siegerflieger" zur Riesenfeier nach Berlin. [LH]

Dazu zählte auch der Rückzug aus verlustbringenden Geschäftsfeldern, wie der Lufthansa Italia oder der britischen Fluglinie bmi British Midland. Die Lufthansa Italia war im Frühjahr 2009 als Tochtergesellschaft für den italienischen Luftverkehrsmarkt an den Start gegangen und sollte die Schwäche der lokalen Alitalia zugunsten der Kranich-Linie ausnutzen mit Flügen zu italienischen und europäischen Zielorten. Das Engagement mit einer eigenen Marke im italienischen Luftverkehrsmarkt kam nie in die Gewinnzone, daher wurde es mit Ende des Sommerflugplans 2011 beendet und die Airbus A319 Flotte der Lufthansa Italia anderweitig im Konzern eingesetzt. Im Jahr 2009 hatte Lufthansa alle Gesellschaftsanteile an bmi übernommen. Im Dezember 2011 unterzeichnete sie einen Verkaufsvertrag, der die Übernahme von bmi durch IAG, der Muttergesellschaft von British Airways und der spanischen Iberia, zum Preis von 172,5 Millionen Britischen Pfund zum Inhalt hatte. Nach eingehender Prüfung genehmigten die europäischen Wettbewerbshüter den Verkauf schließlich im März 2012.

Auf der Lufthansa-Jahreshauptversammlung 2012 machte Christoph Franz deutlich: „Es reicht nicht, nur auf weiteres quantitatives Wachstum zu setzen, sondern wir müssen profitabel wachsen." Dafür sollten die administrativen Kosten um 25 Prozent sinken und übergreifende Servicefunktionen gebündelt werden. Zudem sah das Kostensenkungsprogramm SCORE den sozialverträglichen Abbau von 3500 Stellen im Konzern vor. Mit 900 Millionen Euro trug die Lufthansa Passage als größtes Geschäftsfeld auch den Löwenanteil des umfassenden und ambitionierten Maßnahmenkataloges bei. Alle Maßnahmen zielten darauf ab, Lufthansa flexibler und im Markt agiler zu machen. Ein Sparen auf Kosten der Kunden oder gar ein Abstrich beim Serviceniveau stand nicht zur Diskussion. Diesen Anspruch bekräftigte Lufthansa Chef Christoph Franz: „Lufthansa bleibt Qualitätscarrier."

Um den chronisch defizitären Kurz- und Mittelstreckenverkehr der Lufthansa wieder in die Gewinnzone zu führen, wurde 2011 die Zusammenarbeit zwischen Lufthansa Passage und Germanwings weiter intensiviert. Lufthansa Direct Services und Germanwings wurden geschäftlich und organisatorisch zusammengeführt, Flugpläne abgestimmt und der Einsatz einer homogenen Airbus-A320-Flotte geplant. Denn nicht nur bei Lufthansa, sondern auch bei Germanwings bestand Handlungsbedarf, nachdem deren operatives Ergebnis in 2011 mit einem Verlust von 52 Millionen Euro negativ zu Buche schlug. Mitten in der Krise und daher zum denkbar schlechtesten Zeitpunkt trat am 1. Januar 2011 die staatliche Luftverkehrsabgabe für sämtliche Abflüge in Deutschland in Kraft. Passagiere auf Inlandsflügen und Kurzstrecken wurden fortan mit acht Euro pro Flug zur Kasse gebeten, während Kontinentalstrecken mit 25 Euro und Langstreckenflüge mit 45 Euro das individuelle Reisebudget belasteten. Eine künstliche Nachfragebremse kritisierte die Branche, die nicht betroffene Abflughäfen jenseits der deutschen Grenze begünstigte und die bereits unvorteilhaften Rahmenbedingungen der gesamten deutschen Luftverkehrswirtschaft noch weiter verschlechterte. Doch Lufthansa ließ sich nicht beirren und setzte ihren Konsolidierungskurs fort.

Ab dem 1. Januar 2013 verantwortete Germanwings operativ und unternehmerisch sämtliche dezentralen Verkehre in Deutschland, die nicht über die Lufthansa-Drehkreuze Frankfurt am Main und München geführt wurden. Damit war ein wesentlicher Meilenstein beim Umbau des europäischen Kerngeschäftes der Lufthansa erreicht. Ein Transformationsprozess, der am 1. Juli 2013 seinen vorläufigen Höhepunkt fand. An jenem Tag startete die „neue" Germanwings als größte deutsche Low-Cost-Airline zu ihrem Premierenflug. Die neue Germanwings sollte bis Ende 2014 sukzessive die dezentralen Europaverkehre der Lufthansa Passage außerhalb der Drehkreuze Frankfurt und München übernehmen. Für einen noch reibungsloseren Umsteigeprozess in Frankfurt, dem größten Lufthansa-Hub, sorgte im Oktober 2012 die Inbetriebnahme des neu errichteten Flugsteiges A-Plus. Die 800 Meter lange Westerweiterung des Lufthansa Terminal 1 verfügte über eine Kapazität von jährlich sechs Millionen Passagieren und stand exklusiv der Lufthansa und ihren Star Alliance-Partnern zur Verfügung. Gute Nachrichten, die jedoch von einem gerichtlich verfügten Nachtflugverbot für den Flughafen Frankfurt getrübt werden. Mit Beginn des Winterflugplans 2011/12 durften zwischen 23 Uhr abends und fünf Uhr morgens keine Maschinen am größten Lufthansa-Hub mehr starten oder landen. Im Juni 2012 feierte die neue Boeing 747-8 Weltpremiere in Diensten ihres Erstkunden Lufthansa (siehe Exkurs Boeing 747).

Bereits im Mai 2012 ging die neue Langstrecken-Business-Class von München erstmals in den Liniendienst. Ein neuer Airbus A330-300 mit der Kennung D-AIKP war der erste Lufthansa Airbus, der serienmäßig bereits mit der neuesten Lufthansa-Kabine ausgestattet war. Bis zu 48 Gäste konnten auf den neuen Premium-Sitzen Platz nehmen, die in 2+2+2-Anordnung je Reihe zwar wenig Privatsphäre bieten, sich dafür aber erstmals bei Lufthansa per Knopfdruck in ein bequemes Bett mit einer horizontalen Liegefläche von 1,98 Metern Länge verwandeln. Einen Meilenstein bei der Ausstattung der bestehenden Flotte mit der neuen Lufthansa Business Class wurde am 1. April 2014 mit der Übergabe der ersten von zehn zu modifizierenden Lufthansa Airbus A380-800 erreicht. Die mit der Umrüstung beauftragte Lufthansa Technik investierte in enger Abstimmung mit Airbus in Hamburg und Toulouse insgesamt 30.000 Ingenieurstunden in die Vorbereitung des Ar-

■ Im Juni 2014 liefert Boeing ihre 1.500. 747 an die Lufthansa aus, für die Gesellschaft ist es insgesamt der 76. Jumbo. [LH]

Ab Juli 2011 testet Lufthansa als erste Airline der Welt nachhaltigen Flugtreibstoff (SAF) im Praxisbetrieb zwischen Hamburg und Frankfurt. [Spaeth]

beitspaketes. Das erste ausgestattete Flugzeug mit dem Kennzeichen D-AIMB erhielt auf dem Oberdeck insgesamt 92 neue Business Class-Sitze. Zusammen mit acht Plätzen in der First Class und 420 Economy Class Sitzen verfügte die A380 in der neuen Konfiguration insgesamt über 520 Plätze. Pro A380 rechnete Lufthansa Technik ab der zweiten Maschine mit einer Liegezeit von 28 Tagen und 13.000 zu investierenden Arbeitsstunden. Parallel zu den neuen Sitzen erhielten die A380 erstmals FlyNet, den von Lufthansa Technik entwickelten Breitband-Internetzugang per WLAN. Bis 2015 wurde die gesamte Langstreckenflotte mit den neuen Business Class-Sitzen ausgestattet. Das Umrüstvolumen umfasste 7000 neue Sitze, davon alleine 920 zur Installation an Bord der A380-Flotte.

Als Beitrag zu größerer Umweltverträglichkeit soll die Lufthansa-Gruppe nach Stand Ende 2014 zwischen 2015 und 2025 insgesamt 272 neue Flugzeuge erhalten, das größte Flottenmodernisierungsprogramm in der Geschichte des Konzerns. Das Bestreben, stets eine moderne und effiziente Flotte zu betreiben, zieht sich wie ein roter Faden durch die Geschichte des Unternehmens. In den vergangenen Jahrzehnten waren stets zahlreiche Mitarbeiter an der Entwicklung ausgewählter Flugzeugmuster maßgeblich beteiligt – etwa bei der Boeing 747-400 oder auch der Boeing 747-8 – und hatten bzw. haben somit großen Einfluss auf die Ökoeffizienz der Flotte. Nachdem mit dem Airbus A380-800 und der Boeing 747-8 bereits 2010 und 2012 die ersten „Dreiliter-Flugzeuge“ in Dienst gestellt werden konnten, ebnete Lufthansa im Jahr 2013 mit einer Großbestellung von Flugzeugen der nächsten Generation den Weg in die „Zweiliter Klasse“. Am 18. September 2013 gab der Aufsichtsrat der Deutschen Lufthansa AG grünes Licht für die bislang größte private Einzel-Investition in der deutschen Industriegeschichte. Das Paket umfasste insgesamt 59 Großraumjets. Davon 34 Boeing 777-9X und 25 Airbus A350-900. Die Indienststellung der ersten A350-900 erfolgt bereits Ende 2016. Die erste 777-9, das längste nach dem Ende der 747-8 im Jahr 2023 produzierte Verkehrsflugzeug, wurde damals für 2020 erwartet. Bei Erscheinen dieses Buchs geht man davon aus, dass die großen Boeing-Jets nach extremen Verzögerungen bei Erprobung und Zulassung nicht einmal mehr pünktlich zum hundertsten Geburtstag der Lufthansa im April 2026 eintreffen werden.

Dank eines Verbrauchs beider Typen von nur noch 2,9 Litern Kerosin pro Passagier und hundert Kilometer Flugstrecke rechnet Lufthansa mit einer Reduktion des Treibstoffverbrauchs um beachtliche 25 Prozent gegenüber den zum Zeitpunkt der Bestellung eingesetzten Mustern. Gleichermaßen sinkende CO_2-Werte und ein um mindestens 30 Prozent kleinerer Lärmteppich soll eine weitere Entlastung für die Flughafenanrainer bringen. Große Erwartungen setzte die Lufthansa Group beispielsweise auch in die neu entwickelte A320neo-Familie mit neuem Antrieb. Der Konzern bestellte insgesamt 116 Flugzeuge der A320neo-Familie und setzte bei den Motoren sowohl auf LEAP-1A-Triebwerke des Herstellers CFM-International als auch auf PW1100G-Triebwerke von Pratt & Whitney. Beide hocheffizienten Triebwerke setzen Maßstäbe in puncto Lärmreduzierung: Sie halbieren den üblichen Lärmteppich, den ein Flugzeug bei Start oder Landung produziert.

Die Lufthansa Group zählte zu den Pionieren bei der Erforschung von nachhaltigen Bio-Treibstoffen (Sustainable

■ Im März 2013 erhält Lufthansa ihre erste A320 mit vergrößerten Winglets, sogenannten „Sharklets". [LH]

Aviation Fuels – SAF) für den Luftverkehr. So war es nur konsequent, dass sie vom 15. Juli bis 27. Dezember 2011 als erste Airline der Welt Biokraftstoff im täglichen Flugbetrieb testete. In diesem mehrmonatigen Zeitraum wurde ein zwischen Frankfurt und Hamburg pendelnder Airbus A321 auf einem Triebwerk zur Hälfte mit bio-synthetischem Kerosin betankt. Nach Auswertung aller gesammelten Daten zog Lufthansa ein durchweg positives Fazit des Feldversuchs. Am 12. Januar 2012 folgte der nächste Schritt mit dem Erstflug einer zu Teilen mit biosynthetischem Treibstoff betankten Lufthansa Boeing 747-400 auf der Route von Frankfurt nach Washington, D.C.

Mit der 2014 erstmals vorgestellten neuen Premium Economy Class auf Langstrecken schließt sich Lufthansa einem Branchentrend an, eine Zwischenklasse zwischen Business und Economy einzuführen, die sowohl budgetbewusste Geschäftsreisende wie auch Privatreisende anspricht, die sich etwas mehr Komfort gönnen wollen. Ab November 2014 zunächst an Bord der Langstreckenjets Boeing 747-8 verfügbar, schloss die neue Premium Economy Class eine Angebotslücke. Man versuchte so Kunden zurückzugewinnen oder zu halten, die auf einer Dienstreise bedingt durch die Reisevorschriften des Arbeitgebers Economy Class buchten oder bereits ähnliche Angebote der Wettbewerber nutzen. Der Premium-Economy-Sitz des Herstellers ZIM wurde komplett in Deutschland designt und produziert. Im Vergleich zum Economy-Sitz ist er nicht nur um bis zu drei Zentimeter breiter, sondern die Fluggäste profitieren zudem von bis zu 50 Prozent mehr individuellem Raum mit 97 Zentimeter Sitzabstand zum Vordermann.

Je nach Flugzeugtyp variierte die Zahl der in der Premium Economy Class angebotenen Sitze zwischen 21 im Airbus A330-300 und 52 an Bord des Airbus A380-800. Nach 36 Jahren fliegt Lufthansa so erstmalig wieder mit einer neuen Reiseklasse an Bord. Im November 2014 konnte Lufthansa Technik bereits den Abschluss des Ausrüstungsprogramms der Boeing 747-8-Flotte mit der neuen Premium Economy Class verkünden. 32 Sitze der neuen Reiseklasse wurden pro Jumbo installiert. Die Ausrüstung der gesamten Langstreckenflotte damit plus der neuen First und Business Class wurde bis Jahresende 2015 abgeschlossen, über drei Jahre nach der Premiere der ebenen Betten.

■ Mit Einführung der Boeing 747-8 hat im Juni 2012 die neue Business Class mit flachen, aber schmalen Betten Premiere, die noch bis 2028 fliegt. [LH]

Am 1. Mai 2014 übernahm Carsten Spohr den Vorstandsvorsitz von Christoph Franz. Der zupackende, joviale 48-jährige ist ein Lufthansa-Eigengewächs, nach dem Studium hatte er zunächst in der Lufthansa-Verkehrsfliegerschule in Bremen eine Pilotenausbildung absolviert und Lizenz für den Airbus A320 erworben. Später wurde er Referent seines Vorvorgängers Jürgen Weber und stieg weiter im Unternehmen auf, zunächst in den Bereichsvorstand der Passage Airline, 2007 wurde er Vorstandschef von Lufthansa Cargo. Von dort rückte er 2011 als Passagevorstand in den Lufthansa-Vorstand auf und wurde drei Jahre später Konzernchef. Als die deutsche Fußballnationalelf der Herren den WM-Titel 2014 in Rio de Janeiro gewinnt, ist das Lufthansa-Marketing vorbereitet und beklebt eine Boeing 747-8 mit dem Schriftzug „Siegerflieger“, der das siegreiche Team anschließend direkt zur Feier an der Berliner Fanmeile vor dem Brandenburger Tor. Am 15. September 2014 und bestellt Lufthansa weiter 15 Airbus A320neo und zehn A320ceo, damit stehen insgesamt 265 fabrikneue Flugzeuge zum Listenpreis von 30 Milliarden Euro auf der Bestellliste.

Am 3. Dezember 2014 gibt der Lufthansa-Aufsichtsrat sein grünes Licht für das mit Spannung erwartete Wings-Konzept. Zentrales Element dieser innovativen Strategie ist die Etablierung einer neuen, europaweiten Punkt-zu-Punkt-Plattform auf Basis der Tochtergesellschaft Eurowings. Die „neue“ Eurowings, als Qualitätsairline im Budget-Segment konzipiert, soll schrittweise zwischen Februar 2015 und März 2017 mit dreiundzwanzig fabrikneuen Airbus A320 Jets ausgestattet werden. Die A320 ist der identische Flugzeugtyp, mit dem Germanwings im Januar 2015 die Bedienung sämtlicher Europarouten, mit Ausnahme der Hubs Frankfurt/Main und München, im Auftrag der Lufthansa übernahm. Neben ihrem Hub am Flughafen Köln/Bonn ist bereits 2015 die Etablierung einer weiteren Eurowings-Basis in Wien geplant. Lufthansa will damit auch den chro-

Ab Januar 2016 setzt Lufthansa als weltweit erste Gesellschaft den Airbus A320neo mit größeren, effizienteren Triebwerken ein. [Spaeth]

■ Der Durchmesser der CFM-LEAP-Triebwerke der A320neo ist deutlich größer, was sie leiser und 15 % sparsamer macht. [Spaeth]

nisch defizitären innerdeutschen Verkehr abseits der Hubs auf eine günstigere Kostenbasis stellen und europaweit das Modell klassischer Billigflieger in vielen Aspekten aufgreifen, um im Wettbewerb bestehen zu können.

Am 24. März ereignet sich das schwerste Unglück in der Geschichte des Lufthansa-Konzerns, auf Germanwings-Flug 4U 9525 stürzt ein Airbus A320 auf dem Weg von Barcelona nach Düsseldorf nordöstlich von Marseille in den französischen Alpen ab. Alle 150 Menschen an Bord sterben. Bald stellt sich der heraus, dass dies offensichtlich ein mutwilliger Absturz war, bewusst herbeigeführt vom Copiloten in suizidaler Absicht. Auch weil Lufthansa-Chef Carsten Spohr der Tragödie ein emphatisches Gesicht gibt, kann großer Imageschaden von Lufthansa und ihrer Tochtergesellschaft abgewendet werden.

Am 20. Januar 2016 erhält Lufthansa das weltweit erste Exemplar der A320neo mit neuen Triebwerken und setzt sie kurz darauf ohne jede Zeremonie oder spezielle Aufschrift erstmals innerdeutsch im Linienverkehr ein. Lufthansa hat zu der Zeit insgesamt 116 Flugzeuge der A320neo-Familie bestellt. Am 26. April 2016 geht das neue Satellitenterminal am Münchner Flughafen in Betrieb, durch einen unterirdischen fahrerlosen Zug automatisch an das Hauptgebäude von Terminal 2 angebunden und exklusiv von Lufthansa und ihren Partnern genutzt. Der Satellit hat 27 gebäudenahe Abstellpositionen für Flugzeuge und eine Nutzfläche von 7000 Quadratmetern, eine erhebliche Erweiterung des südlichen deutschen Drehkreuzes der Lufthansa. Am 19. Dezember 2016 erfolgt in Hamburg bei Airbus die Auslieferung des ersten neuen Langstreckenflugzeugs A350-900 an Lufthansa, ein Meilenstein in Nachhaltigkeit und Effizienz, aber auch beim Passagierkomfort. Der aus Verbundwerkstoffen gefertigte Rumpf bietet eine wesentlich angenehmere Kabinenatmosphäre mit mehr Luftfeuchte als konventionelle Aluminiumflugzeuge, gleichzeitig ist die A350 aufgrund ihrer Treibstoffeffizienz der Einstieg in die Ära der „Zweiliterflugzeuge".

Am 9. Januar 2017 übernimmt Lufthansa die restlichen 55 % von Brussels Airlines in Belgien, ab 2018 wird die Fluggesellschaft vollständig in die Lufthansa Group integriert. Nach der Pleite ihres größten deutschen Konkurrenten Air Berlin kauft die Lufthansa Group Teile des Unternehmens und integriert sie in Eurowings. Im Februar 2018 feiert das neue Lufthansa-Markendesign Premiere und wird auf zwei großen Veranstaltungen in Frankfurt und München Kunden und Mitarbeitern vorgestellt. Der Kranich in der gelben Sonne verschwindet vom Leitwerk, das nun ganz in dunkelblau erstrahlt (siehe Kapitel 16/17). Zum Sommerflugplan 2018 werden erstmals fünf Airbus A380 auf dem Flughafen München stationiert, das nach Frankfurt, London und Paris zur erst vierten europäischen Basis der Riesenflieger überhaupt avanciert. Die 2010er-Jahre waren eine erfolgreiche Dekade für den Lufthansa-Konzern. Von 2010 mit 92,7 Millionen Passagieren steigt das Fluggastaufkommen der zur Lufthansa Group gehörenden Gesellschaften bis 2019 auf 145,2 Millionen, auch durch die vergrößerte Anzahl der konzerneigenen Airlines. Mit Swiss, Austrian Airlines und Brussels Airlines hat die Gruppe in diesem Jahrzehnt ihr Portfolio erheblich ausgeweitet und avanciert. Während die Lufthansa Passage Airline nach der Zahl angebotener Sitze weltweit 2019 auf Rang elf rangiert, steht der Gesamtkonzern nach beförderten Passagieren im gleichen Jahr auf dem sechsten Platz weltweit, hinter den vier großen US-Gesellschaften und ihrem europäischen Billigkonkurrenten Ryanair. Man sieht sich gut gerüstet für die anstehenden 2020er-Jahre.

Die 2020er-Jahre

11 Einmal Pandemie und zurück

Üblicherweise herrscht zum Beginn einer neuen Dekade Aufbruchstimmung, manche mögen auch in der Luftfahrt Anfang 2020 noch auf eine Neuauflage von „Goldenen Zwanzigern" gehofft haben. Aber nur sehr kurz, die ersten beiden Monate des angebrochenen Jahrzehnts lief noch alles planmäßig. Doch urplötzlich fand sich die ganze Welt in einer völlig ungekannten Situation: Ein vermutlich aus China stammendes Virus namens Corona legte binnen Wochen beinahe alle globalen Wege für Passagierbewegungen lahm. Die Luftfahrt, die genau davon lebt, traf es besonders brutal. Rund eine halbe Million Menschen waren zu normalen Zeiten vorher in jedem beliebigen Moment am Himmel in einem Flugzeug unterwegs. Geht man davon aus, dass ein Flug im Schnitt zwei Stunden dauert, entspricht das täglich rund sechs Millionen Menschen, die in ein Flugzeug stiegen, immerhin fast 0,1 % der Weltbevölkerung. Die heutige vernetzte Welt ist ohne die großen, den Globus umspannenden Arterien aus Luftstraßen undenkbar, die sich dann bis in regionale Zentren fein verästeln. Just in time galt als die oberste Maxime in der Fliegerei für Luftfracht, aber eben auch für den modernen Menschen. Jederzeit zu fast jedem Ort der Welt aufbrechen zu können und in den meisten Fällen in weniger als 24 Stunden dort anzukommen, ist im 21. Jahrhundert beinahe eine Selbstverständlichkeit. Und genau durch diese Verknüpfung von allen mit allen ist die Luftfahrt Anfang 2020 zum wichtigsten Verbreiter eines tödlichen Virus geworden, das sich vor allem dank schneller Flugverbindungen rasend schnell auf alle Kontinente ausbreitete. Und dann abrupt fast für den vorher unvorstellbaren Total-Stillstand des weltweiten Passagierverkehrs sorgte.

Die beeindruckende Flottenparade hat einen traurigen Anlass: Im Frühjahr 2020 stehen wegen der Corona-Pandemie weltweit die meisten Flugzeuge am Boden, so auch diese Lufthansa-Jets in Frankfurt. [LH]

In Bangkok wird Mitte Januar 2020 erstmals außerhalb Chinas ein Corona-Fall registriert bei einer 61jährigen, die zuvor per Flugzeug aus Wuhan angereist war. Schon am 23. Januar hat sich das Virus per Flugzeug weit über Asien verbreitet – Fälle werden auch gemeldet aus Singapur, Ho Chi Minh-Stadt, Taiwan, Hongkong, Macau, Tokio und Seoul sowie bereits zu diesem frühen Zeitpunkt erstmals aus Seattle an der US-Westküste. Zu jener Zeit, vermuten Wissenschaftler später, seien 85 % der bereits Corona-infizierten nicht als solche erkannt worden. Erst am 31. Januar verhängen die USA für Nicht-Amerikaner ein Einreiseverbot aus China, doch da ist es bereits zu spät. Inzwischen gibt es Infizierte auf allen Kontinenten, mit Ausnahme von Afrika. Metropolen wie Paris, Rom und München in Europa sind ebenso betroffen wie Colombo, Dubai, Toronto oder Melbourne. Insgesamt 30 Städte in 26 Ländern. Wie Adern verlaufen die Bahnen des Virus auf Visualisierungen in alle Ecken der Welt, nichts kann die Verbreitung auf dem Luftweg aufhalten, und beinahe alle Fälle lassen sich letztlich auf den Ausgangsort Wuhan in China zurückführen. Erst am 4. Februar 2020 verbietet die Führung Inlandsreisen innerhalb der Volksrepublik und damit ist Wuhan erstmals abgeklemmt und kann nicht noch mehr Infizierte per Flugzeug in die Welt schicken. Das Zerstörungswerk an der globalen Gesundheit und der Weltwirtschaft aber ist unwiderruflich und unaufhaltsam allerorten am Werk. Inzwischen ist China nicht mehr der wichtigste Treiber, schnell bilden sich neue Infektionszentren, am 1. März 2020 werden die größten Herde im italienischen Mailand, der iranischen Hauptstadt Teheran sowie in Daegu in Südkorea mit jeweils Tausenden von Fällen lokalisiert.

Am 13. März 2020 verbieten die USA weitgehend Einreisen aus Europa, der transatlantische Luftverkehr, wichtigster Interkontinentalmarkt der Welt, verschwindet fast über Nacht. Der Einbruch an Flügen und Passagierzahlen ist dramatisch, die Welt schottet sich ab, igelt sich auf Anordnung der Behörden zu Hause ein und vermeidet, soweit möglich, direkte Begegnungen und persönliche Nähe zu anderen Menschen. Social Distancing wird zum obersten Gebot der Pandemie, um so Abstand zu halten und damit Infektionen vermeiden. Masken gibt es am Anfang kaum und damit wird das Dilemma noch offensichtlicher. Nicht nur transportiert das Flugzeug das Virus mit tödlicher Effizienz in alle Welt, auch die Kabinenatmosphäre und die Enge an Bord, so fürchten viele, bieten der Verbreitung des Erregers einen idealen Nährboden. Nicht nur wird binnen Tagen Passagieren die Einreise in vielen Ländern verboten, mit wenigen Ausnahmen und dann nur unter Quarantäne-Auflagen, die Menschen haben auch schlicht Angst, sich beim Fliegen selbst anzustecken. Manche Länder wie Südafrika oder Argentinien machen gleich für viele Monate ihren gesamten Luftraum dicht, nicht einmal Frachtflüge steigen dort mehr auf.

Das seit dem Zweiten Weltkrieg ununterbrochen global pulsierende System, Menschen und Güter mit Flugzeugen an andere Orte zu bringen und miteinander zu verbinden, kommt mit unglaublicher Geschwindigkeit fast überall weitgehend zum Erliegen. So etwas vorher selbst in einem Roman zu beschreiben hätte unwirklich gewirkt. Und doch ist es nun auf einmal Realität, beinahe unvermittelt erfolgt die unumgängliche Notbremse. Wurden am 5. November 2019 weltweit noch 37.826 Flüge am Himmel gezählt, so sind am 31. März 2020 nur noch 26.217 in der Luft, Tendenz stark sinkend. In den USA, dem größten Luftverkehrsmarkt der Welt, fertigte die für die Sicherheitschecks zuständige Behörde TSA am 31. März 2019 insgesamt 2,4 Millionen Flugpassagiere an US-Flughäfen ab. Genau ein Jahr später sind es gerade 146.000 abfliegende Passagiere. Das zeigt sich auch auf den Transatlantik-Verbindungen: Im Mai 2019 registrierte die irische Luftfahrtbehörde noch 45.958 Überflüge von Flugzeugen zwischen Europa und Amerika und retour. Ein Jahr später sind es gerade noch 8.615 transatlantische Überflüge in Irland. Bis zu 90% des üblichen globalen Flugverkehrs liegen im März 2020 still, schätzt der Airline-Verband IATA. Von den rund 25.000 weltweiten Verkehrsflugzeugen waren im März und April 2020 jeweils über 16.000 Jets geparkt oder langfristig eingemottet, ein beträchtlicher Teil gerade an großen Jets wie der Airbus A380 oder der Boeing 747 wird nie zurückkehren. Auch die offiziell aktive Flotte wird dabei nur minimal bewegt, die wenigen anstehenden Flüge auf so viele Flugzeuge und Piloten verteilt wie möglich. Kurzum – eine Apokalypse für die Luftfahrtbranche. Weltweit müssen Regierungen durch Subventionen Fluggesellschaften vor dem jähen wirtschaftlichen Absturz bewahren.

■ Faszinierend und erschreckend zugleich: Abgestellte Lufthansa A320 und A321 in Frankfurt im Frühjahr 2020. [Sebastian Thoma]

Nirgends mehr als in Deutschland, wo der Staat in der Not zum Miteigner der Lufthansa wird und über neun Milliarden Euro an Kapital bereitstellt. Und das, nachdem die Kranich-Linie seit 1997 bereits privatisiert war und zuletzt im Rekordjahr 2019 so erfolgreich wie nie. Doch eine Pandemie hatte niemand auf dem Zettel. Zu Beginn der weltweit um sich greifenden Lockdowns stranden viele Passagiere auf allen Kontinenten, wer Glück hat, bekommt Kontakt zu Botschaften oder Konsulaten seines Heimatlands, die Sonderflüge zur Rückholung von Landsleuten organisieren. So gibt es im März 2020 erstmals einen direkten Lufthansa-Flug mit einer Boeing 747-400 via Tokio nach Auckland in Neuseeland, um 406 gestrandete Europäer heimzuholen. Austrian Airlines fliegt in gleicher Mission sogar eine leere Boeing 777 nonstop in 17 Stunden und 46 Minuten von Wien nach Sydney, zurück geht es dann mit 292 Passagieren und Zwischenstopp in Penang/Malaysia. Hier zeigte die Luftfahrt ihr enormes Improvisationsvermögen. Doch die Airlines, allen voran die Lufthansa, kämpfen auf einmal ums Überleben. Es gibt nur noch einen Notflugplan, immer mehr Flugzeuge werden vorübergehend stillgelegt oder endgültig ausgeflottet, wie zunächst die A380 sowie andere Vierstrahler der Typen A340-300, -600 und 747-400. Mitte April 2020 gibt es noch 15 Langstreckenflüge pro Woche, jeweils dreimal von Frankfurt nach New York/Newark, Chicago, Sao Paulo, Bangkok und Tokio. Außerdem 36 tägliche Inlands- und Europaverbindungen ab Frankfurt, dazu sechs ab München. Außerdem Kurzarbeit für 31.000 Beschäftigte, 5000 Piloten akzeptieren einen freiwilligen Gehaltsverzicht von bis zu 45 Prozent, es sind brutale Maßnahmen, die möglicherweise trotzdem nicht reichen, um die riesige Airline-Gruppe mit über 700 Flugzeugen zu retten.

Fast ohne Einnahmen zu erzielen, verbraucht die Lufthansa monatlich rund 800 Millionen Euro. In immer mehr Ländern springen Regierungen ein, um das Überleben ihrer nationalen Fluggesellschaften zu sichern. Im Juni 2020 wird das deutsche Rettungspaket geschnürt, um das viele andere Airlines die Lufthansa beneiden: Insgesamt neun Milliarden Euro stehen ihr nun zur Verfügung, drei Milliarden als Darlehen der staatlichen Förderbank KfW und sechs Milliarden Euro aus dem Wirtschaftsstabilisierungsfonds (WSF). Mit 5,7 Milliarden Euro an stillen Einlagen und einer Aktienbeteiligung von 20 Prozent wird der Staat nach der Privatisierung 1997 in der Not vorübergehend wieder zum wichtigen Anteilseigner. Doch ganz so schlimm kommt es finanziell am Ende doch nicht – 3,8 Milliarden Euro davon nahm die Lufthansa-Gruppe tatsächlich in Anspruch, schon im November 2021 zahlt die Lufthansa alle Finanzhilfen zurück und kündig nicht abgerufene Mittel. 2022 kann die Bundesregierung ihren gesamten Anteil an Lufthansa wieder verkaufen und macht dabei sogar noch 760 Millionen Euro Gewinn.

Am 31. Oktober 2020 gibt es bei aller Tristesse ein freudiges Ereignis zu feiern, auch wenn aus vielen Gründen gerade niemandem in der Fliegerei nach Feiern zumute ist: Der neue Hauptstadtflughafen Berlin Brandenburg Willy Brandt, wie er offiziell heißt, eröffnet mit neun Jahren Verspätung und nach sieben Verschiebungen, sein Kürzel BER war inzwischen wie das ganze Bauwerk landesweit zur Lachnummer geworden. Auch dieses Mal wieder läuft wie schon 1992 in München ein Konkurrent der Lufthansa den Rang ab darin, die erste planmäßige Landung zur Eröffnung zu machen. Der lokale Platzhirsch easyJet (damaliger Werbeslogan: „BER – jetzt auch mit Flugzeugen") ist erster, denn die eigentlich geplante Parallellandung auf beiden Bahnen mit dem extra als „Hauptstadtflieger" beklebten Lufthan-

Am 7. November 2020 startete der letzte Lufthansa-Flug, eine A350 nach München, vom Flughafen Berlin-Tegel. [Spaeth]

sa-Airbus samt Ehrengästen an Bord klappt wegen der tief hängenden Wolken nicht. Die Lufthansa ist ohnehin wenig präsent am neuen Airport in der Hauptstadt ihres Heimatlandes, bietet nur Zubringer zu ihren Drehkreuzen nach Frankfurt und München. Langstreckenflüge ab Berlin seien „weit entfernt von wirtschaftlicher Realität", heißt es wieder, wie immer seit der deutschen Vereinigung.

2020 fliegt die Lufthansa-Gruppe insgesamt nur 36 Millionen Passagiere, ein Viertel des Normalen, Austrian und Brussels Airlines mussten ihren Betrieb zeitweise ganz einstellen. Allein bei Lufthansa entsteht daraus 2020 ein operativer Verlust von über 5,5 Milliarden Euro, 28.000 Mitarbeiter weltweit müssen die Gruppe verlassen, eine Verkleinerung der Konzernflotte um 150 Flugzeuge wird eingeleitet. 2021, bedingt durch zeitweise Lockerungen von Restriktionen bei geringeren Corona-Infektionsraten, werden wieder 47 Millionen Passagiere geflogen, der operative Verlust kann um mehr als die Hälfte reduziert werden. Drei Viertel der angestrebten jährlichen Einsparungen von rund 3,5 Milliarden Euro sind bereits umgesetzt. Bis jetzt wurden seit Beginn der Pandemie 83 Flugzeuge ausgemustert, die acht verbliebenen A380 sind langfristig in Frankreich und Spanien abgestellt, „sie sind nicht mehr Teil der Flugplanung", heißt es.

Die anhaltende Pandemie hält weitere besondere Herausforderungen bereit: Im Januar 2021 muss das Perso-

■ Am 31. Oktober 2020 schickte die Lufthansa als Eröffnungsflug ihren „Hauptstadtflieger" mit Ehrengästen zum neuen Flughafen BER. [Spaeth]

nal der deutschen Antarktisforschung auf dem Forschungsschiff „Polarstern" und der Neumayer-Polarstation ausgetauscht werden. Aufgrund der Infektionslage scheidet der übliche Austausch über Kapstadt aus. Die Alternative: Mit einer A350 von Lufthansa nonstop von Hamburg auf die Falkland-Inseln im subantarktischen Südatlantik zu fliegen. Das ist nicht nur für den Flugbetrieb eine besondere Herausforderung, auch für die 92 Passagiere des Hinflugs und die 16köpfige Lufthansa-Crew, ausgewählt aus 600 Freiwilligen, die sich meldeten. Denn alle Mitflieger müssen für zwei Wochen vor Abflug in Bremerhaven in strikte Quarantäne gehen, eine Grenzerfahrung. Am 31. Januar 2021 startet abends der ungewöhnliche Flug LH2574 in Hamburg und erreicht 15 Stunden und 36 Minuten später und 13.700 km entfernt am anderen Ende der Welt sein Ziel. Zurück geht es anderthalb Tage später mit 41 Passagieren in 14 Stunden und drei Minuten, selbst unter schwierigsten Bedingungen hatte Lufthansa diesen Flug wie geplant durchführen können. Im Oktober 2021 verlässt nach 23 Jahren die letzte McDonnell Douglas MD-11 die Flotte von Lufthansa Cargo, ersetzt durch Boeing 777-Frachter. In der Spitze betrieb die Frachttochter 19 MD-11.

■ Symbolischer Dank der deutschen Polarforscher: In der Antarktis wird eine Kranich-Flagge gehisst. [AWI]

■ Einer der längsten und ungewöhnlichsten Flüge der Lufthansa-Geschichte führt am 31. Januar 2020 von Hamburg nonstop auf die Falkland-Inseln für den Austausch von Polarforschern. [Sue Luxton]

Obwohl sich Anfang 2022 mit dem neuen Omikron-Virus die Pandemie noch mal massiv zurückmeldet, wird das Jahr beherrscht vom beginnenden Rückstrom der Flugreisenden. Was für extreme Probleme an den Flughäfen sorgt, die zuvor massiv Personal abgebaut hatten und nicht gerüstet waren für den plötzlichen Zuwachs an Passagieren. Vor allem während der Sommersaison, als stundenlange Wartezeiten vor den Sicherheitskontrollen und viele verpasste Flüge nicht nur in Deutschland zum Dauerärgernis wurden. Trotzdem kann die Lufthansa-Gruppe wieder Gewinn einfliegen, nur zwei Jahre nach ihrem gefühlten Nahtod. Erstmals werden Details zur lange geplanten Produkterneuerung an Bord unter dem Namen „Allegris" präsentiert und für den Einsatz ab 2023 angekündigt. Vorab erhält Lufthansa 2022 ein neues Flugzeugmuster, die Boeing 787-9. Weil die bei Boeing direkt bestellten 30 Jets dieses Typs sich bei der Auslieferung lange verzögern, greift die Gesellschaft zunächst auf fünf schon verfügbare Dreamliner zurück. Sie wurden für die chinesische Hainan Airlines gebaut, aber von ihr nicht abgenommen, aber weisen ein sehr viel komfortableres Business-Class-Produkt auf als jenes von 2012 bei Lufthansa. Die erste 787-9, auf den Namen „Berlin" getaufte D-ABPA fliegt seit Ende 2022 auf Langstrecken.

Unerwartet positiv entwickelt sich 2023 – die Lufthansa-Gruppe kann wieder 120 Millionen Passagiere an Bord begrüßen, „2023 war für uns eines der wirtschaftlich besten Jahre", so Vorstandschef Carsten Spohr. Die Airline-Gruppe erzielt das drittbeste Ergebnis der Unternehmensgeschichte, kaum zu glauben nach der Beinahe-Pleite noch zu Beginn des Jahrzehnts. Sogar die Verschuldung liegt mit 5,7 Milliarden Euro nun eine Milliarde Euro unter jener 2019 vor der Pandemie. Der Passagieranstieg führt, ebenso kaum vorhersehbar ab Sommer 2023 zu einer Rückkehr der verbliebenen Airbus A380-Riesen, fünf fliegen wieder bis zum Jahresende, drei weitere folgen, sie erhalten nun sogar das neue Allegris-Produkt in der Kabine. Seit Beginn der Pandemie wurden 128 ältere Flugzeuge abgegeben, im gleichen Zeitraum 86 neue in die Flotte integriert. Bis Ende 2023 hatte die Lufthansa-Gruppe zur Auslieferung bis 2032 insgesamt 253 neue Flugzeuge bestellt, die höchsten Stückzahlen vom Airbus A320neo (46) und dem A350 (42). Erstmals wurde auch der kleinste Airbus A220 für die Lufthansa Passage geordert, 40 davon sollen bei der neuen Tochter Lufthansa City fliegen.

Am 1. Mai 2024 startet das erste Langstreckenflugzeug mit dem neuen Allegris-Kabinenprodukt mit rund vier Jahren Verspätung. Die ersten fünf neuen, damit gelieferten Air-

Am 17. Oktober 2022 tauft die Regierende Bürgermeisterin Franziska Giffey Lufthansas erste Boeing 787 auf den Namen Berlin. [LH]

Gute Laune trotz Pandemie: Lufthansa-Chef Carsten Spohr bei der Eröffnung des Hauptstadtflughafens BER 2020. [Spaeth]

Der deutsche ehemalige US-Basketball-Star Dirk Nowitzki fliegt am 1. Mai 2024 auf dem Premienflug der neuen Lufthansa-„Allegris"-Kabine. [Spaeth]

bus A350 verfügen aufgrund von Liefer- und Zulassungsproblemen anfangs noch nicht über die vier neu entwickelten First Class-Suiten, diese treffen erst in den letzten drei für 2024 zur Lieferung geplanten A350 ein. Bis Ende 2027 sollen insgesamt 117 Lufthansa-Langstreckenflugzeuge mit Allegris ausgerüstet sein. Größte Neuigkeit daran sind fünf unterschiedliche Sitztypen in Business Class, die zu verschieden hohen Aufpreisen reservierbar sind. Lufthansa City Airlines (Airline Code VL) als günstiger produzierende Plattform übernimmt seit dem 26. Juni 2024 von München aus innerdeutsche und europäische Rennstrecken, zunächst mit A319 und A320neo. Ab 2025 sollen auch Zubringerflüge nach Frankfurt über Lufthansa City Airlines abgewickelt werden, ab 2026 die ersten A220 zum Einsatz kommen. Geplant sind mittelfristig rund 80 Flugzeuge bei der neuen Marke. Sie soll Lufthansa City Line ersetzen, wo einerseits die Bombardier Regional Jets bald das Ende ihrer Lebensdauer erreichen, andererseits die mit den Piloten herrschenden Tarifbedingungen für die Lufthansa unvorteilhafter, sprich teurer sind. Kritiker inklusive des größten Aktionärs Klaus-Michael Kühne monieren die völlig unübersichtlich gewordene Markenvielfalt unter der Lufthansa-Dachmarke.

Anfang Juli 2024 genehmigt die EU-Kommission nach langen Verhandlungen den Einstieg und mögliche volle Übernahme der italienischen Fluggesellschaft ITA durch die Lufthansa. Im Dezember 2024 bestellt Lufthansa fünf weitere Langstreckenflugzeuge des Typs Airbus A350-1000 und hat damit insgesamt 15 Orders für diesen Typ platziert. Ende 2024 stehen insgesamt 242 Festbestellungen der Lufthansa Group in den Bestellbüchern der Flugzeughersteller, davon sind 142 Kurz- und Mittelstreckenjets. Darüber hinaus bestehen 182 Optionen für weitere Flugzeuge.

Im Januar 2025 wird ITA Mitglied der Lufthansa Group. Damit will sich die deutsche Gesellschaft Zugang zum lukrativen italienischen Markt sichern und mit einer weiteren Tochtergesellschaft ihre Basis in Europa weiter vergrößern. Zunächst erwirbt Lufthansa 41% der ITA-Anteile. Zwischen 2027 und 2033, so die Pläne, könnte Lufthansa die restlichen Anteile an ITA übernehmen. Dies werde nur geschehen, wenn es „wirtschaftlich tragfähig" sei, beruhigte Lufthansa-Chef Carsten Spohr Investoren. Mit dem Einstieg in Italien ist Rom-Fiumicino das sechste und südlichste Drehkreuz der Lufthansa-Gruppe. Die Marke ITA soll erhalten bleiben, ihre bei Übernahme 99 Airbus-Flugzeuge fliegen in neuer leuchtend blauer Bemalung. Sie können aber durch das weiter gebräuchliche Airline-Kürzel AZ auch für ITA-Flüge die Alitalia-Vergangenheit nicht gänzlich vergessen machen. Die Traditionsmarke wird im Gegenteil als weitere Option in der Hinterhand gehalten.

Im Januar 2025 kehrt die letzte und achte noch vorhandene A380 in den Lufthansa-Linienbetrieb zurück., Das 2020 eigentlich bereits endgültig stillgelegte Riesenflugzeug bedient im Sommer 2025 fünf Ziele in den USA plus Delhi in Indien. Ebenfalls Anfang 2025 feiert die Allegris First Class der Lufthansa in zunächst fünf Airbus A350 ab München Premiere. Die neuen First-Abteile konnten aus Zulassungs- und Lieferkettenproblemen nicht gleichzeitig mit der restlichen neuen Allegris-Kabine im Vorjahr an den Start gehen.

Die Deutsche Lufthansa AG vom Neustart bis heute

Wichtige Daten 1955–2025

► 1. Januar 1951

Auf Anordnung der Alliierten beginnt die Liquidation der alten Lufthansa.

► 29. Mai 1951

In Köln entsteht das „Büro Bongers“, das Bundesverkehrsministerium beauftragt Hans M. Bongers mit der Beratung für einen künftigen deutschen Luftverkehr.

6. Januar 1953

Die „Aktiengesellschaft für Luftverkehrsbedarf“ (Luftag) wird in Köln gegründet, Aktienkapital sechs Millionen Mark.

26. Juni 1953

Erste Flugzeugbestellung der Luftag über vier Convair CV-340

November 1953

Bei der Luftag beginnen Nachschulungen deutscher Piloten und Navigatoren zur Wiedererlangung ihrer Lizenzen.

2. Dezember 1953

Baubeginn der Wartungs- und Überholungshalle am Hamburger Flughafen, die Luftag schließt dort langfristige Mietverträge.

Januar 1955

Der erste Flugbegleiter-Lehrgang beginnt an der Hamburger Lufthansa-Schule.

1. April 1955

Mit Sondergenehmigung der Alliierten nimmt die neue Lufthansa den innerdeutschen Verkehr auf.

5. Mai 1955

Die Bundesrepublik erhält ihre Souveränität und Lufthoheit.

15. Mai 1955

Mit Madrid, London und Paris nimmt Lufthansa internationale Verbindungen auf.

8. Juni 1955

Der erste Langstreckenflug der neuen Lufthansa startet, eine Super Constellation fliegt von Hamburg via Düsseldorf und Shannon nach New York-Idlewild.

8. September 1955

Bundeskanzler Konrad Adenauer reist mit einer von zwei Lufthansa Super Constellation auf Sonderflügen nach Moskau, hier verhandelt er die Freilassung deutscher Kriegsgefangener.

11. Januar 1959

Die Super Constellation D-ALAK stürzt im Anflug auf Rio de Janeiro ab, 36 Insassen sterben, drei Besatzungsmitglieder überleben.

1.–3. November 1959

Erster Langstreckenflug mit der Super Constellation von Hamburg nach Bangkok mit sieben Zwischenstopps.

17. März 1960

Erster Einsatz eines Jets, die Boeing 707 D-ABOB eröffnet zwischen Frankfurt und New York das Düsenzeitalter bei Lufthansa.

20. Mai 1961

Erstmals wird die Boeing 720B, eine verkürzte Version der 707, auf Südatlantikstrecken eingesetzt. Ab Juli ersetzt sie auch nach Nah- und Mittelost Propellerflugzeuge.

1. September 1961

Lufthansa eröffnet das für die Deutsche Bundespost geflogene innerdeutsche Nachtluftpostnetz.

16. April 1964

Erster Linienflug der dreistrahligen Boeing 727 bei Lufthansa, eingesetzt auf Europa- und Nahoststrecken.

28. Mai 1964

Die erste Nordpolroute startet – mit der Boeing 707 von Frankfurt via Hamburg, Kopenhagen, Fairbanks/Anchorage nach Tokio.

Dezember 1964

Zehn Jahre nach Neugründung erreicht die Lufthansa mit fast 37 Millionen Mark Überschuss die Gewinnzone.

19. Februar 1965

Lufthansa bestellt als erste Gesellschaft der Welt 21 Stück des Kurzstreckenjets Boeing 737 und ist maßgeblich an der Entwicklung beteiligt.

3. April 1965

Nach schwierigen verkehrsrechtlichen Verhandlungen nimmt Lufthansa erstmals Australienflüge auf, die Route ist Frankfurt–Athen–Karatschi–Bangkok–Singapur–Darwin–Sydney.

20. Juli 1965

Erstmals haben Privataktionäre die Möglichkeit, Lufthansa-Aktien zu zeichnen. Ab April 1966 wird die Aktie auch an der Börse gehandelt.

28. Januar 1966

Beim Absturz der Convair CV-440 D-ACAT in Bremen werden alle 46 Insassen getötet, die Ursache kann nie ermittelt werden.

27. Juni 1966

Lufthansa bestellt drei Boeing 747, ihre ersten Jumbo Jets.

6. Oktober 1967

Letzter Linienflug einer Lufthansa Super Constellation.

10. Februar 1968

Als Weltpremiere stellt Lufthansa die Boeing 737 auf Kurzstrecken in den Liniendienst.

26. April 1970

Lufthansa beginnt auf der Strecke Frankfurt–New York Linienflüge mit der Boeing 747, dem größten Passagierflugzeug der Welt.

31. März 1971

Das Ende der ersten Propeller-Ära der neuen Lufthansa kommt mit der Ausmusterung der letzten Vickers Viscount.

21. Februar 1972

Zwischen Delhi und Athen wird die Lufthansa Boeing 747 D-ABYD nach Aden im Jemen entführt. Die Passagiere werden freigelassen, Flugzeug und Besatzung erst nach Zahlung von fünf Millionen US-Dollar freigegeben.

19. April 1972

Als erste Airline setzt Lufthansa den Jumbofrachter Boeing 747F mit Klappnase ein, zunächst zwischen Frankfurt und New York.

29. Oktober 1972

Entführung einer Boeing 727 zwischen Beirut und München nach Nikosia. Die Entführer werden in Zagreb aufgenommen, Flugzeug und Crew erst in Tripolis freigegeben.

12. März 1973

Erstmals landet ein Lufthansa-Flug in der DDR, Anlass ist ein Sonderflug aus Frankfurt zur Leipziger Messe.

Sommer 1973

Durch einen Bummelstreik der Fluglotsen muss Lufthansa monatelang ihr Flugangebot um etwa ein Viertel kürzen, Gesamtschaden 172 Millionen Mark, 163 Millionen erstattet später die Bundesregierung.

5. August 1973

Lufthansa kann erstmals die Sibirienroute über die Sowjetunion nach Tokio nutzen, Bedingung ist eine Zwischenlandung in Moskau.

November 1973

Probleme mit der Treibstoffversorgung während der weltweiten Ölkrise führen zur Zusammenlegung von Lufthansa-Flügen.

17. Dezember 1973

Eine Lufthansa Boeing 737 wird von Rom via Athen und Damaskus nach Kuwait entführt, dort geben die Terroristen auf.

19. Dezember 1973

Bruchlandung einer Boeing 707 in Delhi, alle 109 Insassen können das brennende Flugzeug rechtzeitig verlassen.

14. Januar 1974

Premiere der McDonnell Douglas DC-10 bei Lufthansa auf der Strecke von Frankfurt nach Tokio mit fünf Zwischenlandungen.

20. November 1974

Die Lufthansa Boeing 747 „Hessen" stürzt wegen nicht ausgefahrener Auftriebshilfen an den Vorflügeln nach dem Start in Nairobi ab, dieser erste 747-Unfall fordert 58 Tote.

31. Dezember 1975

Erstmals befördert Lufthansa 1975 mehr als zehn Millionen Passagiere in einem Jahr.

2. Februar 1976

Der erste von drei bestellten europäischen Airbus A300 geht bei Lufthansa in den Liniendienst auf innerdeutschen Strecken sowie nach London, Paris und Madrid.

13.–17. Oktober 1977

Im „Deutschen Herbst" wird die Boeing 737 „Landshut" auf dem Weg von Palma de Mallorca nach Frankfurt entführt und auf einen Irrflug über Rom, Larnaka, Bahrain nach Dubai und Aden gezwungen. Dort wird der Flugkapitän ermordet. Erst an der letzten Station Mogadischu in Somalia kann die Kommandoeinheit GSG-9 alle 86 Geiseln befreien. Durch weitere Bombendrohungen gegen Lufthansa-Flüge gehen die Buchungszahlen stark zurück.

März/April 1979

Großbestellungen über 32 Boeing 737-200 und 25 Airbus A310.

26. Juli 1979

Durch einen Lotsenfehler verunglückt nach dem Start in Rio de Janeiro der Boeing 707-Frachter „Essen".

12. September 1979

Die Entführung einer Boeing 727 auf dem Weg von Frankfurt nach Köln/Bonn, ohnehin das Flugziel, geht nach Verhandlungen glimpflich aus.

21. Dezember 1980

Die erste Boeing 737-200 trifft bei Lufthansa ein und nimmt den Liniendienst auf.

27. März 1982

Erste Fahrt des Lufthansa Airport Express-Zugs von Düsseldorf über Köln und Bonn zum Frankfurter Flughafen.

29. März 1983

Übernahme des ersten Airbus A310 bei Lufthansa

31. Dezember 1984

Letzter Flug der Boeing 707 bei Lufthansa

27. Februar 1985

Auf dem Weg von Frankfurt nach Damaskus wird eine Boeing 727 durch zwei abgeschobene Asylbewerber nach Wien umgeleitet, dort geben sie auf.

27. März 1985

Ein Syrer entführt eine Boeing 727 der Lufthansa auf dem Weg von Frankfurt nach Athen, er will nach Libyen, die Entführung endet glimpflich in Istanbul.

17. Juli 1985

Großbestellung von 33 Flugzeugen der Airbus-Typen A320 und A300-600 sowie Boeing 737-300 und 747-200.

15. Januar 1987

Ein Vorvertrag der Lufthansa mit Airbus über 15 A340 gibt den Startschuss für den vierstrahligen europäischen Langstreckenjet.

25. April 1988

Durch ein neues Abkommen werden Nonstop-Flüge von Frankfurt über Sibirien nach Tokio möglich.

25. Mai 1989

Die erste Boeing 747-400 für Lufthansa trifft in Frankfurt ein.

12. Juni 1989

Erster Linienflug eines zweistrahligen Lufthansa-Jets über den Nordatlantik: Unter ETOPS-Bedingungen fliegt die A310-300 neu die Strecke Frankfurt–Montréal–Philadelphia.

16. Oktober 1989

Der erste Airbus A320 beginnt den Flugbetrieb bei Lufthansa.

28. Dezember 1989

Erstmals befördert Lufthansa 1989 mehr als 20 Millionen Passagiere in einem Jahr.

28. Oktober 1990

Erster Linienflug der Lufthansa nach Berlin seit 45 Jahren, insgesamt bietet Lufthansa nun 289 Verbindungen pro Woche ab Tegel an.

17. Mai 1992

Lufthansa zieht wie alle anderen Nutzer vom Stadtflughafen München-Riem auf den neuen Flughafen München im Erdinger Moos um.

4. Oktober 1992

Mit einem letzten Flug von Frankfurt nach Hamburg endet nach 28 Jahren die Ära der Boeing 727 bei Lufthansa.

2. Februar 1993

Mit der D-AIBA erhält Lufthansa den weltweit ersten vierstrahligen Airbus A340, es ist die kürzere Version A340-200.

11. Februar 1993

Auf dem Flug von Frankfurt nach Addis Abeba entführt ein abgelehnter Asylbewerber eine A310-300 nach New York, nach vorheriger Zwischenlandung in Hannover. Am Ziel ergibt er sich den US-Behörden.

4. Juli 1993

Erstmals fliegt Lufthansa nach Taipeh auf Taiwan. Um die Verkehrsrechte in die Volksrepublik China nicht zu verlieren, verkehrt die Boeing 747-400 in Condor-Farben.

4. Oktober 1993

Lufthansa und United Airlines vereinbaren eine umfangreiche Zusammenarbeit.

27. Januar 1994

Lufthansa übernimmt die erste von 20 bestellten Airbus A321.

Die erste Boeing 747-400 für Lufthansa. [LH]

1. Dezember 1994

Mit einer Abschlussfeier für die D-ADLO verlässt nach über 20 Jahren die letzte DC-10 die Lufthansa-Flotte.

30. April 1996

Erstmals geht Lufthansa mit ihrem InfoFlyway genannten Auftritt ins Internet und bietet online den Flugplan, Informationen und ihren SkyShop.

25. Juli 1996

Der erste Airbus A319 wird in die Flotte aufgenommen.

1. November 1996

Erstmals führt Lufthansa das ticketlose Fliegen auf Inlandsstrecken ein. Statt eines Papiertickets reicht eine elektronische Buchung, für die zunächst Vielflieger ihre Chipkarte an ein Lesegerät halten.

14. Mai 1997

Lufthansa gründet mit vier anderen globalen Airlines in Frankfurt die Star Alliance und läutet damit die Ära der Airline-Bündnisse im Luftverkehr ein.

13. Oktober 1997

Die Privatisierung der Lufthansa ist abgeschlossen, 143 Millionen Aktien sind in private oder institutionelle Hände übergegangen.

22. September 1999

Lufthansa beteiligt sich an der führenden italienischen Regionalgesellschaft Air Dolomiti.

11. September 2001

Die Terroranschläge in den USA stürzen die weltweite Luftfahrt in eine tiefe Krise. Das hat auch einschneidende Folgen für Lufthansa, mit den Gewerkschaften verständigt man sich auf ein umfangreiches Maßnahmenpaket, um Kosten zu senken.

Dezember 2001:

Lufthansa beschließt, 15 Airbus A380-Doppelstöcker zu bestellen.

17. Juni 2002

Lufthansa beginnt Linienflüge von Düsseldorf nach Newark mit einer Boeing 737-700 BBJ der schweizerischen Privat Air mit nur 48 Business Class-Sitzen, weil sich nach 9/11 die vorherigen A340-Flüge auf der Strecke nicht mehr rechnen. Später fliegt Privat Air für Lufthansa auch ins indische Pune.

November 2002:

Auf Probeflügen für das neue Connexion by Boeing-Kommunikationssystems wird die weltweit erste E-Mail von Bord der Lufthansa Boeing 747-400 D-ABTE aus der Luft versendet.

15. Januar 2003

Die mit Bord-WLAN ausgerüstete D-ABTE lässt Fluggäste auf regulären Linienflügen von Frankfurt nach Washington erstmals in einem großen Praxistest den FlyNet-Breitband-Internetanschluss testen.

16. März 2004

Erster Linienflug bei Lufthansa mit dem zweistrahligen Langstreckenjet A330-300 D-AIKA.

17. Mai 2004

Auf Flügen von München nach Los Angeles bietet Lufthansa als erste Airline weltweit schnellen Breitband-Internetzugang über den Wolken.

11. Dezember 2004

In Frankfurt eröffnet das Lufthansa First Class Terminal für First Class-Passagiere und HON Circle-Mitglieder, die von hier auch privaten Limousinentransfer zum Flugzeug erhalten.

Dezember 2004

Lufthansa befördert 2004 erstmals über 50 Millionen Passagiere in einem Jahr.

9. Juni 2006

Anlässlich der 18. Fußball-WM, die in Deutschland stattfindet, verziert Lufthansa in einem Akt von Guerilla-Marketing die Nasen von 50 ihrer Flugzeuge mit Fußball-Bemalungen.

22. September 2006

Erstmals können sich Lufthansa-Fluggäste ihre Sitze vor Abflug am Computer im Büro oder zu Hause auswählen und ihre Bordkarten mit Barcode selbst ausdrucken.

6. Dezember 2006

Lufthansa verkündet ihre Kaufabsicht für 20 Boeing 747-8I und wird damit zum Erstkunden, auch sieben weitere A340-600 sollen geordert werden.

März 2007

Airbus führt mit Lufthansa die Streckenerprobungsflüge mit dem Airbus A380 durch, von Frankfurt geht es mit Mitarbeitern und geladenen Gästen nach New York, Washington, D.C., Chicago und Hongkong.

24. September 2008

Der Lufthansa-Aufsichtsrat stimmt einer 45 %-Beteiligung an Brussels Airlines zu.

2. Februar 2009

Mit sechs Airbus A319 geht Lufthansa Italia ab Mailand an den Start zu europäischen Zielorten.

3. September 2009

Lufthansa und die österreichische Staatsholding ÖIAG vollziehen die komplette Integration von Austrian Airlines in den Lufthansa-Konzern.

19. Mai 2010

Lufthansa erhält ihren ersten Airbus A380 D-AIMA, der auf den Namen „Frankfurt am Main" getauft wird.

11. Dezember 2010

Lufthansa bietet mit neuen Partnern auf immer mehr Langstreckenflügen Breitband-Internet an Bord.

15. Juni 2011

Lufthansa beginnt als erste Airline der Welt einen Praxistest von nachhaltigem Biotreibstoff als Beimischung. Für ein halbes Jahr pendelt ein A321 zwischen Hamburg und Frankfurt und verbrennt dabei einen Anteil Biosprit.

1. Juni 2012

Auf der Strecke Frankfurt-Washington DC feiert die weltweit erste Boeing 747-8 ihre Linienflugpremiere. An Bord die neue Business Class mit ebenen Bettsitzen.

19. September 2013

Lufthansa verkündet die größte Flugzeugbestellung ihrer Geschichte über 25 Airbus A350-900 und 34 Boeing 777-9X, nach Listenpreis ein Auftragswert von 14 Milliarden Euro.

15. Juli 2014

Nach ihrem Finalsieg bei der Fußball-WM in Brasilien fliegt der Lufthansa-Boeing 747-8 „Siegerflieger" die deutschen Weltmeister direkt nach Berlin zur Fanmeile.

2. Oktober 2014

Lufthansa führt auf Langstrecken die Premium Economy Class ein.

24. März 2015

Der Absturz von Germanwings-Flug 4U 9525 in den Pyrenäen auf dem Weg von Barcelona nach Düsseldorf mit 150 Toten ist das schwerste Unglück in der Geschichte der Lufthansa Group.

20. Januar 2016

Lufthansa übernimmt den weltweit ersten Airbus A320neo mit neuen, sparsamen Getriebefan-Triebwerken in den Liniendienst.

26. April 2016

Das Satellitenterminal am Flughafen München bietet jetzt 27 weitere gebäudenahe Flugzeugpositionen am zweitgrößten Drehkreuz der Lufthansa.

19. Dezember 2016

In Hamburg übernimmt die Lufthansa ihren ersten Airbus A350-900 als modernstes und umweltfreundlichstes Flugzeug auf dem Markt.

9. Januar 2017

Lufthansa übernimmt mit dem Kauf der restlichen 55 % der Aktien 100 % an Brussels Airlines, die ab 2018 vollständig in die Gruppe integriert wird.

7. Februar 2018

Mit der Vorstellung ihres neuen Erscheinungsbilds, das nur noch Dunkelblau und Weiß nutzt, gibt Lufthansa den Verzicht auf ihre Traditionsfarbe Gelb bekannt.

20. Januar 2020

Das neuartige Covid-19-Virus verbreitet sich in ganz Asien sowie bereits nach Seattle in den USA.

13. März 2020

Die USA verbieten wegen der sich ausbreitenden Corona-Pandemie weitgehend Einreisen aus Europa, der transatlantische Luftverkehr verschwindet damit fast über Nacht.

26. März 2020

Lufthansa schickt einen Rückholungsflug für 406 gestrandete Europäer mit der Boeing 747-400 D-ABVY via Tokio nach Auckland

30. März 2020

Die Pandemie macht Luftverkehr zunehmend unmöglich, Lufthansa einigt sich mit 31.000 Beschäftigten auf Kurzarbeit.

15. April 2020

Trotz weltweiter Lockdowns und Einreiseverbote hält Lufthansa einen Notflugplan von 15 wöchentlichen Langstrecken- und 36 täglichen Inlands- und Europaverbindungen ab Frankfurt aufrecht.

25. Mai 2020

Die Bundesregierung bietet der ums Überleben ringenden Lufthansa ein Rettungspaket im Wert von insgesamt neun Milliarden Euro an.

25. Juni 2020

Die Aktionäre stimmen auf der virtuellen Jahreshauptversammlung dem 20 %-Einstieg des deutschen Staats zu und damit dem Rettungspaket.

31. Oktober 2020

Der Flughafen Berlin Brandenburg Willy Brandt (BER) eröffnet mit jahrelanger Verspätung. Die erste Landung vollführt easyJet, wegen schlechter Sicht kann die geplante Parallellandung mit dem eigens beklebten „Haupstadtflieger" der Lufthansa nicht gleichzeitig vollzogen werden.

31. Januar 2021

Der Lufthansa-Airbus A350 D-AIXP startet von Hamburg zu einem Nonstopflug auf die Falkland-Inseln um deutsches Antarktis-Personal auszutauschen. Der Flug mit 92 Passagieren und 16-köpfiger Besatzung dauert 15 Stunden und 36 Minuten. Alle Insassen mussten zuvor zwei Wochen in Quarantäne.

12. November 2021

Lufthansa zahlt alle genutzten staatlichen Finanzhilfen in Höhe von 3,8 Milliarden Euro zurück und kündigt nicht abgerufene Mittel.

30. August 2022

Die erste Boeing 787-9 für Lufthansa trifft in Frankfurt ein. Der ursprünglich für Hainan Airlines gebaute Dreamliner fliegt zunächst Inlandsflüge zum Pilotentraining, ab Dezember zunächst nach Newark.

1. Juni 2023

Comeback für die Lufthansa A380: Acht der eigentlich bereits ausgemusterten Riesen werden wieder eingeflottet, an diesem Tag startet der neue Erstflug von München nach Boston.

19. Dezember 2023

Lufthansa verkündet eine Großbestellung von 40 Airbus A220-300 und 40 Boeing 737-8 MAX, letztere für andere Konzerngesellschaften.

1. Mai 2024

Lufthansa setzt erstmals das neue Allegris-Kabinenprodukt auf einem A350 auf der Strecke München-Vancouver ein. Bis Ende 2028 sollen 90 % von 117 Langstreckenjets damit ausgestattet werden.

26. Juni 2024

Lufthansa City Airlines startet zum Erstflug von München nach Birmingham. Die neue Marke wird künftig rund 80 Flugzeuge auf Zubringern nach Frankfurt und München betreiben.

3. Juli 2024

Die EU-Kommission genehmigt den Einstieg der Lufthansa bei ITA Airways in Italien.

Dezember 2024

Lufthansa bestellt weitere fünf Airbus A350-1000, insgesamt jetzt 15.

17. Januar 2025

ITA Airways wird Teil der Lufthansa Group, deren Beteiligung liegt zunächst bei 41%.

Februar 2025

Die neue Lufthansa Allegris First ist erstmals in fünf Airbus A350 auf Flügen ab München verfügbar.

Die neue Firmentochter Lufthansa City ist seit Juni 2024 noch eine weitere Marke in der verwirrenden Vielfalt der Lufthansa-Gruppe. [Dirk Grothe]

Die Flugzeuge der Lufthansa

12 Wichtige Passagierflugzeuge der ersten Lufthansa

Die frühe Geschichte der Lufthansa ist eine Geschichte der Konsolidierung. Das betrifft die einzelnen Vorgängerfirmen, die auf Druck der Reichsregierung ihr Geschäft unter dem Namen Luft Hansa bündelten, und natürlich in gleichem Maße die Flugzeuge, die dort eingesetzt wurden.

Weltbeherrschende Hersteller wie in heutigen Zeiten waren damals unbekannt – mit der Ausnahme, dass Boeing fast zwei Jahrzehnte nach Gründung der Lufthansa Mitte der 1930er-Jahre zu Testzwecken mit militärischem Hintergrund zwei Boeing 247 lieferte. Im Allgemeinen aber versorgten die Flugzeughersteller der großen europäischen Länder oft vor allem die jeweiligen jungen nationalen Airlines. Von Fokker in den Niederlanden bis zu jeweils einer Vielzahl französischer und britischer Fabriken und in Deutschland Unternehmen wie Junkers und Dornier. „Anfangs hatte die Luft Hansa sich noch mit einem Flugzeugpark aus neunzehn verschiedenen Typen zurechtzufinden“, beschreibt Rudolf Braunburg das bunte Flottenmix. „Auch die Triebwerksvielfalt trug kaum zu einer homogenen Flotte bei: Die 449 Triebwerke bestanden aus neunzehn Typen und acht verschiedenen Fabrikaten. Und doch wurde die Flotte je nach Bedarf durch immer neue Typen ergänzt.“ Dabei gab es durchaus eine Art innerer Logik: „Auf den Ozeanen sollten sich vornehmlich die Flugzeuge der Firma Dornier bewähren. Auf dem Landsektor war es Junkers, der mit seinen Konstrukteuren der Luft Hansa fast ideale Flugzeuge bescherte.“

Hans M. Bongers, Pionier der neuen Lufthansa, aber vor dem Krieg bei Junkers und der alten Lufthansa tätig gewesen, stellt es seiner subjektiven Sicht etwas anders dar. Er geht davon aus „dass die Fusion zur Lufthansa unter ande-

Das erste Ganzmetallflugzeug Junkers F13 in Diensten der Luft Hansa in Berlin um 1927. [LH]

rem bezweckte, die dem Zusammenschluss entgegenwirkenden Kräfte und damit besonders Junkers für immer auszuschalten. Dem Betrieb sollten künftig, wie bei Aero Lloyd (*einem der Lufthansa-Vorgänger, der Autor*) Flugzeuge verschiedener Bauart dienen", stellt Bongers fest. „Die bisher etwas im Schatten von Junkers tätigen, am Aero Lloyd beteiligten Flugzeughersteller sollen zum Zuge kommen", womit Bongers vermutlich vor allem auf Dornier anspielt. Im Sinne einer einheitlicheren Flotte wäre es besser gewesen, so gut wie ausschließlich auf Junkers zu setzen, impliziert er. Nur um dann die logische Folgerung abzuleiten: „Die Folgezeit hat Junkers recht gegeben, denn der Weg zum wirtschaftlichen Flugverkehr führte nicht über heterogene, sondern über homogene Flotten. Diese Erkenntnis hat sich dann auch bald bei der Lufthansa durchgesetzt, obwohl in der Periode vor dem Zweiten Weltkrieg weder bei der Lufthansa noch bei anderen internationalen Luftverkehrsunternehmen das wirtschaftliche Betriebsergebnis im Vordergrund stand."

Es würde den Rahmen dieses Buches sprengen, alle Flugzeuge vorzustellen, die die erste Lufthansa betrieben hat, zumal es oft nur einzelne waren. Daher wird eine Auswahl der bedeutendsten Passagierflugzeuge gewürdigt, nicht aber die zahlreichen Fracht- und Postflugzeuge, die zum Beispiel mit Katapultstarts von Schiffen aus mit Postsendungen Teile des Nordatlantiks durch die Luft überwanden. Das ikonische Flugzeug jener Anfangszeit in den 1920er-Jahren war die **Junkers F 13**, das erste Ganzmetallflugzeug mit geschlossener Kabine. Die 1919 erstmals geflogene F 13 im später für Junkers typischen Wellblech-Metallkleid war das „sensationellste und ausdauerndste Flugzeug am deutschen Luftfahrthimmel", schwärme Rudolf Braunburg. Sie konnte flexibel auch mit Schwimmern oder Schneekufen ausgerüstet werden, viele der insgesamt 322 gebauten F-13 fanden ihren Weg in die ganze Welt, sogar in die USA. Vor allem für Passagiere war das einmotorige Metallflugzeug ein Quantensprung beim Komfort. Mussten sie bisher dick vermummt in ungeheizten Maschinen mitfliegen, bot die F 13 vier behagliche Polstersitze in der heizbaren Kabine, zum bequemen Einsteigen gab es erstmals eine seitliche Tür. „Weniger komfortabel reisten beide Piloten", betont Rudolf Braunburg. „Ihr Cockpit war, sieht man von der Windschutzscheibe und der nach vorn gezogenen Dachhaut ab, offen." Dafür besaß die F-13 erstmals eine Doppelsteuerung, sodass sich die Piloten auf längeren Strecken erstmals ablösen konnten. Die Luft Hansa übernahm zu ihrem Start 1926 insgesamt 50 F 13 von ihren Vorgängergesellschaften, 1928 flogen sogar 55 im Zeichen des Kranichs. Die letzte wurde 1939 ausgemustert.

Prototyp der Junkers F 13 am 19. August 1919. [Wikimedia]

Das sehr spartanische Cockpit der Junkers F 13. [LH]

Nachdem Fokker im Ersten Weltkrieg die erfolgreichsten deutschen Kampfflugzeuge in Deutschland gebaut hatte, fokussierte man sich nach dem Krieg auf Passagierflugzeuge. Damals war die Trennlinie zwischen Herstellern und Betreibern von Flugzeugen oft sehr dünn, die anfangs in

■ Fokker-Grulich F.II der Luft Hansa auf dem Zürcher Flughafen Dübendorf Ende der 1920er-Jahre. [ETH/Wikimedia]

Schwerin beheimatete Fertigung **Fokker-Grulich F.II** und **F.III** fand mit enger Beteiligung des Deutschen Aero Lloyd (DAL) statt, eines Luft Hansa-Vorgängers. Der zweite Name Grulich ging zurück auf Karl Grulich, technischer Leiter bei DAL in Berlin-Staaken. Die Luft Hansa übernahm 1926 insgesamt 19 Fokker F.II, die 1919 erstmals geflogen war. Der Hochdecker mit leinwandbespanntem Stahlrohrrumpf wurde von einem BMW-Motor angetrieben, in der geschlossenen Kabine fanden vier Passagieren Platz. Ein weiterer Fluggast konnte im offenen Cockpit neben dem Piloten sitzen. Der verbesserte Nachfolger **Fokker-Grulich F.III** war 1921 zuerst geflogen und wies dank eines verbreiterten Rumpfes nun eine fünfsitzige Kabine auf. Ihre Glanzzeit erleben beide Typen 1926, als insgesamt 35 im Einsatz standen und bis Mitte der 1930er-Jahre zur Flotte gehörten.

Eine wichtige Rolle bei der frühen Lufthansa spielten die drei Varianten eines von Dornier gebauten Typs, der inspiriert war vom Delfin-Flugboot dieses Herstellers, der für Flugboote bekannt war. Die **Dornier Komet II**, **Komet III** und die **Dornier Merkur** waren sich äußerlich so ähnlich, dass sie damals wie heute schwer unterscheidbar waren. Gemeinsam war ihnen, dass es sich um abgestrebte Ganzmetall-Hochdecker handelte, deren Tragfläche nicht direkt auf dem Rumpf auflag, sondern stattdessen auf vier kurzen Streben oberhalb des Rumpfes, sodass sich ein Spalt ergab. Das Cockpit war offen, die geschlossene Kabine bot Platz für vier Passagiere, seit 1924 in der größeren Komet III für sechs Fluggäste. Für weitere Konfusion sorgt, dass Kometen nach Umbau mit stärkeren BMW-Motoren ab 1925 als Dornier Merkur bezeichnet wurden. In jedem

■ Dornier Komet II in den 1920er-Jahren in Dübendorf bei Zürich. [ETH/Wikimedia]

Fall betrieb Lufthansa über 35 Stück dieses zuverlässigen und robusten Flugzeugtyps. Immer wieder schafften Dornier Merkur Rekordflüge, 1926 hielt sie ein Viertel aller Weltrekorde für Landflugzeuge.

Mit der **Junkers G 24** begann schon mit Betriebsaufnahme der Luft Hansa 1926 auch die Ära der Großflugzeuge, wie man sie schon damals nannte, wo man dabei über neun Passagiere sprach. Sie fanden komfortabel in der geschlossenen Kabine auf Einzelsesseln mit Armlehnen Platz, die aus Stahlrohr und Leder gefertigt waren. Sogar eine Toilette war hinten in der Kabine eingebaut. Die G 24 war weltweit das erste dreimotorige Ganzmetallflugzeug und geht direkt auf die Pionierin F 13 zurück. Die Luft Hansa war der größte Betreiber der G 24, schon in ihrem ersten Betriebsjahr standen 28 davon im Einsatz. Dank ihrer großen Zuverlässigkeit und Leistungsfähigkeit bewährte sie sich im Streckendienst, etwa auf der Strecke Berlin–Köln–Paris. Auch bei besonderen Aufgaben – etwa auf der ersten Nachtflugstrecke von Berlin nach Königsberg ab Mai 1926. Im gleichen Jahr glänzten zwei G 24 auf dem Pionierflug von Berlin nach Peking und zurück auf insgesamt 140 Flugstunden, die ohne größere Probleme zurückgelegt werden konnten. Die Robustheit der G 24 zahlte sich in der damals zweifellos noch herrschenden Pionierzeit des Luftverkehrs aus.

Ein weiterer wichtiger Pionier in den Anfangstagen der Luft Hansa war die **Rohrbach Roland**. Im gleichen Jahr 1926, in dem die neue Airline startete, hob auch erstmals die dreimotorige Roland ab in Berlin. Zuvor hatte der ehemalige Konstrukteur der Zeppelin-Werke, Adolf Rohrbach, sein eigenes Flugzeugprojekt noch konspirativ und im Ausland verfolgen müssen, weil es gegen den Versailler Vertrag verstieß, so etwas in Deutschland zu fertigen. Der freitragende Hochdecker in Ganzmetallbauweise konnte zehn Fluggäste mit einer Flugdauer von bis zu fünf Stunden befördern. Das Cockpit war zunächst offen konstruiert, wurde dann wahlweise mit einer Glasabdeckung angeboten, die später zum Standard wurde. Die Kabine, mit Leder ausgeschlagen und stoffverkleidet, bot den Passagieren mit 1,80 Meter

Der Prototyp des damals größten Verkehrsflugzeugs Junkers G 38 flog erstmals am 6. November 1929. [Wikimedia]

■ Volles Vorfeld in Berlin-Tempelhof in den 1930er Jahren. Vorn eine Junkers Ju 86, dahinter eine polnische DC-2 sowie etliche Junkers Ju 52. [LH]

sogar volle Stehhöhe, sie war beleuchtet und über die Motorabgase beheizbar. Gelobt wurde damals eine Seltenheit, die gute Lärmdämmung für die Reisenden. Die großen, eckigen Fenster ließen sich über Kurbeln sogar öffnen. Bis 1929 erhielt Luft Hansa insgesamt zwölf Roland, später mit stärkeren Motoren. Sie flogen Routen wie Berlin–Hannover–Amsterdam–London, 1931 waren sie auf sieben Strecken im Einsatz.

Ein Hingucker in jeder Hinsicht war das größte je gebaute Landflugzeug jener Zeit, das ab 1931 exklusiv von der Luft Hansa betrieben wurde, wenn auch nur in den einzigen beiden überhaupt gebauten Exemplaren. Die **Junkers G 38** war ein Gigant mit einer Spannweite von 44 Metern, exakt so viel Flügelspannweite wie ein halbes Jahrhundert später das auch Großraumflugzeug Airbus A310 aufwies. „Die G 38 war der deutsche Jumbo der frühen dreißiger Jahre“, befand Rudolf Braunburg. Schon 1910 hatte sich Professor Hugo Junkers mit Nurflüglern und Riesenflugzeugen beschäftigt, die G 38 ist das einzige, das umgesetzt wurde. Das faktisch wie optisch größte an dem frühen Giganten waren seine Flügel, die zehn Meter Tiefe aufwiesen und eine Profildicke von 1,80 Meter. Hier wurden nicht nur die vier Motoren untergebracht, die während des Fluges zugänglich waren, plus Tanks, hier saßen auch auf jeder Seite noch je zwei Passagiere mit unvergleichlichem Blick durch die verglaste Flügelnase nach vorn. Die Prototypen-Version, 1931 an Lufthansa ausgeliefert, konnte insgesamt 30 Passagiere aufnehmen, die mit Ausnahme der Tragflächen-Sitze in drei separaten Kabinen im Rumpf untergebracht waren.

Als erste Route kam sie von Berlin über Amsterdam nach London zum Einsatz. Das neue Riesenflugzeug löste eine derart rege Nachfrage aus, dass Luft Hansa und Junkers sich auf den Bau einer zweiten, weiterentwickelten G 38 einigten. Sie erhielt bereits im Juni 1932 ihre Zulassung und wies als wichtigste Änderung einen zweistöckigen Rumpf auf. Durch eine veränderte und verbesserte Nutzung des Innenraums konnten nun bis zu 34 Passagiere befördert werden, sechs davon mit Aussicht aus der Flügelnase sowie zwei weitere in einer Kanzel der Rumpfnase. Auch der

Reisekomfort konnte nochmals gesteigert werden, es gab neben Toiletten auch einen Waschraum sowie Heizung und Lüftung in der Kabine. Und noch etwas: „Eine Küche, ein noch völlig unbekannter Luxus, war eingebaut, und erstmals wurden die Passagiere verpflegt", erinnerte sich Hans M. Bongers. „Da die Lufthansa im Borddienst noch unerfahren war, bediente sie sich der Hilfe der Mitropa und nutzte die Erfahrungen des Schienenverkehrs." Immer wieder wurden beide Flugzeuge modifiziert und erhielten stärkere Motoren, die der G 38 schließlich eine beachtliche Reichweite von 3500 km gaben. Eine Maschine stürzte 1936 bei einem Werkstattflug ab, die andere wurde 1941 im Dienst der Luftwaffe zerstört.

Das größte Flugzeug der 1930er-Jahre im Dienste der Lufthansa war stets eine umlagerte Attraktion, hier in Amsterdam. [Wikimedia]

Ab 1932 kam bei Luft Hansa, die zu ihren Wegbereitern gehörte, das legendärste deutsche Flugzeug aller Zeiten zum Einsatz – die **Junkers Ju 52/3m**. Sie entstand, weil Luft Hansa Ersatz brauchte für zwei an ihre russische Tochter Deruluft abzugebende Rohrbach Roland. Junkers stand bereit und stattete dafür die 1930 erstmals geflogene Ju 52 einfach mit drei statt zuvor einem Motor aus, daher die Version Ju 52/3m (=3 Motoren). Das robuste Wellblechdesign entwickelte sich zu einem absoluten Bestseller, insgesamt 4835 wurden für zivile und militärische Zwecke produziert. Die Luft Hansa betrieb bis Kriegsausbruch offiziell 80 des allgemein „Tante Ju" genannten Flugzeugs. Weitere wurden dann im Auftrag des Reichsluftfahrtministeriums geflogen, es ist daher von einer Flotte von über 200 Ju 52/3m bei der ab 1933 so geschriebenen Lufthansa auszugehen. „Das war die größte Einzelflotte von jeglichem kommerziellen Passagierflugzeug, das vor Ende der Nachkriegszeit jemals irgendwo gebaut wurde", staunte der amerikanische Luftfahrthistoriker Ron Davies (siehe Exkurs Ju 52/3m).

Fast ein Jahrzehnt nach der G 38 brachte Junkers erneut ein Großverkehrsflugzeug für Lufthansa an den Start. Die in der gleichen 25-Tonnen-Klasse wie die G 38 antretende **Junkers Ju 90** hatte alles, um zum Erfolg zu werden: Sie war schnell und kraftvoll, sah gut aus mit ihren klaren, modernen Linien und konnte 40 Passagiere bis zu 2000 km weit fliegen. Der freitragende Tiefdecker hatte einen ungeteilten Rumpf mit nahezu kreisförmigem Querschnitt und war bis auf die Ruder, die weiter in Wellblech gefertigt wurden, mit Glattblech beplankt. Die fünf Einzelkabinen an Bord boten viel Komfort, üblicherweise lagen sich Doppelsitze paarweise gegenüber, dazwischen stand ein kleiner Tisch, es gab zwei Waschräume. Im Gegensatz zur vergleichbaren US-Konkurrentin Boeing 307 war die Ju 90 nicht mit Druckkabine ausgestattet, startete aber 1938 auch zwei Jahre früher in den Liniendienst, zunächst zwischen Berlin und Wien, dann auch nach London.

Doch die Ju 90 stand unter keinem guten Stern – die ersten beiden Prototypen gingen verloren, erst der dritte Prototyp konnte dann in den Streckendienst gehen. Längere Einsätze als ziviles Passagierflugzeug waren ihr nicht vergönnt, bei Kriegsbeginn gingen alle zehn Ju 90 der Lufthansa an die Luftwaffe. Zwei kamen zurück, mit ihr wurden im Krieg verbliebene Strecken bedient wie etwa Berlin–Belgrad. Doch die Einführung im größeren Stil fiel dem Krieg zum Opfer, und damit blieben die Vorzüge dieses ausgereiften Großflugzeugs weitgehend ungenutzt. „Die Ju 90 repräsentierte einen bemerkenswerten technischen Fortschritt in der Konstruktion kommerzieller Airliner", würdigte Ron Davies. „In Partnerschaft mit der Focke-Wulf Condor hätte sie die deutsche Vorherrschaft in der kommerziellen Luftfahrt in Europa sichern können, wäre nicht im September 1939 der Zweite Weltkrieg ausgebrochen."

Exkurs

Focke-Wulf Fw 200 Condor

Das Rekordflugzeug aus Bremen

Manchmal ist es Zufall, dass Großes entsteht. Und so einem Zufall war es zu verdanken, dass sich Kurt Tank, Leiter des Entwurfsbüros beim deutschen Flugzeugbauer Focke-Wulf in Bremen, und Lufthansas technischer Direktor Rudolf Stüssel Anfang 1936 während ihrer Winterurlaube in den Dolomiten trafen. Dort ließ Stüssel verlauten, die Lufthansa suche ein neues, leistungsfähiges Langstreckenflugzeug.

Tank machte sich sofort an die Arbeit und entwickelte in Rekordzeit einen viermotorigen Entwurf, der bald unter dem Namen Focke-Wulf Fw 200 Condor das Licht der Welt erblickte. Schon Mitte 1936 erteilte Lufthansa den Auftrag für das „in vieler Hinsicht revolutionierende Flugzeug", schreibt Erich H. Heimann. Kaum ein Jahr später, im Juli 1937, hob es zum Erstflug ab. Tank „hatte ein Flugzeug geschaffen, das alle anderen übertraf. Es konnte 26 Passagiere mit hoher Geschwindigkeit transportieren oder mit weniger Zuladung über lange Distanzen fliegen", schwärmt Ron Davies. Einer der wesentlichen Vorzüge des freitragenden Ganzmetall-Tiefdeckers mit vier BMW-Motoren: Die Condor kam pro Passagier im Vergleich zur Ju 52 mit der Hälfte des Treibstoffs aus. Noch 1937 erhielt Lufthansa die ersten Condore, regulär zum Einsatz kamen sie ab Sommer 1938 zunächst auf Inlandsstrecken. Dafür musste sich auch an Bord etwas ändern: „Nun genügte es nicht mehr, wie bei den G 38, den Borddienst bei der Mitropa in Auftrag zu geben", erinnert sich Hans M. Bongers. „Wir waren uns schnell über ein Berufsbild einig. Den Beruf des Flugstewards oder der Flugstewardess bzw. der Flugbegleiter, wie wir sie zunächst deutsch bezeichneten, gab es bei uns noch nicht. Ich selbst wählte aus den Bewerberinnen zehn aus. Mehr brauchten wir noch nicht. Sie erhielten eine Ausbildung am Boden und wurden dann an Bord geschult", berichtet Bongers aus erster Hand.

Über den Linieneinsatz der Condor ist heute nur wenig zu erfahren, denn der ganze Ruhm der Fw 200 rührt von ihren Rekordflügen her, die Maßstäbe setzten. Vor allem die ersten Nonstop-Transatlantikflüge von Berlin nach New

■ Eine Focke-Wulf F2 200 um 1938 auf dem Flughafen Budapest-Fortepan. [Wikimedia]

York und zurück im August 1938 durch die D-ACON, die der zur Sonderversion umgebaute erste Prototyp war. Dank Zusatztanks im Rumpf verfügte sie bei einem Startgewicht von maximal 18 Tonnen über extreme Langstrecken-Reichweite, die die Atlantik-Überquerung ohne Tankstopp erlaubte. Am 10. August 1938 startete die D-ACON in Berlin-Staaken und erreichte mit vier Mann Besatzung und trotz starker Gegenwinde in 2000 Meter Flughöhe nach 24 Stunden und 56 Minuten Bennett Field in New York. Dort wurden die kühnen Flieger von fast 20.000 Menschen begeistert empfangen, im Triumphzug ging ihre Fahrt über die Fifth Avenue in Manhattan.

Bereits am übernächsten Tag stand der Rückflug an, der wiederum einen Weltrekord bedeutete: Mit Rückenwind und auf rund 3000 Meter Flughöhe erreichte die D-ACON im Schnitt 330 km/h, so ging es am 13./14. August 1938 in nur 19 Stunden und 55 Minuten zurück nach Berlin. „Mehr als jeder andere einzelne Flug zeigte die dramatische Leistung der D-ACON, dass Landflugzeuge Flugboote übertreffen konnten, egal wie elegant oder geräumig letztere waren", so Ron Davies. „Flugzeugkonstrukteure auf der ganzen Welt mussten einsehen, dass sich die Ära der kommerziellen Passagierflugboote ihrem Ende näherte. Die Fw 200, mehr als jedes andere einzelne Flugzeug, leitete einen unumkehrbaren Kurswechsel ein bei der Entwicklung kommerzieller Verkehrsflugzeuge."

In Deutschland war die Euphorie naturgemäß noch größer: „Dieser unbestritten glanzvolle Höhepunkt im Bemühen der Deutschen Lufthansa um die Erschließung des Nordatlantiks für den Luftverkehr war eine weltweite Sensation in der damaligen Zeit", befand Peter Berger gut ein Vierteljahrhundert später. „Im Jahre 1938 gab es in der ganzen Welt kein Flugzeug, das zu einer solchen Leistung fähig gewesen wäre, seine Leistungsfähigkeit wurde von keinem anderen Typ übertroffen. Die Fw 200 entschied den Jahre andauernden Streit ‚Land- oder Seeflugzeug' zugunsten des Landflugzeugs." Lufthansa hatte sich seit der Ost-West-Überquerung des Nordatlantiks 1928 und

Der Kabinenkomfort in der Fw 200 war luxuriös für die damalige Zeit und auf längere Flüge ausgelegt. [Condor Team Bremen]

später mit dem Einsatz von Flugsicherungs- und Katapultschiffen intensiv dem Thema gewidmet. „So darf die Deutsche Lufthansa für sich in Anspruch nehmen, die fliegerischen Probleme des Luftverkehrs über den Nordatlantik gelöst zu haben", findet Peter Berger. Während Rudolf Braunburg später auf die eher unglamouröse Alltagsfliegerei jener Tage verweist: „Trotz dieses sensationellen Nonstopflugs fanden die regulären Atlantiküberquerun-

Exkurs

Vorstellung der Lufthansa Fw 200 auf dem Flughafen Croydon bei London am 26. Juni 1938. Darüber eine Savoia-Marchetti SM.83 der Sabena. [Condor Team Bremen]

gen nach wie vor mit Katapultflugzeugen statt, 1936 war nämlich ein regelmäßiger Postdienst über den Nordatlantik eingerichtet worden."

Doch die D-ACON und ihrer Besatzung wurde auf dem Streben nach Ruhm und Rekorden kaum Pause gegönnt: Schon am 28. November 1938 startete sie mit gleicher Crew zur nächsten schlagzeilenträchtigen Mission: Auf die 13.600 Kilometer lange Strecke von Berlin über Basra (Irak), Karatschi (Pakistan) und Hanoi (Vietnam) nach Tokio. In einer reinen Flugzeit von 42 Stunden und einer Minute wurde dies erneut zum Triumph-Flug. „Eine derartige Geschwindigkeit war wesentlich besser, als es damals die britischen Flugboote oder jedes andere Landflugzeug hätten schaffen können", staunt, Ron Davies. Bei der Planung war man noch von 55 Stunden reiner Flugdauer ausgegangen, aber die Condor konnte meist positiv überraschen. Es sei denn, sie wurde falsch bedient.

Das passierte ihrem Rekordpiloten Alfred Henke schon auf dem Weiterflug von Tokio nach Manila. Als beide Backbordmotoren stehen blieben und er in Panik eine Notwasserung einleitete, anstatt besonnen das Flugzeug, wie durchaus möglich, die nur kurze Distanz bis zur geplanten Landung mit nur zwei laufenden Motoren weiterzufliegen. Im Salzwasser war die ansonsten kaum beschädigte D-ACON so kurz nach ihren Triumphen ein trauriger Totalverlust. Im April 1940 verunglückte dann Alfred Henke in einer anderen Fw 200 bei Berlin tödlich. „Möglicherweise wurde Henke auch Opfer der technischen Entwicklung zum modernen Verkehrsflugzeug, für das das fliegerische Gefühl in der Sitzfläche nicht mehr ausreichte und das mehr und mehr mit dem Kopf geflogen werden muss", so Erich H. Heimann.

Zuvor allerdings hatte Henke sogar noch einen wegweisenden Rekordflug mit der Condor unternommen: Am 29. Juni 1939 erreichte er mit Zwischenlandungen in Sevilla, Bathurst (dem heutigen Banjul im westafrikanischen Gambia) und Natal in Brasilien das Ziel Rio de Janeiro. Das hatte von Berlin aus 34 Stunden und 48 Minuten gedauert und stellte die erste Überquerung des Südatlantiks mit einem Landflugzeug dar. Der Rekord „schien eine neue Ära in der Verkehrsluftfahrt einzuleiten", so Heimann. Die Zeiten allerdings standen damals gerade völlig dagegen. Bei Kriegsausbruch wurden alle zehn Condore der Lufthansa als Transporter für den Norwegen-Feldzug von der Luftwaffe requiriert, zwei Maschinen kamen später für den limitierten Verkehrseinsatz im Krieg an die Lufthansa zurück.

■ Lufthansa setzte in der Fw 200 erstmals auch Stewardessen ein, hier im bequemen Raucherabteil. [LH]

Eine davon führte am 14. April 1945 den letzten planmäßigen Flug der alten Lufthansa von Barcelona nach Berlin durch. „Hätte damals ein günstiges politisches Klima geherrscht, gibt es kaum Zweifel, dass die Lufthansa spätestens bis 1940 volle Liniendienste mit der Fw 200 nach Tokio, New York und Buenos Aires eröffnet hätte. Damit wäre sie das erste erfolgreiche Langstrecken-Landflugzeug gewesen", so Ron Davies. Immerhin ist inzwischen wieder eine Original Focke-Wulf Fw 200 in Deutschland zu besichtigen, als einziges vorhandenes Exemplar. Die aus einem norwegischen Fjord geborgene Condor wurde in fast zwanzig Jahren Arbeit durch Freiwillige rekonstruiert und wieder aufgebaut und ist seit 2022 bei Führungen durch einen Hangar in Berlin-Tempelhof, die vom Deutschen Technikmuseum veranstaltet werden, zu besichtigen.

■ Vier Stewardessen bildeten die Kabinenbesatzung der Fw 200, eine Neuheit bei Lufthansa. [LH]

Exkurs

Junkers Ju 52/3m

Der Allzeit-Klassiker aus Dessau

Die Douglas DC-3 ist inklusive ihrer militärischen Version C-47 das meistgebaute Verkehrsflugzeug der Welt, rund 16.000 Exemplare aller Varianten und Lizenzversionen wurden zwischen 1936 und 1945 produziert. Neben der Dakota, Gooney Bird oder in Deutschland Rosinenbomber genannten DC-3 allerdings gibt es nur einen Flugzeugklassiker, den aufgrund seines einzigartigen Aussehens beinahe jedes Kind sofort erkennt: Die Junkers Ju 52/3m, überall auf der Welt anerkennend-vertraut Tante Ju oder Auntie Ju geheißen.

Von ihr als Nummer zwei unter den meistgebauten Verkehrsflugzeugen der Luftfahrtgeschichte wurden „nur" 4845 gefertigt. Das allerdings schon vier Jahre vor der DC-3 und noch sieben Jahre nach ihrem Produktionsende, insgesamt von 1932 bis 1952. Durch ihre Bauweise aus Wellblech ist sie so einzigartig, dass sie einen hohen Wiedererkennungswert gerade bei Luftfahrt-Laien hat. In ihrer äußeren Form zeigt die Ju 52/3m bereits, dass sie technisch einem anderen Zeitalter entstammt als die DC-3. „Die Ju 52/3m war nach den gleichen Prinzipien gebaut wie die Junkers F 13 von 1919, sie war in gewisser Weise nur eine vergrößerte Version davon mit mehr Motoren und einer verfeinerten Tragfläche", erklärt Ron Davies. „Die DC-3 im Kontrast dazu verkörperte die Einführung des modernen Airliners." Beide Flugzeuge sollten eine große Rolle spielen im Zweiten Weltkrieg. Kaum ein Kriegsfilm,

■ Die Ju 52 war das wichtigste Flugzeug der Lufthansa auf Europastrecken, hier auf dem Londoner Flughafen Croydon in den 1930er-Jahren. [LH]

kaum historische Aufnahmen wo nicht eines der beiden Flugzeuge auftaucht.

Die Geschichte der Ju 52 begann 1930 als einmotoriges Frachtflugzeug, das allerdings untermotorisiert war. Dann machte Junkers daraus 1932 kurzerhand ein dreimotoriges Passagierflugzeug, daher der Namenszusatz „3m" für „drei Motoren". Neunzylinder-Sternmotoren von Pratt & Whitney oder BMW, um genau zu sein. Die geräumige Kabine bot 15 bis 17 Passagieren Platz, die auf Einzelsitzen beidseitig vom Gang saßen und komfortabel reisten. „Die Zelle der Ju 52 blieb fast fünfzehn Jahre lang nahezu unverändert. Verstellbare Einzelsessel boten den Passagieren alle Bequemlichkeit, große Fenster ungehinderten Ausblick. Gegen den Lärm der Motoren schützte eine schalldämmende Verkleidung der Kabine", berichtete Rudolf Braunburg. Viel getan hatte sich seit den Tagen der F 13 im Cockpit, hier saßen zwei Piloten nebeneinander und ein Funker dahinter, mit ausreichend Platz und hinter großzügiger Verglasung. Lufthansa erhielt ihre erste Ju 52/3m im Mai 1932, ihre Reisegeschwindigkeit lag anfangs bei 245 km/h, die Reichweite bei 915 km. „Ab Sommerflugplan 1933 war sie zunehmend auf fast allen deutschen und europäischen Strecken zu finden. Sie gewann wegen ihrer Einfachheit, Robustheit und Sicherheit bald legendären Ruf", huldigte ihr Hans M. Bongers.

Schnell brachte Junkers eine unübersehbare Vielfalt von über 30 Varianten des Flugzeugs auf den Markt, Lufthansa hatte 1936 rund ein Dutzend verschiedener Modelle im Einsatz. Zu dieser Zeit flogen bei der Airline nicht weniger als 110 Ju

■ Lufthansa Ju 52 in dunkler Bemalung 1932. [Bundesarchiv/Wikimedia]

■ Fluggäste erhielten an Bord der Ju 52 in den 1930er-Jahren auwändig produzierte Broschüren, die ihnen die Abläufe erklärten. [Archiv Spaeth]

Exkurs

■ **Von 1986 bis 2018 betrieb die Lufthansa Berlin-Stiftung ihre 1936 gebaute ursprüngliche Ju 52 D-AQUI als Traditionsflugzeug.** [Spaeth]

52/3mm, die bis in die Nachkriegszeit größte je gebaute Einheitsflotte einer Fluggesellschaft überhaupt. Im April 1936 bestand die gesamte Lufthansa-Flotte zu 85 % aus der dreimotorigen Junkers. Zwischen 1932 bis 1945 waren inklusive der für die Luftwaffe betriebenen Ju 52/3m mindestens 230 dieser unverwüstlichen Flugzeuge bei der Lufthansa im Einsatz, die notfalls auf einem Fußballplatz landen konnten. „Durch sie ging die Zahl der technisch bedingten Notlandungen von 7 auf 1,5 pro eine Million Flugkilometer zurück", so Rudolf Braunburg. „Bei Triebwerksausfall konnte die Ju 52 mit 85 Prozent der restlichen Motorleistung den Flug fortsetzen."

Es war die Zeit der Pionier- und Rekordflüge, die mit dem neuen Transportmittel Flugzeug ferne Welten erreichen wollten, wohin nie zuvor eine Flugverbindung existiert hatte. Die verlässliche Ju 52/3m war dafür wie geschaffen. Im August 1937 trat in der D-ANOY Lufthansa-Direktor Carl-August Freiherr von Gablenz höchstselbst auf dem Pilotensitz einen abenteuerlichen Erkundungsflug über die Pamir-Hochgebirgsebene in Zentralasien nach China an. Im April 1939 flog von Gablenz mit einer Crew von Berlin mit sechs Stopps nach Tokio und Hongkong. Im Juli 1939 wurde die reguläre Linienstrecke über 10.000 km von Berlin nach Bangkok mit der Ju 52/3m eröffnet. Allerdings konnten diese fliegerischen Glanzleistungen eines nicht verbergen: „Die sensationellen Erfolge der Ju 52 zogen auch einen Nachteil nach sich: Die Lufthansa hielt zu lange an diesem Dreimotorigen-Prinzip fest. Selbst in der zweiten Hälfte der Dreißigerjahre, als die Swissair und allen voran die KLM als unmittelbar benachbarte Konkurrenten längst die DC-2, später die DC-3 eingeführt hatten, trat die Lufthansa immer noch hauptsächlich mit der Ju 52 in Erscheinung", monierte Rudolf Braunburg. Das änderte sich natürlich im Krieg, 1940 wurden 62 Ju 52/3m für die Luftwaffe beschlagnahmt, 1945 besaß Lufthansa noch drei davon. Eine davon absolvierte am 22. April 1945 als letztes Flugzeug der alten Lufthansa einen Streckenflug von Berlin nach Warnemünde.

Es ist der Nachkriegs-Lufthansa und vielen enthusiastischen Freiwilligen unter aktiven Besatzungen sowie pensionierten Technikern zu verdanken, dass das Andenken an dieses legendäre Flugzeug und die Begeisterung dafür lange danach auch im breiten Publikum über Jahrzehnte wachgehalten wurde. Es waren Lufthansa-Piloten, die in den 1980er-Jahren eine 1936 am Ursprungsort Dessau gebaute Ju 52/3m in den USA aufspürten, die ab April 1936 für die alte Lufthansa geflogen war mit dem Kennzeichen D-AQUI. Mit Unterstützung des Lufthansa-Vorstands wurde sie 1984 nach Deutschland überführt, aufwendig restauriert und stand zum 60. Jubiläum der Lufthansa 1986 wieder im Flugbetrieb für Rundflüge. Im Besitz der Lufthansa Berlin-Stiftung flog sie jeden Sommer Rundflüge in ganz Europa und kam 1990 dafür sogar in die USA zurück. 2015 wurde sie als erstes Verkehrsflugzeug als bewegliches Denkmal in Deutschland unter Denkmalschutz gestellt.

Das Ziel war, sie zum ersten Flugzeug zu machen, das hundert Jahre im Einsatz steht, also bis 2036. Dazu kam es leider nicht, im August 2018 endete die aktive Laufbahn der früheren D-AQUI vorzeitig. Man hatte unerwartet schwere Strukturmängel etwa an den Flügelholmen gefunden. Nahezu zeitgleich stürzte in den Alpen eine Schweizer Ju 52/3m auf einem Rundflug ab, allerdings nach Pilotenfehlern, obwohl auch das Wrack zuvor unentdeckte Strukturschäden aufwies. Beide Ereignisse führten nach 11.500 Flugstunden seit 1986 im April 2019 zur Stilllegung der historischen D-AQUI. Ab 2026 soll sie in einer gläsernen Halle neben der Lufthansa-Hauptverwaltung am Frankfurter Flughafen neben der Lockheed Super Star öffentlich ausgestellt werden.

■ **Die historische Ju 52 war auf Luftfahrtschauen ein gern gesehener Gast mit ihren Rundflügen.** [Spaeth]

■ **Im August 2015 wurde die Ju 52 in Hamburg offiziell zum „beweglichen Denkmal" ernannt.** [Spaeth]

13 Wichtige Passagierflugzeuge der neuen Lufthansa

Zu der Zeit, als die Entscheidung fallen musste, mit welchem Flugzeug die neue Lufthansa an den Start gehen sollte, waren schwierige Entscheidungen zu fällen. Aus technisch-operationeller Sicht, vor allem aber wegen der Finanzknappheit.

Das fing schon bei der Wahl des passenden Kurzstreckenflugzeugs an. Die viermotorige britische Vickers Viscount stand als erste Turboprop seit April 1953 bei BEA im Liniendienst und erschien damals als das technisch und vermutlich auch wirtschaftlich überlegene Muster. Aber die Convair-Flugzeuge kamen von einem etablierten Hersteller, und die amerikanischen Standards des Produktsupports waren denen der vergleichsweise unerfahrenen Briten überlegen. Daher wählte Lufthansa den konservativen Ansatz und entschied sich für vier werksneue **Convair CV-340**, die im November 1953 bestellt wurden, Bestellwert zehn Millionen DM und Zahlung in 36 Monatsraten. Nach endlich erteilter Exportgenehmigung kam als erste die D-ACAD im August 1954 nach Deutschland. Besonderes Merkmal war die vorn eingebaute bordeigene Treppe, zum Öffnen der vorderen Tür fuhr das elegante Halbrund des Rumpfes nach oben wie eine Flügeltür. 44 Passagiere konnten mit der CV-340 bei knapp 500 km/h Reisegeschwindigkeit gerade mal rund 1100 km weit fliegen.

■ Eine Lufthansa Convair CV-340 im Schnee von München-Riem in den 1950er-Jahren. [Flughafen München]

Das erste Aushängeschild der neuen Lufthansa aber waren ihre acht **Lockheed L-1049G Super Constellation**, das ikonische Langstreckenflugzeuge konnte sich gegen den konkurrierenden Marktführer Douglas DC-6 durchsetzen, vor allem weil Lockheed ihre sich mäßig verkaufende „Super Connie“ zu weitaus besseren Finanzierungsbedin-

■ Bis 1960 hatte Lufthansa drei Douglas DC-3 (umgebaute C-47-Militärfrachter) auf Kurzstrecken im Einsatz. [LH]

■ Für Frachtflüge setzte Lufthansa 1958/59 und von 1965–1979 je eine Douglas DC-4 ein. [Archiv Spaeth]

gungen anbot als die erfolgsverwöhnten Douglas-Werke. Ein weiterer Aspekt war, dass Lockheed dem exzentrischen Multimillionär Howard Hughes ebenso gehörte wie TWA. Und die hatte sich bereit erklärt, um sie zunächst zu fliegen bis zu 20 TWA-Kapitäne nach Deutschland zu schicken und Lufthansa-Piloten auszubilden – gegen fürstliches Salär, versteht sich. Als erste Super Connie wurde am 29. März 1955 die D-ALAK ausgeliefert – die tragischerweise dann als erstes Flugzeug der neuen Lufthansa bereits am 11. Januar 1959 in Rio de Janeiro abstürzte. Trotzdem war die elegante Super Connie damals ein hervorragendes Flugzeug, das den Anspruch der Lufthansa unterstrich, auf dem Weltmarkt wieder eine bedeutende Rolle zu spielen. Bis zu 86 Passagiere konnten damit bei einer gemächlichen Reisegeschwindigkeit von 450 km/h ja nach Nutzlast bis zu 5300 Kilometer weit fliegen (siehe Exkurs zur Super Constellation).

Schon 1957 wurden dann jeweils verbesserte Versionen beider Anfangsmuster geliefert: Die **Convair CV-440 Metropolitan** mit gesteigerter Leistung und einer Kapazität von jetzt 50 Passagieren, insgesamt sieben CV-440. Bis 1958 wurden vier im Vergleich zur Super Connie verlängerte und leistungsstärkere **Lockheed L1649A Starliner** (bei Lufthansa „Super Star" genannt) geliefert, die jetzt mit 510 km/h Reisegeschwindigkeit je nach Nutzlast über 8000 Kilometer Reichweite aufwiesen und bei Lufthansa vor allem für Luxusdienste genutzt wurden, ehe ihnen durch die bald beginnende Jet-Ära der Rang abgelaufen wurde.

Ab 1958 setzte dann Lufthansa doch noch auf insgesamt elf Exemplare einer inzwischen verbesserten Version der **Vickers Viscount 814-D**, die ein sehr erfolgreicher Airliner geworden war. Die Einstiegstür war nun rechteckig statt oval, die ebenfalls ovalen Fenster der viermotorigen Turboprop aber blieben eines ihrer wichtigen Merkmale. Das helle Jaulen ihrer vier Rolls-Royce Dart Propellerturbinen allerdings auch. „Für die Lufthansa war es das erste und einzige Turboprop-Flugzeug, das erste und einzige Flugzeug englischen Fabrikats und das erste und vorläufig einzige Flugzeug, das durch sein infernalisches Heulen die Gehörnerven von Passagieren, Vorfeldangestellten und Besatzungen strapazierte und schädigte", erinnert sich Rudolf Braunburg. Sie wurde auf den längeren Europastrecken eingesetzt, die großen, tief angeordneten Fenster erlaubten ungehinderten Ausblick auf die Landschaft, „das machte sie bei den Passagieren beliebt. In Steigleistung und Geschwindigkeit übertraf sie die Convair Metropolitan bei weitem", so Braunburg. Lufthansa betrieb sie mit nur 54 Sitzen in zwei Klassen (64 Plätze wären möglich gewesen), mit rund 540 km/h Reisegeschwindigkeit konnte sie etwa 1800 Kilometer weit fliegen.

Obwohl die Super Star mit ihrem extrem luxuriösen Angebot an Bord ein Gegengewicht setzen sollte, so war die Jet-Ära doch unausweichlich auf dem Vormarsch. Es zeichnete sich ab, dass Propellerflugzeuge, egal ob mit Kolben-

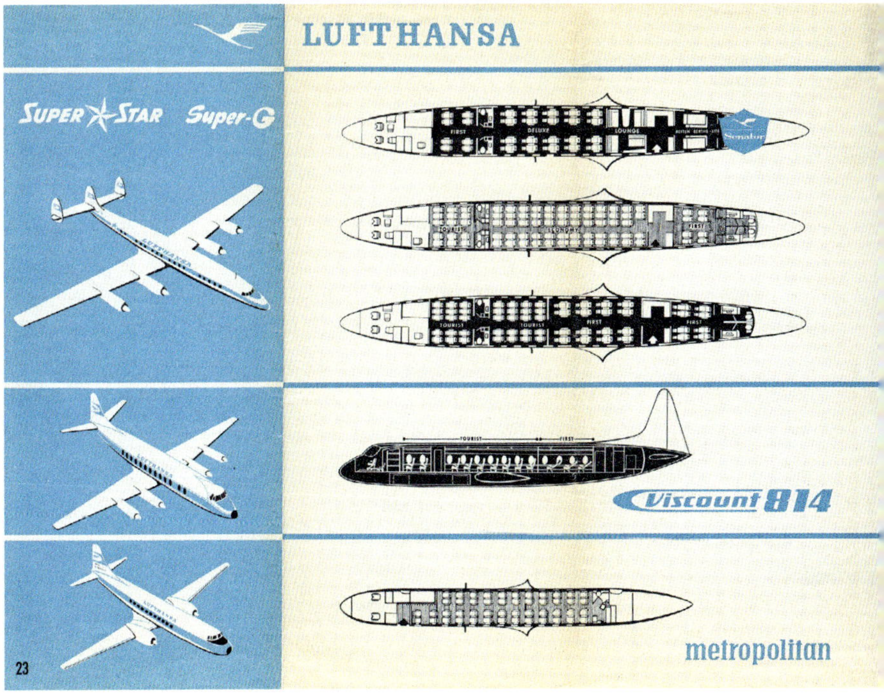

Die drei Flugzeugtypen, mit denen die Lufthansa nach ihrem Neuanfang unterwegs war. Interessant die verschiedenen Versionen der Super Constellation. [LH]

■ Ab 1960 ging es mit der Boeing 707 erstmals im Jet auf Langstrecken. [LH]

■ Eine Boeing 727-130 in London-Heathrow 1974, zehn Jahre nach ihrer Einführung. [Carl Ford]

oder Turbopropmotoren, im Wettbewerb bald nicht mehr würden bestehen können. Am 23. Januar 1957 bestellte Lufthansa daher fünf **Boeing 707-430** mit Rolls-Royce Conway-Triebwerken. Die erste, D-ABOB, wurde am 24. Februar 1960 ausgeliefert, am 17. März 1960 begann der Liniendienst und damit das Jet-Zeitalter auf der Strecke Frankfurt-New York. Die Boeing 707 war das erfolgreichste Flugzeug der ersten Jetliner-Generation und ein absoluter Quantensprung im Vergleich zu allem, was vorher gewesen war. Rund 400 km/h schneller als die zuvor eingesetzten Propellerflugzeuge, was meist eine Halbierung der Flugzeit bedeutete, dabei war ihre Passagierkapazität im Schnitt doppelt so groß. Unterm Strich waren sie damit dreimal so produktiv wie die Flugzeuge, die sie ersetzten. Das brachte das Problem mit sich, dass die 144 Passagiere fassende 707 oft zu groß war für die Nachfrage, bei Lufthansa etwa nach Südamerika.

Die von Boeing angebotene Lösung war die verkürzte **Boeing 720**, die die gleiche Reichweite besaß, aber bei Lufthansa nur 106 Plätze bot. In den Jahren 1961/62 erhielt Lufthansa insgesamt acht davon, zwei davon stürzten allerdings wegen waghalsiger Manöver der Piloten bei Trainingsflügen in Deutschland ab. Hier spielte offensichtlich die noch mangelhafte Beherrschung und Einschätzung der Flugeigenschaften von Jets eine beherrschende Rolle. Die erfolgreichste Version der Boeing 707 war die mit Pratt & Whitney JT3D-3B-Triebwerken ausgerüstete **Boeing 707-330B**, die je nach Nutzlast bis zu 9300 km/h weit fliegen konnte. Die erste von zwölf der Vierstrahler kam im März 1963, mit der 707-330B wurde 1964 die Polroute via Alaska nach Tokio eingeführt und 1965 die ersten Flüge nach Sydney in Australien (siehe auch Exkurs Boeing 707).

Bis Mitte der 1960er Jahre war damit die Weltkarte der Lufthansa nahezu komplett, jetzt lag der Fokus darauf, auch auf Kurz- und Mittelstrecken die Einführung der Jet-Ära umzusetzen. Der erste entscheidende Meilenstein dafür war die Einführung der neuen Boeing 727, eines dreistrahligen Kurz- und Mittelstreckenjets, der die Bugnase und den Rumpfquerschnitt von der 707 übernahm. Die 727 sollte sich schnell als riesiger Erfolg erweisen. Im Februar 1961 bestellte Lufthansa zwölf **Boeing 727-30**, die ersten wurden am 12. April 1964 in den Liniendienst eingeführt und hießen bei Lufthansa Europa Jets. Damals „konnte man zwar hoffen, aber noch nicht wissen, dass die Boeing 727 das fliegerisch eleganteste und begeisterndste Flugzeug der Lufthansa-Flotte werden würde“, schrieb Rudolf Braunburg. „Hier hatte der Pilot noch das Gefühl des unmittelbaren Steuerns. Sie war sensibel und feinfühlig wie ein arabisches Reitpferd; und sie erlaubte Flugmanöver wie kein anderes Flugzeug.“ Lufthansa-Chefpilot Rudolf Mayr saß schon im Juni 1963 erstmals am Steuerknüppel und staunte: „Trotz ihrer 70 Tonnen Gewicht fliegt sich die Boeing 727 fast so leicht wie ein Sportflugzeug. Kurven kann man mit zwei Fingern fliegen“, so Mayr. Vor allem die sensationellen Landeeigenschaften taten es den Piloten an, kaum 450 Meter nach dem Aufsetzen stand die 727 schon. Fazit von Chefpilot Mayr: „Im Lufthansa-Streckennetz gibt es keinen Flughafen, den wir mit dem neuen Jet nicht bedienen können. Und wer die Convair fliegt, kann auch die 727 fliegen.“ Eine typische Route wegen des Aufenthalts in der damals lebendigsten Stadt des Nahen Ostens war Frankfurt–München–Athen–Istanbul–Beirut. An bestimmten Tagen ging die Strecke noch weiter über Bagdad bis Teheran.

Noch im Jahr der Betriebsaufnahme 1964, bestellte Lufthansa elf weitere 727 des neuen Typs **Boeing 727-30QC**, die ab Anfang 1967 geliefert wurden. QC steht für „Quick Change“, Sitze und Bordküchen waren auf Paletten montiert, auf denen man sie leicht von Bord entfernen konnte. Innerhalb von nur 25 Minuten ließ sich so vom Tageseinsatz der 727 als Passagierflugzeug auf den Nachteinsatz als Frachter umstellen. Der 19 Meter lange Innenraum konnte acht Frachtpaletten aufnehmen, beladen wurde durch die große Frachttür vor der linken Tragfläche. Der Weltluftverkehr boomte und die Boeing 727 entwickelte sich zum bestverkauften Jet, ab 1967 bot der Hersteller die um 6,10 Meter verlängerte **Boeing 727-200** an, Lufthansa bestellte zunächst vier. Sie konnte bis zu 158 Passagiere auf Strecke von über 3400 Kilometern transportieren. Insgesamt 61 Boeing 727 kamen bei Lufthansa zwischen 1964 und 1992 zum Einsatz.

Als noch revolutionärer und langlebiger erwies sich der maßgeblich von Lufthansa mit angestoßene und entwickelte Kurzstreckenjet aus Seattle. Bereits im Februar 1965 wurde die Lufthansa zum Erstbesteller des neuen Musters und orderte 21 **Boeing 737-100**. Bei Erscheinen dieses Buches 2024 war das Ende der 737-Saga noch lange nicht absehbar. Trotz zweier Abstürze und eines langen Groundings ab 2019 bleibt die neueste Version 737 MAX ein Verkaufsschlager, der auf das Urmodell zurückgeht, bei dem Lufthansa vor rund 60 Jahren Pate stand. Am 10. Februar 1968 kam die 737 bei Lufthansa als erstem Betreiber der Welt zum Einsatz. Bis zum Ausscheiden der letzten 737 im Oktober 2016 hatte Lufthansa insgesamt 155 Flugzeuge der Baureihen -100 bis -500 in ihrer Flotte betrieben, 146 davon wurden direkt an sie ausgeliefert. Die größten Teillotten stellten die Versionen **Boeing 737-200** (47 Stück seit 1970) und **Boeing 737-300** (46 Stück seit 1990). Rund 65 Prozent der Elemente, die in der 737 verbaut waren, hatten zuvor bei der 707 und 727 Verwendung gefunden, was sich wiederum positiv auf die Kosten für Lagerhaltung von Ersatzteilen oder die Schulung von Besatzungen und Mechanikern auswirkte. Fanden anfangs gerade hundert Passagiere in zwei Klassen darin Platz, waren es bis zur Ausmusterung 127 in der Boeing 737-300 (siehe Exkurs Boeing 737).

Bei Einführung der Boeing 707 zuerst durch Pan American 1958 dauerte es noch rund anderthalb Jahre, bis die Europäer nachzogen und auch Lufthansa den ersten Vierstrahler im Einsatz hatte. Als in der zweiten Hälfte der 1960er Jahre der nächste Quantensprung anstand, waren sowohl transatlantische Dominanz als auch zeitlicher Vorsprung der Amerikaner stark geschrumpft. Nur drei Monate nachdem Pan Am im Januar 1970 den weltweit ersten Jumbo Jet in den Liniendienst stellte, zogen Lufthansa und andere Europäer nach. Ab dem 26. April 1970 brachte die Lufthansa ihre erste **Boeing 747-130** D-ABYA auf der Strecke Frankfurt-New York in den Dienst. In der Kabine war Platz für 28 First Class-Passagiere, die Economy Class fasste 333 Flug-

Die Boeing 737-100, ab 1968 eingesetzt, war ausgelegt für schnelle Umkehrzeiten mit eigener Bordtreppe anfangs vorn, später hinten. [Dirk Grothe]

Die Einführung der Boeing 747 ab 1970 brachte mit dem Beginn der Ära der Großraumflugzeuge völlig neue Maßstäbe. [LH]

gäste, eine, nie zuvor bei einem Verkehrsflugzeug erreichte Größenordnung. Bereits ein Jahr später, im Mai 1971, kam die erste **Boeing 747-230** mit gesteigerter Reichweite (jetzt bis zu 10.300 Kilometer bei nicht ganz voller Nutzlast, 1000 Kilometer mehr als die 747-100), erst 1987 die letzte dieser Baureihe, von der Lufthansa insgesamt 26 betrieb bis 2004.

Statt sich auf Boeings halbherzig modernisierte 747-300 mit verlängertem Oberdeck einzulassen, drängte Lufthansa auf eine umfassend modernisierte neue Version, woraus dann die Boeing 747-400 wurde, deren erste D-ABVA im Mai 1989 zur Kranichflotte stieß. Im Laufe der Jahre erhielt Lufthansa bis 2002 insgesamt 31 747-400 mit zumeist 330 Sitzen in drei Klassen. Von dieser mit Abstand am stärksten genutzten Variante standen im Sommer 2024 immer noch sieben im Einsatz. Geburtshelfer und größter Abnehmer war die Lufthansa wiederum bei der letzten Variante des legendären Jumbo Jets, der **Boeing 747-8**, von der sie seit Juni 2012 insgesamt 19 Stück betreibt. Erstmals wurden hier Triebwerkstechnologie und Tragflächenarchitektur der Boeing 787 übernommen (siehe Exkurs Boeing 747).

Bereits Ende der 1960er Jahre war absehbar, dass Lufthansa wie viele andere Airlines ein weiteres Großraumflugzeug benötigen würden, um die Lücke zwischen der Boeing 707 und der Boeing 747 zu schließen. Zur Auswahl standen zwei amerikanische Dreistrahler, die sich relativ ähnlich sahen, die Lockheed L1011 TriStar und die McDonnell Douglas DC-10. Für letztere entschied sich Lufthansa und bestellte im September 1970 zunächst vier **McDonnell Douglas DC-10-30**. Sie wiesen bei einem nur für Passagiere (und nicht wie anfangs hinten für Fracht) genutzten Hauptdeck 265 Sitze in zwei Klassen auf, die mit halber Nutzlast über 10.000 Kilometer weit fliegen konnten. Der erste Flug mit einem Langstreckenjet nicht von Boeing fand am 14. Januar 1974 von Frankfurt nach Tokio statt. Fernost und Südamerika waren die primären Zielorte der Dreistrahler, von denen Lufthansa insgesamt 14 bestellte, davon aber drei dauerhaft an Condor vercharterte, ihre damalige Ferienflugtochter. Nach 20 Jahren verabschiedete sich Lufthansa 1994 von der DC-10.

Zu Beginn der 1970er Jahre schienen die unaufhörlich steigenden Fluggastzahlen auch nach Großraumgerät für Kurz- und Mittelstrecken zu verlangen. Doch so etwas gab es auf dem Markt nicht, und hier witterten erstmals die Europäer ihre Chance. Mehrere europäische Länder, darunter die Bundesrepublik, hatten mit ihren Flugzeugbauunternehmen 1970 das Airbus-Konsortium gegründet, deren erstes Konzept genau ein solches Flugzeug war. „Der Airbus war in Angriff genommen worden, als sich hinsichtlich des zukünftigen Kurz- und Mittelstreckenflugzeugs ziemliche Ratlosigkeit einstellte. Weder Douglas noch Boeing hatten einen praktikablen Entwurf anzubieten, da witterten die Europäer ihre einmalige Chance“, schreibt Rudolf Braunburg. Im Juni 1975 hatte Lufthansa eine Bestellung über drei der zweistrahligen Airbus-A300-Großraumjets aufgegeben. „Damit bestellte die Lufthansa erstmals nach dem Krieg ein Flugzeug, an dessen Herstellung deutsche Firmen wesentlich beteiligt waren“, so Braunburg.

Ab dem 1. April 1976 setzte Lufthansa ihre **Airbus A300B2**-Jets auf innerdeutschen Strecken und Rennstrecken zwischen Frankfurt und europäischen Hauptstädten ein. An Bord fanden damals in zwei Klassen 249 Passagiere Platz, ein Quantensprung auf kurzen Flügen. Die schubstarken und damals als umweltfreundlich geltenden CF6-50-Triebwerke, wie sie auch die DC-10 nutzte, erzeugten beim Start im Vergleich zum Donnervogel Boeing 707 den höchsten Lärmpegel nur auf einem Achtzehntel der Fläche. Bis Mai 1987 erhielt Lufthansa sechs Airbus A300B2 und fünf **Airbus A300B4** mit einer bei voller Nutzlast auf 2500 Kilometer verdoppelten Reichweite, die letzte verließ die Flotte Anfang 1988. Im März 1987 bekam Lufthansa den ersten verbesserten **Airbus A300-600**, der mit voller Nutzlast bis zu 4300 Kilometer weit fliegen konnte. Für Flüge auf Kurzstrecken verfügt die A300-600 über 270 Sitze in Einheitsbestuhlung, während sie auf Langstrecken nach Afrika oder in den Mittleren Osten in einer Dreiklassen-Variante fliegt mit 10 First-, 54 Business- und 136 Economy-Sitzen. Die letzten verlassen die Flotte im Juli 2009.

Da die A300 für viele Strecken zu groß war, wünschten die Airlines eine verkürzte Version, Lufthansa und Swissair waren vorn dabei, Airbus ihren Anforderungskatalog zu präsentieren und Orders in Aussicht zu stellen. Schnell war klar, dass es mit einer bloßen Schrumpfung der A300 nicht getan sein würde. „So schufen die Konstrukteure schließlich mit dem **Airbus A310** ein komplett neues Flugzeug einer höchst fortschrittlichen Generation, die den A300 in den Schatten stellt", schreibt Erich Heimann, und nennt die A310 „ein revolutionierendes Flugzeug." In der Tat weist das im Vergleich zum Basismodell um 17% kleinere Flugzeug vor allem mit seinen aerodynamisch günstigen transsonischen Flügeln und dem ersten digitalisierten (und anfangs von den Piloten bekämpften) Zweimann-Cockpit wesentliche Neuerungen auf, die später Standard werden sollten. Vor allem in Sachen Umweltfreundlichkeit – die A310-200 verbrauchte nicht zuletzt wegen ihrer vorteilhaften Flügel fast ein Fünftel Treibstoff weniger als die A300, allein die General Electric CF6-80A3-Triebwerke sparten im Vergleich sechs Prozent Sprit. Im April 1979 bestellte Lufthansa 25 A310, der erste Liniendienst mit dem **Airbus A310-200** fand im April 1983 statt, zwölf Maschinen dieser Version kamen in die Flotte.

Anfangs war sie mit 207 Sitzen in zwei Klassen ausgestattet. Voll beladen schaffte sie rund 1800 Kilometer, mit wenig Nutzlast rund 7000. Im Dezember 1988 stellte Lufthansa den ersten **Airbus A310-300** in Dienst. Diese weiterentwickelte Version wies eine weitere revolutionäre Neuerung auf, die ebenfalls Standard werden sollte: Ein Trimmtank im Heck, der fast fünf Tonnen Sprit aufnahm, durch ein Transfersystem ließ sich im Flug der Treibstoff umpumpen und damit jeweils die beste Schwerpunktlage einnehmen, was durch geringeren Widerstand wiederum Kerosin spart. Dank des Zusatztanks ließ sich je nach Nutzlast die Reichweite auf bis über 9000 Kilometer erhöhen, was die A310-300 langstreckentauglich machte. Und in der Tat wurde sie bald auch bei Lufthansa vor allem zu einem Standardflugzeug auf kürzeren Transatlantikstrecken wie nach Montréal oder Philadelphia. Dabei gab es eine Kurz- und Mittelstreckenversion mit 222 einheitlichen Sitzen sowie eine Langstreckenvariante mit 12 First-, 40 Business- und 117 Economy-Sitzen. Insgesamt flogen zwölf A310-300 bei Lufthansa, die letzte verließ die Flotte 2004.

Schon zeichnete sich die nächste Revolution beim aufstrebenden Airbus-Konsortium ab, die auf die Erfahrungen mit der A310 aufbauten. Die Europäer als Neulinge wollten da-

Ab 1976 hielt Großraumkomfort bei Lufthansa mit der A300 auch auf Kurz- und Mittelstrecken Einzug. [Dirk Grothe]

Seit 1989 erhielt die Lufthansa bisher 135 Airbus A320, hier eine mit Sharklets nachgerüstete Maschine. [Dirk Grothe]

mals den Platzhirschen Boeing mit revolutionärer Technik ausstechen, doch dann manövrierte sie genau diese Innovation beinahe ins Abseits. Die Technik war so fortschrittlich, dass viele Piloten zunächst nicht mitkamen, zumal Airbus meinte, ihnen lieber nicht alle technischen Finessen überhaupt offenbaren zu müssen. Es ging um das neue Kurz- und Mittelstreckenflugzeug **Airbus A320**, das Lufthansa bereits 1985 bestellt hatte, vor allem um die Boeing 727 zu ersetzen. Erstmals überhaupt hatte ein Verkehrsflugzeug im Cockpit keine Steuerknüppel mehr, sondern die beiden Piloten gaben ihre Inputs nun mit kleinen, seitlich angebrachten Sidesticks.

Das brachte der A320 damals schnell den Beinamen „Atari-Flieger“ ein, nach dem zu jener Zeit beliebten Computer-Einstiegsmodell, das für Spiele oft genutzt wurde mit einem Joystick. Fürs bloße Auge in der A320 nicht sichtbar war die revolutionäre Technologie dahinter – etwa die sogenannte Fly-by-Wire-Steuerung. Erstmals gab es dabei keine Steuerseile mehr, durch die aus dem Cockpit hydraulisch Ruder und Klappen bedient wurden. Das geschah nun durch elektronische Impulse, die über Kabel übertragen wurden. Genauso epochal waren die automatischen Schutzfunktionen des Flugzeugs, die Computer verhinderten die Eingabe extremer, potenziell gefährlicher Kommandos. Dieser sogenannte Flight Envelope legt die Flugbereichsgrenzen fest.

Mit anderen Worten: Die Piloten waren oft nicht mehr Herren des Geschehens, stattdessen übernahmen unsichtbare und oft undurchschaubare Automatismen Teile ihrer Aufgaben. Faszinierend und beängstigend zugleich, Manifest des alten Konflikts zwischen Mensch und Maschine. Airbus hatte stets den Eindruck vermittelt, die A320 sei kinderleicht zu fliegen, im Wesentlichen computergesteuert, Piloten nähmen nur noch eine Art Überwachungsfunktion ein. Im April 1988 feierte die A320 Linienpremiere bei Air France, schon im Juni 1988 gab es im Elsass den ersten A320-Absturz, weil die Piloten das neue Flugzeug falsch eingeschätzt hatten. Es sollte nicht der letzte bleiben. Am 16. Oktober 1989 erhielt Lufthansa ihre erste A320 D-AIPA, die fast exakt 30 Jahre betrieben wurde und am 29. Mai 2019 ihren letzten Linienflug für den Kranich absolvierte.

Lufthansa stattet ihre A320-200 mit 144 Sitzen in Einheitsbestuhlung aus, bis Sommer 2024 hat sie insgesamt hundert des Basismodells in ihrer Flotte gehabt, im Juli 2024 waren es noch 49 im aktiven Dienst. Seit dem 25. Januar 2016 ist die stark modernisierte Version Airbus A320neo bei

Seit 1994 erhielt Lufthansa bisher über 80 Airbus A321, hier der „Mannschaftsflieger“ für das DFB-Team zur Fußball-WM 2018 in Russland. [Dirk Grothe]

Lufthansa im Liniendienst, die sie als erste Airline der Welt einsetzte. Mit ihren neuen, größeren Getriebefan-Triebwerken und sogenannten Sharklets, längeren hochgebogenen Flügelspitzen, ist die A320neo bis zu 20% verbrauchseffizienter als das Vorgängermodell. 35 A320neo standen im Juli 2024 in der Lufthansa-Flotte, weitere 38 waren bestellt, wobei manche davon zu Tochtergesellschaften gehen.

Am 27. Januar 1994 erhielt Lufthansa die erste gestreckte Variante der A320-Familie, den anfangs ausschließlich in Hamburg endmontierten **Airbus A321-100** mit damals bis zu 182 Sitzen. Das um 6,93 Meter verlängerte Flugzeug hatte zunächst eine geringere Reichweite als die A320. Im September 1999 erhielt die Gesellschaft dann ihren ersten **Airbus A321-200**, der dank Zusatztanks und schubstärkerer Triebwerke fast 6000 Kilometer zurücklegen kann. Ab September 2019 kam dann die neueste Version **Airbus A321neo** zur Lufthansa mit höherem Startgewicht, die bis zu 7400 Kilometer weit kommt und dank neuer, dünnerer Sitze bis zu 215 Passagiere befördern kann. Insgesamt hat Lufthansa bisher 82 A321 betrieben, im Juli 2024 waren 64 davon aktiv: 13 A321neo (27 weitere sind bestellt), 16 A321-100 und 35 A321-200.

Seit Juli 1996 betreibt Lufthansa als damals zweite Airline der Welt nach Swissair die um 3,73 Meter kürzere Version **Airbus A319**, anfangs mit 126 Sitzen auf Inlandsstrecken bzw. maximal 122 auf Europarouten, heute weist die Bestuhlung 138 Plätze auf. Ihre Reichweite liegt bei bis zu 6660 Kilometer. Insgesamt 53 A319 gab es in der Lufthansa-Flotte, im Juli 2024 waren es noch 23 aktive. Seit Produktionsbeginn wurde sie anfangs jahrelang nur im Airbus-Werk in Hamburg-Finkenwerder endmontiert.

Bereits seit Januar 1993 war bei Lufthansa eine neue Ära der Langstreckenfliegerei angebrochen, mit der Lieferung des ersten **Airbus A340-200** D-AIBA. Erstmals stand ein vierstrahliger Langstreckenjet aus Europa zur Verfügung, die A340 übernahm den Rumpfquerschnitt der A300 und verfügte über vier CFM-56-Turbofan-Triebwerke. Von der A320 wurde das digitale sogenannte Glascockpit übernommen, was die hohe Kommunalität für Piloten unter den unterschiedlichen Airbus-Typen begründete. Das Anfangsmodell verfügte bei Lufthansa über 228 Sitze in drei Klassen und eine Reichweite von 12.400 Kilometern. Schon im Dezember 1993 kam der erste **Airbus A340-300** zur Flotte, der noch fast vier Meter länger war und 260 Passagiere sogar 13.500 Kilometer weit fliegen konnte. Typische A340-Routen führten in die USA, nach Indien oder Brasilien. Im Dezember 2003 kam dann die letzte Variante zur Lufthansa, der **Airbus A340-600**, die gegenüber der A340-200 um immense 16 Meter länger war und statt der etwas schwächlichen CFM-56 jetzt über vier mächtige Rolls-Royce Trent 556-Turbofans verfügte. Bei Lufthansa flog sie mit 335 Sitzen in zwei Klassen, heute mit 281 Sitzen vier Klassen. Besonderheit waren die über eine Treppe am Ende der vorderen Economy-Kabine erreichbaren Toiletten im Unterdeck. Typische Strecken waren lang, aber hatten nicht das größte Passagiervolumen, zum Beispiel von Frankfurt nach Denver, Sao Paulo oder Santiago de Chile. Lufthansa hatte insgesamt 69 A340 in ihrer Flotte, im Juli 2024 waren noch 27 aktiv, davon flog die Gesellschaft als einer der letzten Betreiber 17 A340-300, außerdem zehn A340-600.

■ Nur fünf der insgesamt 24 seit 2002 ausgelieferten Airbus A330 gehörten zur Version A330-200 wie auf diesem Bild. [Spaeth]

Für die A330, die zweistrahlige Variante der Airbus-Langstreckenflugzeuge, gehörte Lufthansa nicht zu den Erstbestellern, sondern führte sie erst sechs Jahre nach ihrer Premiere ein mit gebrauchten Flugzeugen. Im Oktober 2002 kam mit der D-AIMA (später auch Kennzeichen der ersten A380) der erste **Airbus A330-200** zur Lufthansa, die mit 246 Sitzen über 13.000 Kilometer weit fliegen konnte. Schon anderthalb Jahre später, im März 2004, folgte ihr der um fast fünf Meter verlängerte **Airbus A330-300**, bei Luft-

Insgesamt 31 der seit 1993 an die Lufthansa gelieferten Airbus A340 der frühen Baureihen entfielen auf die A340-300, nur acht auf die -200. [Joachim Schreiber]

hansa mit 221 Sitzen (heute 255) in drei Klassen ausgestattet, der über 11.000 Kilometer Distanz bewältigt. Typische Routen gehen in den Mittleren Osten oder in die USA, insgesamt 25 A330 gehörten zur Flotte. Im Juli 2024 waren noch neun A330-300 aktiv.

Mit mehr als drei Jahren Verspätung begann bei Lufthansa im Mai 2010 die Ära der Superjumbos, als der erste **Airbus A380** ausgeliefert wurde, das größte Verkehrsflugzeug der Welt. Aufgrund der langen Verzögerung, in der die vorher definierte Kabine nicht mehr geändert werde konnte, waren viele Passagiere enttäuscht, dass das Produkt nicht mehr Verbesserungen bot. So waren in Business Class weiterhin Sitze mit geneigten Liegeflächen installiert, anders als bei vielen Konkurrenten, die bereits vollkommen ebene Bettsitze anboten. Mit insgesamt 526 Sitzen in drei Klassen auf beiden Decks hatte Lufthansa ihre A380 auch im Vergleich sehr dicht bestuhlt, bot also keinen Raum für A380-typische Neuheiten wie eine Bordbar, eine Lounge im Oberdeck oder andere Annehmlichkeiten in diesem Riesenflugzeug. Einzige Innovation an Bord war die neue First Class vorn im Oberdeck mit acht Sitzen in 1-2-1-Anordnung, inklusive neuer Trittschalldämmung, schallschluckenden Vorhängen und erstmals Urinalen in der First Class-Toilette.

So warb Lufthansa 2010 für ihren ersten Airbus A380. [Archiv Spaeth]

Mit Einbau der neuen Premium Economy Class sank die Gesamtzahl der Sitze auf 509. Typische A380-Ziele sind etwa Miami, New York, Delhi, Bangkok oder Singapur, Strecken, wo entweder hohes Aufkommen herrscht oder wegen beschränkter Verkehrsrechte nicht mehr Frequenzen angeboten werden können. Bis 2015 wurden alle 14 bestellten A380 an Lufthansa ausgeliefert und während der Corona-Pandemie alle stillgelegt. Lufthansa verkündete mehrfach, keine A380 würde in die Flotte zurückkehren. Das änderte sich durch die plötzlich zurückkehrende große Passagiernachfrage im April 2023, als die erste von sieben der Lufthansa verbliebenen A380 reaktiviert wurde, bis Juni 2023 sind alle sieben wieder im Einsatz. Sie erhalten bald auch eine teilweise erneuerte Kabine und sollen nun noch bis Ende des Jahrzehnts im Einsatz bleiben.

Die für längere Zeit letzte große Neueinführung eines Airbus-Flugzeugs fand ab Dezember 2016 statt, als der erste **Airbus A350-900** die Flotte verstärkte. Der erste Airbus, der weitgehend aus Karbonfaser statt aus Aluminium besteht, weist auch erstmals einen breiteren Rumpfquerschnitt auf im Vergleich zu den früheren Großraum-Airbussen. In der A350, die auch A350XWB für „Extra Wide Body" heißt, finden erstmals neun und zunehmend sogar zehn Passagiere je Reihe in Economy Class Platz. Lufthansa bietet verschiedene Kabinen mit drei (inklusive Premium Economy Class) und vier Klassen (inklusive First in der neuen Allegris-Kabine) an, die Sitzzahl insgesamt beträgt zwischen 267 und 339 Plätzen. Im Juli 2024 hatte Lufthansa 25 A350-900 im Dienst, die je nach Nutzlast und Wind bis zu 15.000 Kilometer Distanz bewältigen. Während der Corona-Pandemie absolvierte eine A350 der Lufthansa mit 92 Passagieren einen Nonstop-Flug von Hamburg auf die Falkland-Inseln. Die Entfernung von 13.700 Kilometern wurde in 15 Stunden und 36 Minuten bewältigt. Ab 2026 wird Lufthansa auch zehn der größeren Airbus A350-1000 erhalten, die um sieben Meter verlängert sind und mit 73,79 Meter das längste noch produzierte Verkehrsflugzeug ist. In der Mehrklassenkabine können rund 370 Passagiere über 16.000 Kilometer weit reisen.

Auch neue Boeing-Langstreckenflugzeuge hat Lufthansa seit langem bestellt, doch anhaltende Lieferschwierigkeiten beim Hersteller aus Seattle haben dazu geführt, dass sich ihr Einsatz um bis zu sechs Jahre verzögert. Das ist vor allem bei der **Boeing 777-9** der Fall, von der Lufthansa als Erstkunde im September 2013 insgesamt 20 Stück zur Lieferung ab 2020 bestellt hatte. Stand Sommer 2025 werden die ersten 777-9 bei Lufthansa nicht vor Ende 2026 die Flotte verstärken. An Bord werden rund 350 Passagiere in vier Klassen Platz haben, die damit rund 13.500 Kilometer weit fliegen können. Besonderheit sind die am Boden aus Platzgründen hochklappenden Flügelspitzen. Die 777-9 ist mit 76,73 Metern nur sechs Zentimeter kürzer als die A350-1000. Ende 2024 stockte Lufthansa ihre Bestellung für den größten Airbus A350-1000 von zehn auf 15 auf, die Auslieferung steht nicht vor 2027 an.

Schon im März 2019 hatte Lufthansa auch 20 **Boeing 787-9** bestellt, damals zur Lieferung ab 2022, in dem Jahr wurde die Order auf 32 Dreamliner aufgestockt, allerdings werden diese auch auf andere Tochtergesellschaften verteilt. Obwohl Lufthansas eigene 787 durch die Verzögerungen nun erst ab 2025 geliefert werden, kann die Gesellschaft durch einen Kunstgriff doch schon seit August 2022 mit der D-ABPA ihre Passagiere in Dreamlinern befördern. Sie übernahm dafür fünf 787 von Boeing, die von ihren ursprünglichen Auftraggebern, der chinesischen Hainan Airlines, nicht abgenommen worden waren. Deren Kabine verblieb an Bord, in drei Klassen befördern sie 294 Passagiere. Die späteren 787, die mit Lufthansas Allegris-Kabine fliegen werden, fassen 287 Fluggäste, die darin bis zu 14.000 Kilometer weit fliegen können. Wegen anhaltender Verzögerungen bei der Zulassung der neuen Business-Sitze ging Lufthansa davon aus, 2025 erst wenige Exemplare betreiben zu können.

Zum Ende der 2020er Jahre wird die Flotte an Langstreckenflugzeugen der Kernmarke Lufthansa Passage nur noch aus den Airbus-Jets A350-900 und -1000, A380 sowie den Boeing-Typen 787-9, 777-9 und 787-8I bestehen. Bis dahin sollen alle Airbus A330-300, A340-300 und -600 sowie die Boeing 747-400 nicht mehr den Kranich am Heck tragen. Als nächstes steht dann für die A380 der finale Abschied an.

Im August 2022 landet die erste Boeing 787-9 der Lufthansa in Frankfurt. [Dirk Grothe]

13 Wichtige Passagierflugzeuge der neuen Lufthansa

Boeing 747-8

Boeing 747-400

Airbus A319

Airbus A320

Airbus A320neo

Airbus A321

Airbus A321neo

Airbus A330

Airbus A340-600

Airbus A340-300

Airbus A380

Airbus A350

Embraer E195

Embraer E190

Bombardier CRJ900

Flottenübersicht der Lufthansa 2022 vor Ankunft der ersten Boeing 787. [Lufthansa]

Exkurs

Lockheed Super Constellation und Super Star

Lufthansas erste Königin der Lüfte

Das Urteil des Lufthansa-Aufsichtsrats bei seiner Sitzung vom 23. März 1953 fiel eindeutig aus, nachdem die Herren akribisch die beiden für den Neustart der deutschen Airline infrage kommenden Langstreckenflugzeuge verglichen hatten: „Es ist unsere Auffassung, dass die Douglas DC-6B für den zügigen Aufbau das geeignetere Flugzeug ist." Vom „flugbetrieblichen Standpunkt her" sei der DC-6B der Vorzug zu geben, heißt es im Sitzungsprotokoll. Dazu verweist der Aufsichtsrat auf die „ungünstigeren Betriebsbedingungen der Lockheed L1049 Super Constellation: „Servo-Steuerung, die Gedrängtheit des Führerraums und die räumliche Trennung gewisser Funktionen der Besatzung, die leichter Anlass zu ‚Cockpit-trouble' geben kann." Aber es kam anders, so waren eben die Realitäten damals in der jungen, finanzklammen Bundesrepublik. Douglas war erfolgsverwöhnt, hatte lange Lieferzeiten und war nicht bereit, auf die schwierige Finanzlage der Deutschen einzugehen.

Ganz anders Lockheed: Magnat und Flugfanatiker Howard Hughes war nicht nur einer der Hauptinitiatoren und Antreiber hinter der Constellation-Entwicklung, sondern auch Hauptaktionär der TWA. Als solcher hatte er ein großes Interesse am Verkauf des Flugzeugs an die Deutschen, denn er wollte für TWA ein Geschäft daraus machen, gleich die geeigneten Piloten mitzuliefern, die die Flugzeuge in Europa anfangs fliegen und deutsche Besatzungen anlernen sollten. So bot Lockheed großzügige Konditionen, auch um den lahmenden Verkauf der Constellation anzukurbeln: Vor Auslieferung brauchte nur ein Viertel des Kaufpreises gezahlt zu werden, der Rest konnte in Monatsraten innerhalb von fünf Jahren nach Auslieferung beglichen werden. Im Juni 1953 bestellte die Lufthansa-Vorgängerfirma Luftag vier Lockheed L1049E, was 1954 umgewandelt wurde in Aufträge für das neueste G-Modell zum Stückpreis von 8,483 Millionen D-Mark.

■ Eine Super Constellation der Lufthansa wird auf dem Vorfeld in Düsseldorf zum Abflug vorbereitet. [Flughafen Düsseldorf]

Als Werbung zur Einführung der Super Constellation produzierte Lufthansa eine Musik-Schallfolie mit einer Kabinenaufnahme. [Archiv Spaeth]

Oben: Cockpit einer Super Constellation 2007. [Spaeth]

Unten: Ein Flugingenieur steigt in Frankfurt ins Connie-Cockpit. [LH]

Noch vor Betriebsaufnahme, im Februar 1955 kam eine Aufstockung der Order um weitere vier L1049G.

Bereits am 29. März 1955, drei Tage vor dem Neustart der Lufthansa, traf die erste Super Constellation in Hamburg ein, innerhalb von zwei Monaten waren alle vier in Deutschland. Als erster deutscher Passagierflug überhaupt mit einer Super Connie startete Bundeskanzler Konrad Adenauer am 7. Mai 1955 zu einem Staatsbesuch nach Frankreich. Nach Trainings- und Vorführflügen ging es dann am 1. Juni 1955 auf ein Transatlantik-Einführungsflug mit nur elf Ehrengästen auf der Strecke von Hamburg via Düsseldorf und Shannon nach New York. An Bord waren Colonel Fitzmaurice, der 1928 als Copilot den ersten Flug von Europa nach Amerika in der Junkers W33 unternommen hatte, aber auch die ersten Medienmogule der jungen Bundesrepublik, „Stern"-Chef Henri Nannen und „Spiegel"-Chef Rudolf Augstein. Am 8. Juni begann der reguläre Transatlantik-Flugbetrieb. Der Komfort an Bord lag für die zunächst 86 Passagiere in Erster und Touristenklasse auf einem zuvor nicht gekannten Niveau.

Lufthansa hatte darauf bestanden, die Kabineneinrichtung selbst zu entwickeln und in Hamburg einzubauen.

Triebwerks-Probelauf der Super Constellation D-ALEM bei Lockheed Anfang 1955 vor der Auslieferung. [Lockheed/Archiv Spaeth]

Exkurs

So saßen die Passagiere der Ersten Klasse auf sogenannten Comforette-Liegesitzen aus Frankreich, wie sie auch Air France einsetzte. Auch weil Lufthansa erst sehr spät in den bereits lange schon ohne sie gut funktionierenden Nordatlantikverkehr einsteigen konnte, musste sie besonders beim Kabinenservice punkten. Dazu trugen neuartige Heißluftöfen in den modernen Bordküchen ebenso bei wie Kaffeemaschinen, die mit kochendem Wasser frischen Kaffee und Tee liefern konnten und die zuvor üblichen Thermoskannen ablösten.

„Das Erscheinen der Super Constellation mit ihrem hechtförmigen Stromlinienrumpf und dem dreifachen Leitwerk erregte zu Beginn der 50er Jahre Aufsehen", schrieb später die Mitarbeiter-Zeitschrift „Der Lufthanseat'. Ihre Dimensionen waren zu dem Zeitpunkt beeindruckend – „sie galt damals schon als Großraumflugzeug", so das Blatt. Ihr maximales Startgewicht lag um das Dreifache höher als das der lange im Kurzstreckenverkehr eingesetzten Convair CV-440 Metropolitan, sie kostete aber auch das Dreifache. Und der „Lufthanseat" konnte mit beeindruckenden Vergleichen aufwarten: „Ihre Startleistung (13.200 PS) entsprach der Leistungsstärke von sieben D-Zug-Lokomotiven. In jeder Flugstunde verbrauchten die vier Motoren 1700 Liter Betriebsstoff – eine Menge, mit der ein VW fast um den halben Erdball fahren könnte." War von einem VW die Rede, meinte jeder automatisch damals den Käfer, der sich immer als Vergleich anbot.

Auch für die Ticketpreise: Kostete 1955 ein solcher Volkswagen in der Standardausführung 5005 D-Mark, so schlug ein Erster-Klasse-Flug nach New York hin und zurück in der Lufthansa Super Connie damals mit genau 3579 D-Mark zu Buche. Für den Luxusflug in der Super Star mit Senator Service waren sogar 3957 D-Mark hinzulegen, was sich nur die oberen Zehntausend der neuen Bundesrepublik leisten konnten. Als erster Betreiber nutzte Lufthansa eine Neuerung der L0149G: Sogenannte Tip Tanks, tropfenförmige Zusatztanks an den Flügelspitzen, die jeweils 2300 Liter Extra-Treibstoff fassten und damit zumindest auf der Rückreise von Amerika nach Europa häufig Nonstop-Flüge ermöglichten. So schrumpf-

Eine ab 1957 eingesetzte Lockheed Super Star der Lufthansa wird in Frankfurt in den Hangar gerollt. [LH]

te die Flugzeit bei etwa 450 km/h Reisegeschwindigkeit auf 13 bis 14 Stunden. Nur selten -bzw. fast immer in der verbesserten L1649A Super Star (die allerdings ohne die Zusatztanks)- gelangen Flüge ohne Tankstopps in westlicher Richtung. Oft wurde bei widrigen Winden sonst nicht nur im irischen Shannon, sondern noch einmal in Gander/Neufundland aufgetankt, was die Reisedauer auf rund 20 Stunden verlängerte. Ein Basismodell L1049G stellte am 30. Januar 1957 einen Weltrekord auf: Von New-York nach Frankfurt in nur 10:30 Stunden. Bald flogen die Connies auch nach Chicago, Santiago de Chile via Buenos Aires. Und nach Teheran via Bagdad sowie nach Kalkutta, Dharan, Bangkok und Tokio. Binnen weniger Jahre hatte die Super Connie dem jungen Westdeutschland wieder fast die ganze Welt erschlossen.

So schön das alles klang, das Fliegen in dem so gerühmten Flugzeug war für die bis zu fünfköpfige Cockpitbesatzung oft eine Tortur, erst recht anfangs unter dem oft selbstherrlichen Kommando amerikanischer Piloten-Haudegen, die für wenige Flugstunden und viel Überheblichkeit extreme Gehälter einstrichen. Aber die junge Lufthansa hatte keine Wahl. Den schon vom Aufsichtsrat 1953 vorausgesehenen „Cockpit Trouble" jedenfalls gab es reichlich und aus vielen Gründen. Einer der wichtigsten war die notorische Unzuverlässigkeit ihrer Curtiss-Wright Viertakt-Doppelsternmotoren, die mit großer Regelmäßigkeit im Flug ausfielen oder abgeschaltet werden mussten. Zeitweise war jeder dritte Super Connie-Flug der Lufthansa von Motorausfall betroffen. Nicht umsonst wurde das Flugzeug schnell und sarkastisch „die beste Dreimotorige der Welt" genannt. Besatzungen konnten damit bald routiniert umgehen, Passagieren dagegen fuhr stets der Schrecken in die Glieder, wenn sie durch die Fenster den in der Luft ersterbenden Propeller entdeckten.

Doch die Constellation-Ära bei der Lufthansa blieb eine eher kurze Episode, mit zu viel Macht drängten die Jets auf den Markt. Schnelligkeit in der Luft, das war es, was jetzt alle Passagiere wollten. Da konnte eine Super Star mit noch so viel Luxus aufwarten – eine Flugzeit nach New York von üblicherweise 16 bis zu 20 Stunden darin im Vergleich zu gerade achteinhalb in der Boeing 707 war nicht

Die bequeme Economy-Kabine der Super Constellation mit 2+3 Sitzen je Reihe. [LH]

Exkurs

Seltene farbige Air-to-air-Aufnahme einer Lufthansa Super Star im Reiseflug. [LH]

mehr konkurrenzfähig. Am Ende wurden die Super Stars zu Frachtern umgebaut und die L1049G auf Kurzstrecken vor allem im Inland abgeschoben. Eine interessante Innovation versuchte Lufthansa 1963 mit dem sogenannten Airbus-Shuttle zwischen Hamburg und Frankfurt. Es gab keine Vorausbuchung, die Fluggäste erreichten ihre Connie durch eigens eingerichtete spezielle Zugänge, ohne die üblichen Wege durch die Terminals. Bezahlt wurde im Flugzeug und bar – der einfache Flug kostete 60 D-Mark (heutiger Wert inflationsbereinigt etwa 150 Euro). Das war billiger als eine Bahnfahrt, die Bundesbahn protestierte und Lufthansa musste den Tarif auf 70 D-Mark erhöhen. Das in Europa einzigartige Experiment lief bis 1966, inzwischen flogen aber Boeing 727-Europa Jets auch auf Kurzstrecken und die benzinfressenden Viermotorigen waren auf diesen Hüpfern zu aufwendig geworden.

Zuletzt geriet die lange vergessene Super Star wieder in den Fokus: Im Dezember 2007 ersteigerte die Deutsche Lufthansa Berlin-Stiftung (DLBS) drei Lockheed L-1649A „Super Star". Eine Maschine dieses Trios wurde von Lufthansa Technik ausgewählt, als weltweit letzte Lockheed L-1649A von der Techniktochter des Lufthansa-Konzerns wieder flugfähig instand gesetzt zu werden. Die Wahl für das fliegende Exemplar, das ab 2007 am Auburn-Lewiston Airport im US-Bundesstaat Maine instandgesetzt wurde, fiel auf eine ehemalige Maschine der Trans World Airlines (TWA) mit dem Kennzeichen N7316C. Sie lieferte die technisch solideste Plattform für den aufwendigen Instandsetzungsprozess. Wenn die Lufthansa Technik AG die Super Star an den DLBS-Flugbetrieb übergeben würde, so die Hoffnung damals, sollte sich die L-1649A mit einer Verkehrszulassung der höchsten Kategorie und den aktuellsten Technologie- und Sicherheitsstandards präsentieren. Dafür legte 2007 ein hoch motiviertes und kompetentes Team aktiver und ehemaliger Mitarbeiter der Lufthansa Technik den Grundstein. Ziel war es, wieder Charter- und Eventflüge im Stil der Fünfzigerjahre sogar über den Nordatlantik durchzuführen. Im Nachhinein klingt das noch verwegener als damals, am Ende versenkte Lufthansa über 150 Millionen Euro in das Projekt, doch scheiterte damit. „Irgendwann haben wir eingesehen, dass das Vorhaben, dieses Flugzeug zum Fliegen zu bringen mit einem Sicherheitsstandard, den wir für ein Flugzeug voraussetzen, auf dem Lufthansa steht, ein Fass ohne Boden ist", erklärt Lufthansa-Chef Carsten Spohr. „Dann war es 2018 meine traurige Pflicht, im Sinne der Lufthansa zu sagen, dass wir das Projekt beenden müssen."

Das Flugzeug wurde zerlegt und in Teilen sowie 292 Kisten nach Deutschland verschifft, dann lange in Paderborn eingelagert. Von Oktober 2023 bis Januar 2025 erfolgte in Hamburg der Zusammenbau, anschließend die erneute Teil-Zerlegung, um am Flughafen Münster/Osnabrück in Einzelsegmenten lackiert zu werden. Zwischen Oktober 2025 und März 2026 entstand dann die stolze Super Star in neuem, alten Glanz zum letzten Mal wieder in ihrer endgültigen neuen Heimat: Der gläsernen Halle des neuen Konferenz- und Besucherzentrums der Lufthansa am Frankfurter Flughafen, gleich neben der Hauptverwaltung. Hier steht ab jetzt auch die historische Ju 52 D-AQUI. „Ich bin froh, dass wir diesen Kompromiss gefunden haben, das Flugzeug wird in voller Schönheit erstrahlen und hier eine würdige Heimat finden", freut sich Carsten Spohr.

Boeing 707

Mit den ersten Lufthansa-Jets in alle Welt

Die neue Lufthansa war gerade mal ein Jahr in der Luft, da verbreitete Boeing am 24. April 1956 diese Meldung: „Lufthansa kündigt ihre Intention an, bis 1960 vier Boeing 707 Intercontinental zu kaufen. Die Flugzeuge werden von Pratt & Whitney JT4 Jet-Triebwerken angetrieben, die mit von Boeing entwickelten Schalldämpfern und Schubumkehr ausgerüstet sind." Auch wenn die letzten Super Constellations zu diesem Zeitpunkt noch gar nicht an die Lufthansa ausgeliefert waren, stand fest: Bald werden sie von Jets abgelöst.

Eine Lufthansa-Aktennotiz vom 21. August 1958 gibt interessante Einblicke, warum man sich für die Boeing 707 und gegen das Konkurrenzmodell Douglas DC-8 entschied. Darin wird auf die nahezu identische Leistung verwiesen und auf den erheblichen Zeitdruck, unter dem Douglas durch den Vorsprung von Boeing stünde. Hervorgehoben wird vor allem Boeings größere Erfahrung „im Bau von schweren Hochgeschwindigkeitsflugzeugen (4, 6 und 8 Triebwerke)". So seien bereits Tausende der grö-

■ Die erste Lufthansa-Boeing 707-430 D-ABOB beim Rollout im Boeing-Werk Renton am 18. November 1959. [LH]

■ Die erste Boeing 707-330B der Lufthansa 1963 auf dem Hamburger Flughafen. [LH]

Exkurs

ßeren, schnelleren und schweren B-52-Bomber und hundert KC-135-Tankflugzeuge gebaut worden. Daher sei damit zu rechnen, „dass weder in der Aerodynamik (Leistungen) noch in der Festigkeit der Zelle größere unangenehme Überraschungen auftreten."

Douglas habe dagegen bisher nur zwei Versionen leichterer Bomber produziert, „bei denen ernsthafte aerodynamische Schwierigkeiten aufgetreten waren." Die DC-8 sei vor allem von Airlines bestellt worden, die traditionell Douglas-Flugzeuge verwendeten. „Wir sind heute noch der Ansicht, dass wir richtig gewählt haben", schreiben die Verfasser. Die Änderung der Triebwerkswahl gegenüber der ersten Ankündigung habe es gegeben, weil es „aufgrund des geringen Triebwerksgewichts und des besseren Kraftstoffverbrauchs auf der kritischen Strecke FRA-NYC eine wertvolle Erhöhung der maximalen Nutzlast versprach. Dies war der entscheidende Grund," daneben wird der geringere Lärmpegel angeführt. „Lufthansa war die erste Gesellschaft, die das Conway-Triebwerk für die Boeing 707 bestellte, auch hier sind wir der Ansicht, dass unsere Entscheidung richtig war." Die Conway-Triebwerke der 707-430 waren markant durch ihre auffälligen Schalldämpfer an den Auslässen, die ihren Lärmpegel auf das Niveau der Super Connie drücken sollten.

Am 2. März 1960 war es so weit, die erste Boeing 707-430 D-ABOB setzte nach nur neun Stunden und 47 Minuten Überführungsflug aus Seattle in Hamburg auf. Im Cockpit der spätere Chefpilot Werner Utter, er beschrieb sein Fluggefühl so: „Die Macht der Motoren und die ganzen Maße der Maschine vermitteln den Eindruck, als würde man mit wenigen und leichten Handgriffen über einen Computer hinweg ein riesiges Industriewerk steuern." Utter und sein Kollege, Chefpilot Rudolf Mayr, hatten nur 15 Stunden trainieren müssen, um die Umschulung von der Super Connie auf die 707 abzuschließen, eine aus heutiger Sicht extrem kurze Zeit für einen radikalen Flugzeugwechsel.

Der Erstflug am 17. März 1960 mit dem Funkrufzeichen „LH420 Jet" nach New York-Idlewild (später JFK) war ein PR-Desaster. In Hamburg gab es Schwierigkeiten mit den

■ Die Einführung des ersten Jets bei Lufthansa wurde von umfangreichen Werbeaktionen begleitet. [LH, Archiv Spaeth]

Anlassgeräten, in Frankfurt dann Verzögerung durch Probleme mit dem Reifendruck und verspätete Startfreigabe. Dann war auch noch in New York das Wetter so schlecht, dass der Flug zunächst in Gander runter musste – genau einen jener früheren Tankstopps, die jetzt eigentlich überflüssig waren. Am Ende war der Premierenflug siebeneinhalb Stunden verspätet am Ziel. Den Siegeszug der 707 hielt das nicht auf. Der damals junge Erste Offizier Heino Caesar, später Sicherheitspilot, erinnert sich an den Übergang von der Super Connie: „Ich fühlte mich auf (der 707) wohler. Die Informationsvermittlung durch die Instrumente war besser geworden, das Cockpit wirkte aufgeräumter, Übersichtlichkeit und Bedienfreundlichkeit hatten zugenommen, die Triebwerke waren simpler zu bedienen und viel zuverlässiger. Die Belastung der Piloten hatte aber durch umfassendere Überwachung zugenommen, die Arbeit war noch gedrängter und hektischer geworden, die Luftraumbeobachtung unter Sichtflugbedingungen lebensnotwendig."

■ Blick in die Economy-Kabine (oben) und die First Class (unten) der Boeing 707 Anfang der 1960er-Jahre. [LH]

Exkurs

■ Mitarbeiter bestaunen die Rolls-Royce-Conway-Triebwerke in Hamburg nach der ersten Auslieferung der Boeing 707-430 am 2. März 1960. [LH]

■ Die im April 1960 gelieferte dritte Boeing 707-430 auf dem Hamburger Flughafen. [Flughafen Hamburg]

An Bord gab es 144 Plätze, davon 24 in der Ersten Klasse, die anfangs durch eine Ziehharmonikatür abgetrennt waren von einem Barabteil mit Tresen, Ledersitzen und Tischen, beinahe so wie zuvor auf den Super Star Luxusflügen. Im „Senator"-Service der First fehlte es an nichts – hier gab es echten Kaviar, Austern, Hummer, Foie Gras und viele andere Leckereien – zubereitet von einem eigenen „Kochsteward", der als einziger unter der Crew nicht mindestens die mittlere Reife vorweisen musste. Noch bekannter als für die Luxusschlemmereien allerdings wurde der in der frühen Jet-Ära von Lufthansa eingeführte „Dämmerschoppen" als zweite Mahlzeit. Dafür wurden mit großem Messer von der Crew Scheiben aus einem Riesenschinken auf dem Servierwagen geschnitten, dazu gab es erstmals in der Boeing 707 frisch gezapftes Fassbier sowie Schwarzbrot und Steinhäger-Wacholderschnaps. Deutscher ging es nicht, und die verwöhnten Kunden liebten diese rustikale Abwechslung.

Bis Mitte April 1969 waren weltweit in damals rund hundert bereits ausgelieferten 707 schon mehr als vier Millionen Menschen gereist, insgesamt flog der Vierstrahler

zu dieser frühen Zeit bereits 68 Städte in 39 Ländern an. Auch bei Lufthansa wuchs der Jet-Flugplan stetig, anfangs war die 707 fast ausschließlich über den Atlantik unterwegs, die ersten Strecken führten neben New York auch nach Chicago und San Francisco. Mitte 1961 waren bereits auf fast drei Viertel der wöchentlich 64 Langstreckenflüge der Lufthansa-Jets im Einsatz, neben der 707 auch ihre verkürzte Schwester 720B. Sie flog auf Strecken, auf denen die 707 nicht genügend ausgelastet werden konnte, etwa nach Fernost, Südamerika und Afrika. Doch ihr war nicht die gleiche Fortune beschieden wie der 707, die 720B litt unter erheblichen Kinderkrankheiten etwa durch Überhitzungen und Ausfälle ihrer Stromgeneratoren, außerdem erwies sich ihre Frachtkapazität nach Fernost als viel zu gering. Ihr Gastspiel war kurz: Nach der Einführung 1961 hatten alle acht 720B die Lufthansa schon Ende 1965 wieder verlassen.

Der Jet-Effekt zeigte sich deutlich bei den Passagierzahlen, die sich insgesamt bei Lufthansa zwischen 1959 und 1961 verdoppelten, auf dem Nordatlantik stiegen sie in dieser Zeit von 96.712 auf 200.762. Dabei machte sich schon zulasten der schwimmenden Transatlantik-Luxusliner ein Demokratisierungseffekt der Jets bemerkbar: Von 1959 bis 1961 sank der Tarif für den günstigsten Transatlantikflug hin und zurück um 500 auf 1703 D-Mark (heutiger Wert inflationsbereinigt: rund 4300 Euro). Das war aber immer noch unerschwinglich für breite Schichten – für Angestellte lag der monatliche Durchschnittslohn damals in der Bundesrepublik bei 700 D-Mark, ein VW-Käfer war 1961 ab knapp 4000 D-Mark zu haben. Ab 1963 erhielt Lufthansa die verbesserte Boeing 707-330B mit über 2000 km mehr Reichweite, was bis Los Angeles reichte. Grund dafür waren auch ihre wesentlich wirtschaftlicheren Pratt & Whitney JT3D-Triebwerke. Insgesamt betrieb Lufthansa 17 Boeing 707. Ab 1974 rüstete Lufthansa ihre 707-Kabinen auf den Großraumflugzeug-Standard mit geschlossenen Gepäckfächern über den erneuerten Sitzen um, so herrschte an Bord der gleiche Produktstandard wie in der neuen DC-10 sowie der Boeing 727. Anfang der 1980er-Jahre wurden die durstigen Vierstrahler immer unwirtschaftlicher – noch 1960 kostete der Sprit für einen Hin- und Rückflug nach New York etwa 20.000 D-Mark. 1981 waren es trotz zehn Prozent sparsamerer Triebwerke über 90.000 D-Mark auf der gleichen Route. Gleichzeitig markierten neue Lärmschutzbestimmungen in Europa und den USA das nahe Ende der Ära des wichtigsten ersten Jetliners. Am 31. Dezember 1984 nahm die Lufthansa mit der D-ABUL nach fast genau einem Vierteljahrhundert Einsatz ihre letzte Boeing 707 aus der Passagierflotte. Die am stärksten genutzten Exemplare kam dabei auf über 75.000 Flugstunden und mehr als 22.000 Landungen, eine stolze Leistung.

Wie Astronauten sahen die Mitarbeiter der Bodenabfertigung in Frankfurt aus, die die Boeing 707 bis zum Wegrollen begleiteten. [LH]

Exkurs

Boeing 737

Lufthansa als Geburtshelfer für einen Weltbestseller

Ankunft der ersten Boeing 737 in Hamburg am 4. Februar 1968. [oben, LH]

Das hatte es noch nie gegeben in der Geschichte der Zivilluftfahrt, dass ein neuer Jet-Typ eines großen US-amerikanischen Herstellers nicht maßgeschneidert und auf speziellen Wunsch einer US-Fluggesellschaft gebaut wurde. Nach erfolgreicher Einführung der Typen Boeing 707 und 727 hatte Lufthansa-Technikchef Gerhard Höltje nur ein Ziel: Eine große Flottenhomogenität herzustellen und mit Flugzeugen eines einzigen Herstellers zu operieren. Um die verbliebenen drei Propellermuster Super Connie, Vickers Viscount und Convair CV440 Metropolitan abzulösen, benötigten die Deutschen Ende der 1960er-Jahre noch ein weiteres Modell.

An der Nase des 737-Prototyps prangt der Kranich als Erstkunde. [Michael Mainka].

Ein Kurzstreckenjet sollte die Flotte nach unten abrunden und erstmals Jet-Komfort auch in dieses Segment bringen. Obwohl es mit der britischen BAC 1-11, der französischen Caravelle und vor allem der amerikanischen Douglas DC-9 reichlich Konkurrenz gab, bestand Höltje darauf, Boeing zu überzeugen, das gewünschte Flugzeug zu bauen. Er strebte vor allem Kompatibilität mit seiner

Der Lufthanseat

Mit dem „Olympia Jet" auf Kurzstrecke

Die Boeing 737 wird ab Dezember unsere Propellerflugzeuge ersetzen

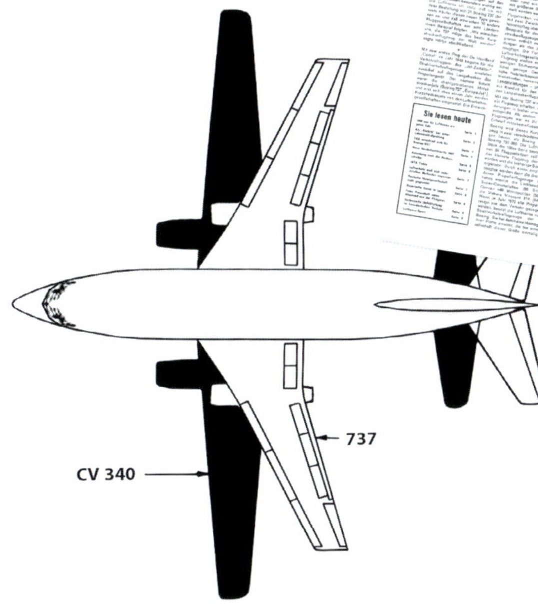

Nach ihrer Bestellung 1967 nennt Lufthansa die 737 zunächst „Olympia-Jet" und zeigt die Dimensionen im Vergleich zur CV-340. [LH]

vorhandenen Flotte an, um Einsparungseffekte zu nutzen, heute Synergien genannt. Boeing hatte 1964 ein kleines Flugzeug mit 55–60 Sitzen vorgesehen, Lufthansa verlangte dagegen einen Jet, der 82 Passagiere bis zu 900 km weit befördern könnte. Zwei konkurrierende Ingenieurteams untersuchten unterschiedliche Konfigurationen mit je zwei Triebwerken, die einmal am Heck und einmal unter den Tragflächen angebracht waren. Herauskam, dass die Antriebe unter den Flügeln aufzuhängen die beste Lösung war, dies erlaubte es, einen großen Rumpf zu wählen – passenderweise übernahm die Boeing 737 den gleichen Querschnitt der bereits bewährten Muster 707 und 727.

„Für ein Kurzstreckenflugzeug ist das ungewöhnlich. Dem Fluggast kann damit der gleiche Komfort geboten werden wie in den Mittel- und Langstreckenflugzeugen", erklärte die Lufthansa. „Wenn der Gast künftig von einer Boeing 707 in eine 727 oder 737 umsteigt, wird er den Eindruck haben, er befände sich noch immer in derselben geräumigen Kabine." Natürlich brächte das auch der Airline Vorteile – dank gleicher Inneneinrichtung reiche ein geringerer Ersatzteilvorrat, Sitze etwa könnten gegeneinander ausgetauscht werden. Am 19. Februar 1965 kam die Bekanntgabe: Lufthansa als Erstkunde bestellt 21 Boeing 737, eine kleine Branchensensation. United Airlines zog erst einige Wochen später nach. Rund 65 % der existierenden Bauteile aus der 707 und 727 wurden in die 737 übernommen, dazu auch die Triebwerke der 727. Obwohl die 737 nur noch von zwei Mann im Cockpit geflogen wurde, statt vorher von drei, war sogar der Arbeitsplatz der Piloten in einem hohen Maß identisch mit dem der Vorgängermodelle. „Wenn sich die 737 äußerlich auch sehr von der Boeing 727 unterscheidet, ist sie dennoch ein Schwesterflugzeug der 727. Die Lufthansa erwartet zwar ein neues, aber kein fremdes Flugzeug", teilte die Gesellschaft 1968 mit.

Auch Technikchef Gerhard Höltje, der als einer der Väter der 737 gilt, gab sich hochzufrieden: „Wir sind überzeugt, dass wir mit der Wahl der Boeing 737 alle nur erdenklichen Vorteile haben. Die 737 ist für die Lufthansa im Wesentlichen nach unseren Anforderungen konzipiert worden. Das gibt uns mehr als zuvor die Möglichkeit, in die Konzeption und Konstruktion eines amerikanischen Flugzeugs einzugreifen und unsere Forderungen weitgehend verwirklicht zu sehen." Ein Coup, nach nicht einmal

Fertigung der ersten Boeing 737 im Werk Renton 1967. [LH]

Exkurs

Dicht an dicht stehen 1971 die Boeing 737 der Lufthansa in Frankfurt mit Olympia 1972-Aufdruck. [Fraport]

zehn Jahren Flugbetrieb sagten die Deutschen dem weltgrößten Flugzeughersteller, wo es langgeht, wobei natürlich gerade Gerhard Höltje schon in der alten Lufthansa gewirkt hatte. Besonders angetan war er von der hohen Kompatibilität der Kooperation mit Boeing: „Wir können damit rechnen, dass zwischen 35 und 40 Prozent der Ersatzteile für die 737 identisch sind mit der 727. Und das Flugzeug ist praktisch unabhängig von allen Bodeneinrichtungen", lobte Höltje schon nach der Bestellung 1965. Die 737 verfügte über eine Hilfsturbine (APU), die am Boden Strom erzeugt und sie damit zum Selbstversorger machte. In der hinteren Fluggasttür (später vorn) war eine bordeigene Treppe eingebaut, und Fracht konnte bodennah ebenso leicht be- und entladen werden. Für Inspektionen an den Triebwerken reichte eine einfache Leiter. Dieser Punkt, und das konnte damals niemand wissen, sollte noch extrem wichtig werden – rund ein halbes Jahrhundert später.

Als erste Fluggesellschaft der Welt stellte Lufthansa am 10. Februar 1968 eine Boeing 737-130 in Dienst, ab Frühjahr 1971 hatte sie wie geplant alle Propellerflugzeuge durch die 737 ersetzt und Lufthansa den Luxus einer reinen Boeing-Flotte verschafft. Anfangs als „Olympia Jet" bezeichnet, vermarktete Lufthansa das Flugzeug dann als „City Jet", unter Besatzungen hieß die 737 nur „Bobby," nach einem Kinderbuch oder „Schweinchen," wegen ihrer gedrungenen Form. Aber aller Anfang ist schwer, auch die 737 wurde von massiven Kinderkrankheiten geplagt, die ihre Erfolgschancen unsicher erschienen ließen: Erheblicher Kabinenlärm und die Nichteinhaltung zugesagter Leistungsdaten waren nur einige Probleme. Die Schubumkehr wurde unter entscheidender Mitwirkung von Lufthansa-Ingenieuren umkonstruiert und die Schalldämmung in der Kabine entscheidend überarbeitet. Der „Spiegel" ätzte damals, das Flugzeug sei an den Marktanforderungen vorbeientwickelt und der „Flop vorprogrammiert".

Es sollte anders kommen, allerdings erst etwa ein Jahrzehnt später, nach erheblichen Durststrecken für alle Boeing-Programme in den frühen 1970er-Jahren. Tatsächlich entwickelte sich das in Form und Funktion wesentlich auf Lufthansa zurückgehende Muster mit Beginn der US-Luftverkehrsderegulierung 1978 von den USA aus bald zum weltweiten Bestseller und wurde nach dem Ende der 727-Produktion schnell zum meistverkauften Verkehrsflugzeug überhaupt. Lufthansa führte bereits ab 1970 die verbesserte 737-230 ein und flog seit 1990 die 737-330, erkennbar an den Fischmaul-förmigen Triebwerkseinlässen. Später waren noch kleinere Stückzahlen der Versionen 737-430 und -530 Teile der Flotte, der zwischen 1968 und 2016, dem Abschied des letzten der Zweistrahler, insgesamt 155 Exemplare angehört hatten.

Bisher wurden rund 11.800 Flugzeuge aller 737-Baureihen ausgeliefert. Boeing baut die 737 bis heute, aktuell in Form der 737 MAX-7 bis MAX-10, für die im Juli 2024 noch rund 4800 Bestellungen abzuarbeiten waren. Interessanterweise hat Lufthansa für die Gruppe (nicht für Lufthansa Airlines selbst) im Dezember 2023 erstmals wieder 40 Jets der 737 MAX-8 fest bestellt, nachdem die letzte 737 zuvor 1995 ausgeliefert wurde. Genauso wie die Erfolge der 737 auch auf Lufthansa zurückgehen, war sie allerdings anteilig Patin für die aktuellen Probleme mit der MAX. Wegen des von ihr 1965 durchgesetzten bodennahe Rumpfs und der mit wenig Bodenfreiheit von den Tragflächen hängenden Triebwerken ließen sich in dem alten Konzept nicht die neuesten Turbofans mit großem Durchmesser anbringen. Weil Boeing durch Wettbewerber Airbus unter Zeitdruck stand und auch hohe Investitionen für eine Neuentwicklung scheute, musste man Kompromisse eingehen, um die neuen Triebwerke trotzdem verwenden zu können. Die Art, wie Boeing mit dieser technischen Herausforderung umging, führte zu zwei Abstürzen und fast zweijährigem Grounding. Dafür kann natürlich Lufthansa nichts, aber in der Luftfahrt hängt eben doch fast immer alles mit allem irgendwie zusammen.

Die 200. Boeing wird am 21. November 1986 an Lufthansa übergeben, eine 737-300. [LH]

Die 1971 gelieferte Lufthansa 737-200 D-ABGE wurde 1990 zum Frachter umgebaut und von Lufthansa Cargo geflogen. [Dirk Grothe]

Exkurs

Boeing 747

Lufthansa als Pionierin des Jumbo-Zeitalters

Einen größeren Quantensprung hat es in der zivilen Luftfahrt nie wieder gegeben. Nur fünf Jahre nach ihrem Neustart führte Lufthansa 1960 die ersten Jets ein, die Boeing 707 war mit ihrer Konkurrentin DC-8 zu jener das Nonplusultra am Himmel gewesen. Aber die Passagierzahlen im jungen Jet-Zeitalter entwickelten sich derart stürmisch weiter, dass innerhalb nur weniger Jahre eine noch viel größere Entscheidung anstand – obwohl sich die Investitionen für die 707 noch gar nicht amortisieren konnten.

Boeing hatte Mitte der 1960er begonnen, das größte Verkehrsflugzeug der Welt zu entwickeln, die Boeing 747, und Lufthansa war sofort klar, dass sie hier nicht abseits stehen konnte. Im Juni 1966 autorisierte der Aufsichtsrat die Bestellung von drei Boeing 747, die Dimensionen waren in jeder Hinsicht noch nie da gewesen und für viele einschüchternd: Ein Jumbo Jet kostete damals rund 80 Millionen D-Mark (inflationsbereinigter Wert heute: Rund 184 Millionen Euro) – „dafür ließe sich ein stattliches mittleres Industrieunternehmen auf die Beine stellen", versuchte Lufthansa in einem internen Informationsblatt zu vermitteln. Damals schien allerdings klar, dass die 747 auf Linienflügen nur eine Zwischenstation sein würde: „Auch wenn ab 1972 Überschallverkehrsflugzeuge eingeführt werden, lassen sich die Boeing 747 vorteilhaft für den touristischen Massenverkehr und den Gütertransport einsetzen", erklärte das Mitarbeiterblatt „Lufthanseat" im Juli 1966.

Die Boeing 747 konnte in maximaler Bestuhlung knapp 500 Passagiere befördern. Eine damals absolut unfassbare Zahl, hatte man doch nur wenige Jahre zuvor erst die Super Connie als größtes Flugzeug betrieben – mit maximal 86 Sitzen. Die 747 verfügte grob über die dreifache Kapazität an Fluggästen der 707. Etwas hilflos versuchte der „Lufthanseat" 1966 seine erstaunten Leser zu beruhigen:

■ Am 9. März 1970, nur zwei Monate nach Erstbetreiber Pan Am, übernimmt Lufthansa in Everett die erste Boeing 747. [LH]

„Der Fluggast wird sich nicht wie bisher in eine Röhre versetzt fühlen, er wird eher an eine Art großes Zimmer erinnert.“ Besonders ungewöhnlich erschien damals, dass es sogar eine erste Etage in der 747 gab – das Oberdeck. Erreichbar vom Hauptdeck über eine Wendeltreppe, eröffnet sich hinter dem Cockpit eine exklusive Lounge, die allen Erster-Klasse-Gästen während des gesamten Fluges zur Verfügung stand. Dort gab es zehn Sessel und eine Stehbar. Dazu findet sich in einer internen Marketing-Information noch im Februar 1970 Seltsames: „Auch Erfüllung individueller Wünsche nach Getränken möglich durch den Steward (keine Damen) hinter der Bar.“

Hier setzte sich aber bald nach Indienststellung die Emanzipation durch und es standen dann sogar meistens Flugbegleiterinnen oben an der Bar. Ähnlich erstaunlich mutet eine angedachte Nutzung der Lounge an. „Ebenfalls möglich: Exklusiv-Reservierung für Ölscheichs (als Ruheraum!!)“. Auch das wurde nie umgesetzt. Aber das waren angesichts der völlig neuen Zeitrechnung, die die 747 in der Luftfahrt bedeutete, amüsante Kleinigkeiten. Die vorher in der Ersten Klasse üblichen sogenannten Kochstewards fielen mit Einführung der 707 ebenso weg wie der Tablettservice am Platz – nur mit Servierwagen und höchst effizienter Logistik war die Verpflegung der anfangs bis zu 365 Passagiere an Bord möglich. Dadurch und „durch die für den Service zur Verfügung stehenden beiden Gänge wird der Fluggast sein Essen schneller bekommen als in den bisherigen Flugzeugen“, versprach die Lufthansa.

Am eisigen Ostermontag 1970 schwebte die erste Boeing 747 für Lufthansa aus Seattle kommend in Hamburg ein, es waren alle Vorkehrungen für ein Großereignis getroffen. „Man konnte nicht wissen! Bei schönem Wetter musste mit unkontrollierbaren Völkerscharen gerechnet werden“,

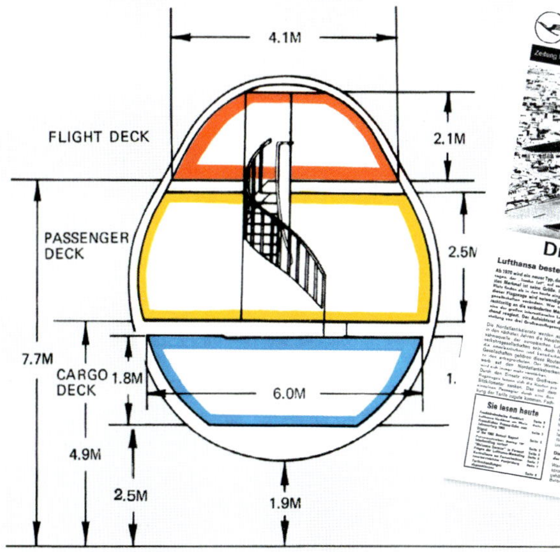

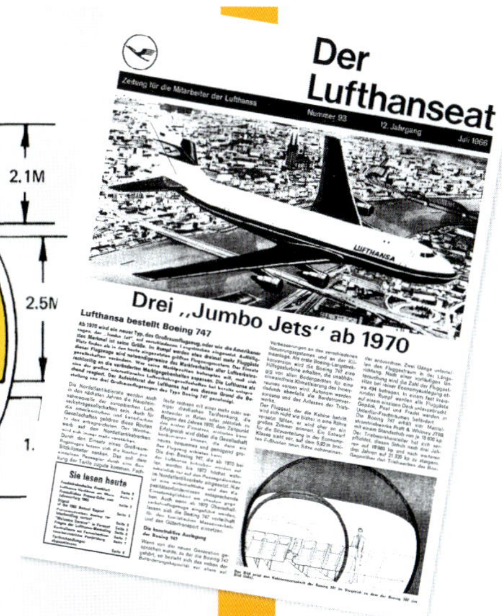

■ Nach ihrer Bestellung 1966 bemüht sich Lufthansa, ihren Mitarbeitern die neuen Dimensionen der 747 zu vermitteln. [LH, DTMB]

schauderte der Lufthanseat noch hinterher. Und trotz widriger Bedingungen waren die Hügel vor der Werft „plötzlich schwarz von Menschen“. Lufthansa gelang es, im exklusiven Club der frühen Jumbo-Betreiber ganz vorn dabei zu sein. Pan Am hatte am 22. Januar 1970 die Weltpremiere der 747 im Liniendienst gefeiert, am 25. Februar war TWA so weit – und am 26. April als erste nicht US-, sondern europäische Gesellschaft die Lufthansa. Den Jumbo-Premierenflug von LH404 führte die erste Boeing 747-130 D-ABYA, Taufname Nordrhein-Westfalen von Frankfurt nach New York durch. An Bord, Publicity war wichtig, reisten nicht weniger als 70 eingeladene Journalisten mit, sie stellten fast ein Fünftel aller Passagiere. Und schrieben seitenlang über das Ereignis, heute eine amüsante Lektüre.

■ In dieser Zeichnung von 1971 verdeutlicht Lufthansa Kunden und Personal die Maßstäbe, die die 747 setzt. [LH]

Exkurs

Im orangefarbenen Siebziger-Ambiente zeigt sich die First Class-Lounge im Oberdeck einer Boeing 747-130 um 1975. [LH]

Eine Flugbegleiterin zapft an der Oberdeck-Loungebar ein frisches Bier und mixt Cocktails nach Wunsch. [Archiv Spaeth]

„Technisch perfekt, brillant, ein Fluggerät zum Küssen", befand die NRZ aus dem Rheinland schon in der Überschrift. Nur um dann im Text zu mosern, mit den Hostessen sei kein Spaß mehr erlaubt – „die haben im Jumbo einen Fahrplan wie in einer Werkskantine. Der Fortschritt killt die Atmosphäre. Er degradiert die Damen zu Kellnerinnen der Luft. Neu eben das tolle Jumbo-Gefühl, auch anders, nicht aber besser", so der Chefreporter. Um dann vollkommen realistisch zu befinden: „Ein voller Jumbo ist für acht Stunden eine Qual. Die Reihen aufgeteilt 3-4-2, sehr eng, unerträglich eng." Allerdings findet er auch das Paradies an Bord: „Die Bar im ersten Stock der Ersten Klasse. Ein Traum! Der Jumbo grunzt vor Wohlbehagen. Es gibt es eben doch, das neue Jumbo-Gefühl."

Mit dem Wohlbehagen war es bald schon vorbei, die Anfangsjahre der 747 bei Lufthansa waren schwierig, weil die Pratt & Whitney JT9D-Triebwerke so störanfällig waren. Im August 1970 hatte ein Flug nach New York unglaubliche 27 Stunden Verspätung, bis Mitte 1970 konnten nur 90 % der geplanten 747-Flüge überhaupt durchgeführt werden. Die Verspätungsrate der 747-130 lag bei unterirdischen 22 %, unzumutbar fand das zu Recht die Lufthansa, den anderen Erstbetreibern ging es nicht besser. Doch bis 1972 hatten sich die Verspätungen halbiert, und bald schon kamen die deutlich verbesserten 747-230 dazu. Lufthansa entwickelte sich zum langjährigsten und treuesten 747-Kunden für Boeing, der allerdings bei erster Gelegenheit auf General Electric-Turbinen umstieg und bis Anfang 1979 alle 747-130 mit den schwierigen Antrieben verkauft hatte.

Bei zwei wichtigen Meilensteinen der 747-Geschichte stand die Lufthansa wieder als Geburtshelfer parat. Nachdem man die nur kosmetisch verbesserte 747-300 mit

Eine Boeing 747-130 der Lufthansa Anfang der 1970er-Jahre auf dem Flughafen Kai Tak in Hongkong. [Archiv Spaeth]

längerem Oberdeck abgelehnt hatte, entwickelte Boeing mit Lufthansa-Unterstützung die 747-400, die nach unvermeidlichen Verzögerungen ab Mai 1989 geliefert wurde. Schon die Boeing 747-230 war mit insgesamt 26 Stück stark in der Flotte vertreten gewesen, jetzt nahm Lufthansa von der neuen 747-430 mit Glascockpit und längerem Oberdeck sogar 31 ab. Um 2005 setzten sich dann wiederum Lufthansa und Boeing zusammen, in Seattle war sogar der „Vater" der 747, der längst pensionierte Programmchef Joe Sutter, an den Gesprächen und Entwürfen beteiligt. Heraus kam die Boeing 747-8I, die noch mal eine moderne Jumbo-Generation für das neue Jahrtausend sein sollte. Kommerziell wurde sie ein Flop, Lufthansa blieb erster und größter Kunde mit 19 Exemplaren.

Im Sommer 2024 war die Gesellschaft der weltweit größte Betreiber der Boeing 747 in der Passagierversion: Neben den 19 Boeing 747-8I, die noch bis in die 2030er-Jahre fliegen werden, waren nach der Pandemie auch noch sieben 747-400 aktiviert worden, die die Zeit überbrücken bis zur Lieferung der verspäteten 777-9. Bei der Auslieferung der letzten Boeing 747 überhaupt im Januar 2023 fand Lufthansa-Chef Carsten Spohr denn auch innige Worte: „Ich persönlich liebe die 747. Dass wir in den frühen 1970er-Jahren der erste 747-Betreiber in Europa waren, bedeutete für uns, dass wir nach den schwierigen Jahren des Zweiten Weltkriegs wieder zurück waren unter den erwachsenen Airlines."

■ 72 VW-Käfer im Jahr 1972 – so viele der kleinen Autos passten auf das Hauptdeck des Lufthansa-Boeing 747F-Frachters, den sie als erste betrieb. [LH]

■ Im März 2015 wurde eine Lufthansa Boeing 747-8 im Retro-Design der Siebziger Jahre ausgeliefert. Der erste Linienflug der 747-8 erfolgte am 1. Juni 2012. [LH]

Interview mit Jürgen Weber

„Die Boeing 747 war damals außerhalb meiner Vorstellungskraft"

Jürgen Weber, geboren 1941, gestorben 2025, war von 1991 bis 2003 Vorstandschef der Deutschen Lufthansa. Bereits 1967, als Weber als junger Ingenieur bei der damaligen Lufthansa Werft in Hamburg begann, gehörte die Vorbereitung der bevorstehenden Einführung der Boeing 747 zu seinen Aufgaben. 1974 wurde Weber Leiter der Hauptabteilung Wartung bei Lufthansa.

Wann haben Sie zum ersten Mal vom Projekt der Boeing 747 gehört?

Jürgen Weber: Als ich 1967 bei der Lufthansa in Hamburg im Bereich Technik anfing, ging gerade die Vorbereitung los. Da habe ich bereits meine ersten Dienstreisen nach Seattle gemacht, um die Methodik der Instandhaltungsvorschriften für so ein neues, großes Flugzeug zu lernen und mit Boeing-Ingenieuren darüber zu diskutieren. So haben wir dann das sogenannte Technische Betriebshandbuch für die 747 gemacht, das war meine erste große Aufgabe. Und die Voraussetzung dafür dass die 747 überhaupt zugelassen werden konnte, als sie zu Lufthansa kam, weil sie damit die notwendigen Betriebsvorschriften hatte. Und um 1969 habe ich dann dort die ersten Flugzeuge gesehen. Das war etwas ganz besonderes, das war außerhalb meiner Vorstellungskraft. Das war ein Quantensprung.

Autor Andreas Spaeth trifft Jürgen Weber zum Gespräch. [Spaeth]

Wie war damals die Stimmung in Seattle?

Jürgen Weber: Bei Boeing und den Ingenieuren, mit denen wir zu tun hatten, war riesiges Engagement da. Da haben alle gewusst, was man da neues Großes zum Fliegen bringt. Das waren total neue Dimensionen und stellte für die Lufthansa natürlich eine große Aufgabe dar, mit der Ausbildung von Mechanikern, Piloten, Flugingenieuren. Deshalb war das auch so interessant, daran mitzuarbeiten.

Wann haben Sie Joe Sutter kennengelernt und worüber sprachen Sie?

Jürgen Weber: Das war nach 1978, als ich dann Chefingenieur der Lufthansa war. Da ging es vor allem um die Modernisierung der von 1970 stammenden 747 und darum, eine neue 747-Generation zu entwickeln. Um 1985 herum waren wir auch sehr an der Entwicklung bei Airbus beteiligt, vor allem am Airbus A310 mit Zweimann-Cockpit. Gegen dessen Einführung hat sich Boeing fürchterlich gesträubt, das war genauso ein Thema wie die Ausstattung des künftigen 747-Cockpits mit Bildschirm-Displays, wie sie die A310 auch hatte. Airbus ist damals vorausmarschiert. Wir wussten dadurch was möglich ist und hatten deshalb den Mut, bei Boeing richtig Druck zu machen. Und damals wurde der Lufthansa-Technikvorstand Reinhardt Abraham angerufen von Joe Sutter, der im Auftrag des Boeing-Präsidenten Dean Thornton sprach, und hat ihn gebeten, mich zu bremsen. Er hat gesagt: „Reinhardt, you have to call back this crazy German engineer Jürgen Weber." Die haben gesagt: „Die spinnen Deine Ingenieure."

Warum diese Reaktion von Boeing?

Jürgen Weber: Wir wollten nicht die damals anstehende 747-300, die die Swissair gekauft hatte, zwar mit verlängertem Oberdeck, aber dem alten Cockpit. Und Lufthansa-Vorstand Abraham hat sich in den USA über die sogenannten *Piecemeal strategy* beschwert, also den Versuch, Veränderungen nur scheibchenweise einzuführen. Da haben wir als Team bei Boeing Druck gemacht und da sind die wütend geworden. Unsere Forderung war *block change*, also alles auf einmal, und das hat Boeing dann gemacht. Schließlich verkündete Dean Thornton: „*Lufthansa will get its 747 Airbus*".

Warum wollte Lufthansa damals nur eine modernisierte 747 bestellen?

Jürgen Weber: Wir hatten damals den gleichen Druck wie heute, permanent Leistungen und Kosten zu verbessern. Die Technologie der 747-100 und -200 war gut zu ihrer Zeit, aber damals schon überholt. Nun musste der nächste Schritt kommen. Und es war bekannt, dass es Möglichkeiten gibt durch die entsprechenden Systeme, die bereits verfügbar waren. Natürlich zögern die Hersteller immer, weil es sie Geld kostet, bei den Anlaufinvestitionen ist man sehr vorsichtig, so lange noch das andere Modell geht, ist das viel wirtschaftlicher für den Hersteller. Wir hatten ein sehr gutes Verhältnis zu den Boeing-Leuten. Das war ein Teil unseres Erfolges, das wir auch ein gutes menschliches Verhältnis hatten und damit eine Glaubwürdigkeit. Wir haben nicht nur wegen Geld oder wilder Zukunftsentwicklungen dort Gehör gefunden, sondern weil die uns trauten, dass wir es ernst meinen und auf uns Verlass ist. Joe Sutter hat später mal gesagt: „Manchmal fühlte ich mich in den vergangenen Jahrzehnten mehr als Lufthanseat denn als Boeing-Mitarbeiter", so intensiv war unsere Arbeitsbeziehung.

Wie war denn Ihr persönliches Verhältnis zu Joe Sutter?

Jürgen Weber: Der war Gold für mich, der hatte so viel Erfahrung und war ja auch viel älter als wir Lufthanseaten damals. Er war der „Vater der 747" und hat jedem, der in dieser Branche tätig war, großen Respekt abgenötigt. Aber auch menschlich war er ein sehr angenehmer Kollege, und ich kann auch sagen: Freund. Der konnte auch gut zuhören, und wenn man ihn geärgert hat, wurde er auch manchmal ruppig, aber er war ein sehr lieber Mensch. Auch seine Frau, die mit meiner Frau gut befreundet war. Der war ein sehr wertvoller Gesprächspartner und wusste zehnmal mehr als ich. Manchmal mussten wir auch um ihn kämpfen, wenn er unsere Meinung nicht akzeptiert hat.

Kann man sagen, dass ohne Sutter dieses Wahnsinnsprojekt 747 möglicherweise nicht zu stemmen gewesen wäre?

Jürgen Weber: Das Projekt hätte auch scheitern können, wenn Boeing die Falschen ausgesucht hätte, um es zu führen. Er war aber der richtige Mann, sowohl als Techniker als auch als jemand, der wissenschaftlich weit vorausschaut und menschlich den richtigen Ton trifft. Er verstand es, das beste Team zusammenzurufen und auch mit den teilweise sehr bockigen Kunden fertig zu werden. Das war ein Segen für Boeing.

Welche Bedeutung hat die Boeing 747 für die Entwicklung der Luftfahrt gehabt?

Jürgen Weber: Sie hat geholfen, eine Schwelle zu überspringen. Sie war wirtschaftlich und außerdem hoch komfortabel und sie hat nicht nur geholfen, den Langstreckentourismus zu entwickeln. Man konnte damit so lange Strecken fliegen und dabei so viele Leute befördern, und das zu niedrigen Kosten. Ich habe noch die Boeing 707 erlebt zu Beginn meiner Karriere, diesen Donnervogel, der Quantensprung mit der 747 in Sachen Umwelt und Wirtschaftlichkeit war ein Sprung in eine andere Welt. Das war zu der Zeit das Beste, was machbar war. Das hatte auch eine wichtige Wirkung beim Marketing, es konnten hier Dinge geboten werden, die für mache Leute schon das Einsteigen in eine 747 allein die Reise wert machten. Aber das Hauptproblem war damals über das ganze Jahr hinweg auf allen Strecken, wo sie eingesetzt wurde den notwendigen Ertrag zu erwirtschaften. Egal wie – mit wenigen Passagieren zu hohen Preisen oder mit vielen Fluggästen zu niedrigen Tarifen – es ist nicht gelungen.

Exkurs

Der erste Jumbo-Absturz:
Lufthansa 1974 in Nairobi

Die großen neuen Mantelstromtriebwerke des Typs Pratt & Whitney JT9D waren die Achillesferse der frühen Boeing 747-Versionen. „Die wurden behandelt wie rohe Eier, wenn sie einmal gelaufen sind, hat man sie am besten gar nicht mehr angefasst, das war unser Grundsatz", sagt Hans Joachim Schacke.

Der zum 50. Jahrestags des Unglücks 85-jährige aus der Nähe von Frankfurt war damals Erster Offizier auf der 747 bei Lufthansa und saß an jenem verhängnisvollen 20. November 1974 auf dem rechten Sitz im Cockpit von Flug LH540 von Frankfurt über Nairobi nach Johannesburg. Damals flogen schon 244 Jumbos bei 38 Fluggesellschaften in aller Welt. Trotz der vielen technischen Unregelmäßigkeiten zu Beginn hatte die Boeing 747 in den ersten dreieinhalb Jahren ihres Einsatzes bereits einen beachtlichen Sicherheitsrekord aufgestellt: In 2,5 Millionen Flugstunden waren mehr als 75 Millionen Passagiere unfallfrei unterwegs gewesen. Das sollte sich an diesem Novembermorgen vor 50 Jahren im kenianischen Hochland bei Nairobi jäh ändern.

Es ist 7.47 Uhr Ortszeit, kaum eine Stunde nach der Zwischenlandung der 747 aus Frankfurt als Flug LH540 die Bremsklötze vor dem Bugfahrwerk weggezogen werden. An Bord ist es leer geworden – nur knapp die Hälfte der 361 Sitze sind besetzt, als das riesige Flugzeug mit Taufnamen „Hessen" losrollt. Das Anlassen der Triebwerke ist

Flugkapitän des Unglücksfluges war Christian Krack. [Alle Unglücksfotos Archiv Spaeth]

eine komplizierte und sensible Prozedur. Um nur ja die Antriebe zu schonen, darf während des Hochlaufens keine Zapfluft aus den Triebwerken abgeleitet werden, auch die pneumatisch, also durch Druckluft betriebenen Systeme wie zum Beispiel die Vorflügelklappen können derweil nicht betätigt werden. Eine Tatsache, die an diesem Tag noch von entscheidender Bedeutung sein wird. Die an den Tragflächenvorderkanten ausfahrenden Klappen sind nämlich für den nötigen Auftrieb in der dünnen Höhenluft des über 1600 Meter hoch gelegenen Flughafens entscheidend.

Für die knapp vier Stunden Flug nach Johannesburg plus den späteren Rückflug nach Kenia ist die „Hessen" an diesem Morgen nur mit 61 Tonnen Kerosin betankt, die sich in den Flügeltanks befinden, während der im Rumpf eingebaute Tank leer bleibt. Unter den vorhandenen klimatischen Bedingungen in Nairobi würde die 747-100 heu-

Im Sommer 1970 war das spätere Unglücksflugzeug „Hessen" zu Gast in Nürnberg. [Flughafen Nürnberg]

Eine riesige Rauchsäule steht über den brennenden Trümmern der „Hessen".

te mit bis zu 284 Tonnen Startgewicht abheben können, doch tatsächlich ist sie gut 30 Tonnen leichter. Daher entscheiden die Piloten, mit reduzierter Triebwerksleistung zu starten, auch um ihre empfindlichen Motoren zu schonen. Während des Rollens zur Startbahn 24 arbeitet die Crew zunächst die „After Start"-Checkliste ab, alle 18 Punkte. An elfter Stelle liest Flugingenieur Rudi Hahn vor: „Bleed Valve Switches?", fragt also nach den Zapfluftventilen, die jetzt offen sein müssen, damit Druckluft unter anderem die Vorflügel ausfahren kann. Kommandant Christian Krack prüft die Anzeige und antwortet folgerichtig: „Open".

Um 7.49 Uhr Lokalzeit erhält LH540 die Freigabe, um auf der Piste ans richtige Ende zu rollen. Jetzt ist die Checkliste für den Rollvorgang dran. „Flaps?"–Klappen, liest der Flugingenieur vor, einer der Piloten antwortet: „Ten Ten, Green." Die beiden Rundinstrumente neben dem Fahrwerkshebel vorn am Instrumentenbrett zeigen also 10° Klappenstellung auf beiden Seiten an den Hinterkanten der Tragflächen, die im Cockpit darunter angeordneten rechteckigen Kontrollleuchten schimmern beide grün und signalisieren, dass auf beiden Seiten die Vorflügel ausgefahren sind. Heute fliegt der Erste Offizier Hans Joachim Schacke den Jumbo, um 7.51 Uhr erhält die Crew die Startfreigabe. Es folgen letzte Checks, um 7.53 Uhr schiebt Schacke alle vier Schubhebel auf die gesetzte Startleistung. Jetzt sind es noch 83 Sekunden bis zur Katastrophe.

Direkt nach dem Abheben bemerken die Piloten, dass die Boeing 747 nicht richtig beschleunigt. Mehr als 146 Kno-

Kurz hinter dem Ende der Startbahn zerschellt das auftriebslose Flugzeug an einem Erdwall.

Exkurs

■ Ein Teil der Triebwerksabdeckung mit Kranich liegt neben dem ausgebrannten Rumpf.

ten (270 km/h), zwei Knoten unterhalb der sicheren Steiggeschwindigkeit, erreicht sie nicht. Die „Hessen" steigt auch kaum, ihre Geschwindigkeit sinkt sogar. Sofort ist der Cockpitbesatzung klar, dass es etwas nicht stimmt, nur was? Ein Vogelschlag in einem der Triebwerke? Vögel an der Bahn sind in Nairobi ein bekanntes Problem, und auch an diesem Morgen beobachten die Piloten schon beim Rollen Bussarde in der Luft. Kapitän Christian Krack dreht sich zu Flugingenieur Rudi Hahn um und fragt, ob einer der Motoren Vibrationen anzeigt. Hahn prüft das auf dem Instrumentenpanel vor sich, doch die Angaben erscheinen normal, es ist auch keine Warnleuchte angesprungen.

Vielleicht ein Problem mit dem Bugrad? Kapitän Krack vergewissert sich, dass ihm weiter eine positive Steigrate angezeigt wird und fährt daraufhin eigenmächtig das Fahrwerk ein. Sekunden spürt Copilot Schacke, dass die vorher schon geringe Beschleunigung nun endgültig zusammenbricht. Das riesige Flugzeug vibriert stark und Schacke sieht sich gezwungen, die Nase weiter abzusenken. In dieser kritischen Phase, nur etwa 30 Meter über dem Boden, ein riskantes Manöver. Das Flugzeug sinkt nun, statt zu steigen.

■ Kenianische Feuerwehrleute löschen ein letztes Brandnest unter der Tragfläche des 747-Wracks.

Es dauert nur noch zwölf Sekunden, bis Flug LH540 in einem Inferno endet. Das Heck berührt zuerst Büsche und schlägt dann auf den Damm einer frisch gebauten Schotterstraße auf. Beim Aufprall des Rumpfes reißt das Leitwerk ab und überschlägt sich dreimal. 434 Meter nach der Bodenberührung bricht der hintere Bereich der Kabine ab, hier gibt es die meisten Toten. Fast gleichzeitig birst auch die linke Tragfläche, die Triebwerke reißen ab, Motor Nummer zwei schlittert noch 180 Meter weiter geradeaus. Der Hauptteil des Rumpfes und die verbliebene rechte Tragfläche rutschen weiter und drehen sich um 180 Grad. In der Drehung bricht Motor Nummer drei ab, der Kabinenboden kollabiert an mehreren Stellen, darunter im Oberdeck. Als der Rumpf endlich zum Stehen kommt breitet sich schnell Feuer vom Stumpf des fehlenden linken Flügels aus, eine tödliche Falle für alle, die sich nicht rechtzeitig befreien können.

Besonders prekär ist die Lage für die drei Männer im Cockpit, sie haben den Absturz beinahe unverletzt überlebt, nur jetzt ist das Entkommen schwierig. Sie sitzen ganz oben auf einem riesigen Trümmerhaufen, der Kabinenboden ist im Oberdeck sowie im Hauptdeck weggebrochen. Auch die Wendeltreppe ist nicht mehr da, die Notausstiegstür vor dem Cockpit blockiert. „Kapitän und Flugingenieur sind panisch da runtergesprungen", erinnert sich Schacke. Sie fallen fünf Meter tief bis in den Frachtraum durch, schaffen es trotzdem durch Löcher im Rumpf ins Freie. „Ich habe da runtergeschaut und gesagt: ‚Da springst Du nicht runter.' Ich habe dann doch die Notluke im Cockpitdach aufbekommen und mich an den Rettungsseilen draußen über neun Meter nach unten abge-

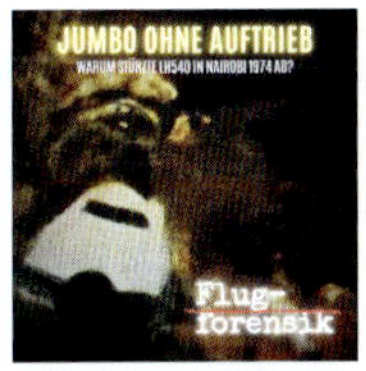

Eine ausführliche Podcast-Episode des Autors über LH540 ist hier zu hören: https://flugforensik.de/2024/11/15/episode27-nairobi-lufthansader-crash-der-queen/

seilt“, beschreibt der damalige Erste Offizier seine kühne Selbstrettung.

Schon drei Minuten nach dem Absturz explodiert der übrig gebliebene Rest der linken Tragfläche, eine riesige Feuerwalze rollt über das Wrack. Wer jetzt nicht draußen ist, kann nicht mehr flüchten aus dem Inferno. Als erste Helfer erreichen italienische Ingenieure von der nahe gelegenen Flughafenbaustelle mit ihren Land Rovern die weitverstreuten Trümmerteile, ihnen bietet sich ein Bild des Schreckens, eine mehrere hundert Meter lange Spur an Überresten des berstenden Jumbos. Das qualmende Wrack liegt 500 Meter weiter. Bald sind auch Feuerwehr und Sanitäter am Absturzort, allerdings mischen sich schnell auch Plünderer unter die ersten Einsatzkräfte und stecken in dem Chaos ein, was sie finden, ehe Soldaten das Gelände absperren. Die traurige Bilanz: 59 Menschen kommen auf Flug 540 ums Leben, 98 überleben.

Schnell ist klar, was dazu geführt hat: Die Vorflügelklappen waren nicht ausgefahren, daher reichte in der Höhenluft der Auftrieb nicht, um das Flugzeug weiter in die Luft zu bekommen. Es wird nie restlos geklärt, warum sie nicht ausgefahren waren. Die Besatzung besteht darauf, alle grünen Kontrollleuchten gesehen zu haben, die das Ausfahren bestätigen, die Aufzeichnungen belegen das. Lufthansa entlässt Pilot und Flugingenieur wegen „schwerer Bedienungsfehler“, kommt damit aber vor dem Arbeitsgericht nicht durch. Der Prozess wird nur dem Flugingenieur gemacht, der 1981 freigesprochen wird, er zerbricht daran. Gleichzeitig kommt heraus, dass die Probleme in der Branche zuvor bekannt waren, es mehrere ähnliche Fälle gab, die glimpflich ausgingen.

Nicht allen Passagieren gelang es, das Wrack der verunglückten 747 zu verlassen ehe es ein Opfer der Flammen wurde.

Nur kurz vorher war in Hongkong sogar das spätere Unglücksflugzeug mit fälschlicherweise eingefahrenen Vorflügeln gestartet. Lufthansa hatte nachweislich Kenntnis von diesen Fällen, unternahm aber lange nichts. Der zuständige Staatsanwalt sagt nach seiner Pensionierung aus, hätte er das damals gewusst, hätte er gegen Lufthansa ermittelt. Die heutige Lufthansa will das damalige Geschehen und die Vorwürfe nicht weiter kommentieren. Die 747 wird dann so modifiziert, dass ein akustisches Warnsignal im Cockpit vor dem Start auch dann ertönt, wenn die Vorflügel nicht ausgefahren sind. Sie bleibt ein sehr sicheres Flugzeug: Bis heute sind geschätzt sechs Milliarden Menschen mit Boeings Jumbo geflogen, der nach Ablieferung des letzten und 1574. Exemplars seit 2023 nicht mehr gebaut wird.

Aus dem Trümmerfeld der abgestürzten Boeing 747 in Nairobi ragt ein Fahrwerk des Flugzeugs heraus.

Lufthansa und ihre Ideen zum Überschallflug

14 Kranich mit Mach 2

■ Lufthansa-Technikvorstand Gerhard Höltje hatte bereits 1959 eine eigene Überschall-Studie inklusive eines Modells präsentiert. [LH]

„Nennen Sie mir den Zeitpunkt, wann ich den Konkurs der Lufthansa anmelden soll, und ich sage Ihnen, wie viele Concordes ich brauche."

Lufthansa-Chef Herbert Culmann, 1976

Intensiver und früher als viele andere beschäftigte sich die Deutsche Lufthansa mit Konzeption, Sinn oder Unsinn des Projekts eines Überschall-Verkehrsflugzeugs. Besonders tat sich dabei der damals für Technik zuständige Vorstand Diplom-Ingenieur Gerhard Höltje hervor, der bereits 1959 eine erste Überschall-Studie herausgab. „Wir sind geradezu verpflichtet, uns rechtzeitig in die Entwicklung einzuschalten, um ... sicherzustellen, dass technische Neuentwicklungen einen wirklichen Fortschritt darstellen, sie wirtschaftlich besser sind als das vorhergehende Gerät", erklärte das Vorstandsmitglied Anfang 1962. Bereits lange vor dem formellen Start des Projekts Concorde hatte Lufthansa ein eigenes Konzept für einen zivilen Überschalljet vorgelegt. Auf einer Pressekonferenz im Oktober 1961 präsentierte Gerhard Höltje ein etwas verwegen aussehendes Modell eines hypothetischen Flugzeugs im Maßstab 1:40, das kurze, spitze Deltaflügel aufwies, ein spitzes Rumpfheck sowie sogenannte Entenflügel als Höhenruder direkt hinter den Cockpitfenstern. In den Dimensionen allerdings war es der späteren Concorde nicht gänzlich unähnlich – die geplante Länge betrug 62 Meter, die Spannweite 30 Meter und das maximale Startgewicht 180 Tonnen, sehr nahe am späteren Design des britisch-französischen Projekts. Das Flugzeug nach Vorstellungen der Lufthansa-Ingenieure sollte über vier Mantelstromtriebwerke mit Nachbrennern verfügen und damit bei einer Kapazität von 140 Passagieren in zwei Klassen eine Reisegeschwindigkeit von Mach 3 erreichen – bei geringerem Treibstoffverbrauch als später die Concorde.

Daran zeigte sich bereits das Theoretische dieses Entwurfs, wenn er auch in vielen Parametern dem später realen Flugzeug schon erstaunlich nahe kam. „Über die Auslegung bestand noch keineswegs Einigkeit", hieß es denn auch bei der Lufthansa. Schon damals erkannten die deutschen Ingenieure, „dass jedenfalls beim augenblicklichen Stand der Dinge Prestige-Gesichtspunkte bei der Entwicklung eines solchen Fluggeräts eine nicht unerhebliche Rolle spielen". Gerhard Höltje ging davon aus, dass eine Flugerprobung nicht vor 1968 beginnen würde und ein kommerzieller Einsatz nicht vor 1970 möglich sei. Zu dieser Zeit war der Flug mit über hundert Passagieren bei doppelter Schallgeschwindigkeit eine Gleichung mit sehr vielen Unbekannten, die Vorstellungen über Machbarkeit, Kosten und Zeitrahmen noch sehr optimistisch. „Wir sind der Meinung, dass entsprechend dem heute übersehbaren Entwicklungsstand der Technik die Frage der technischen Machbarkeit eines Überschallverkehrsflugzeugs bejaht werden muss", verkündete Höltje im Juli 1964 auf der Lufthansa-Hauptversammlung. Im März 1964 hatte Lufthansa bereits drei Optionen gezeichnet für die geplante amerikanische Entwicklung eines Überschallflugzeugs, die allerdings bis Ende 1965 mit keinerlei Verpflichtungen verbunden war. Danach waren 600.000 Dollar Anzahlung fällig, die später auch an das US-Finanzministerium geleistet wurden, aber das Ganze hatte eher symbolischen Wert. „Es kann nicht unsere Aufgabe sein, um jeden Preis schneller zu fliegen, sondern es muss unsere Aufgabe sein, so sicher, so regelmäßig und so pünktlich wie nur möglich zu fliegen", erklärte Höltje.

Im Januar 1967 verfasste Lufthansa eine „Studie zur Bestellung von Concorde-Flugzeugen (streng vertraulich)". Mittlerweile hatten 15 Fluggesellschaften Optionen für 69 Concordes aufgegeben, aus Europa neben Air France (8) und BOAC (8) auch noch Sabena (2). „Durch den Einsatz der Concorde bei verschiedenen Konkurrenzgesellschaften kann LH gezwungen werden, ebenfalls die Concorde einzusetzen, um nicht einen Verlust an Marktanteil oder einen Verzicht auf bestimmte Nachfrageschichten hinzunehmen", hieß es zur Ausgangslage in der Studie. „Mit Ausnahme der inneramerikanischen Gesellschaften American, Continental, Eastern und United sind alle angeführten Luftverkehrsgesellschaften unmittelbare Konkurrenten der LH. Sollte LH sich nicht für eine Bestellung der Concorde entschließen, kann sie erst mit dem Einsatz von US-SST-Gerät auf dem SST-Markt erscheinen", so die Autoren. Damals ging man davon aus, dass Lufthansa mit den Lieferpositionen 77,80 und 85 ein amerikanisches Flugzeug erst zwischen Januar 1975 und April bzw. Juni 1976 einsetzen könnte. Bei einer Concorde-Bestellung hingegen könne Lufthansa, so die optimistische Annahme im Januar 1967, bereits Mitte 1973 das erste Flugzeug übernehmen, während die Erstkunden nach damaligen Erkenntnissen bereits ab 1971/72 Überschallflüge anbieten würden. Das einzige Motiv einer erwogenen Concorde-Bestellung war also der zeitliche Vorteil von rund vier Jahren, den Lufthansa damit gewinnen würde. Ansonsten setzte man weiter auf den US-Gegenentwurf und ging davon aus, „dass der Bestand an Concorde-Flugzeugen in der LH-Flotte wegen der technischen und kostenmäßigen Vorteile des US-SST so niedrig wie möglich anzusetzen ist, d. h. LH wird die Concorde nur auf den Strecken einsetzen, auf denen sie durch die Konkurrenz dazu gezwungen wird."

Doch die Anzahl der Strecken, auf denen Lufthansa meinte Flagge zeigen zu müssen, mutete aus heutiger Sicht enorm an und zeigte, wie sehr man davon ausging, dass der Überschallverkehr den gesamten Luftverkehr revolutionieren würde. An Probleme etwa mit dem Überfliegen bewohnter Gebiete im Überschalltempo dachte damals noch niemand. Die Studie enthielt einen ehrgeizigen Einsatz- und Flugplan für drei Concordes, die Lufthansa zum Sommerflugplan ab dem 1. April 1974 einzusetzen plante – eine gigantische Utopie, wie wir heute wissen. 42 Flüge pro Woche mit den drei Überschalljets sah der Plan vor. Allen voran der Flug LH414, täglich außer Freitag von Frankfurt (Abflug 10 Uhr Ortszeit) zur Zwischenlandung in Shannon (Ankunft 10.20 Uhr Ortszeit, Abflug 10.50 Uhr) weiter nach New York-JFK (Ankunft um 9.55 Uhr Ortszeit), Reisezeit vier Stunden 55 Minuten. Der Rückflug LH415 sollte in JFK um 11.30 Uhr Ortszeit starten und um 20 Uhr deutscher Zeit in Rhein/Main landen, auf dem Rückweg entfiele wegen der günstigeren Windverhältnisse in West-Ost-Richtung der Tankstopp in Shannon. Die Lufthansa-Planer gingen also davon aus, dass zunächst nicht das geplante reichweitenstärkere

■ Modell einer Lufthansa-Concorde im Farbkleid der Siebziger Jahre. [LH]

Concorde-B-Modell zur Verfügung stehen würde, mit dem ein Nonstop-Flug in beiden Richtungen möglich wäre.

Des weiteren enthielt der Flugplan-Entwurf zweimal wöchentlich beflogene Routen Frankfurt–Montreal–San Francisco sowie Frankfurt–Montreal–Chicago. Nach Südamerika waren vier wöchentliche Flüge vorgesehen, je zweimal sollte LH510 die Route Frankfurt–Dakar–Rio de Janeiro–Buenos Aires befliegen (Gesamtdauer acht Stunden, 15 Minuten – ein Lufthansa-Jumbo brauchte später nonstop 13:45 Stunden), einmal Frankfurt–Shannon–New York–Bogota–Lima (Reisezeit zehn Stunden und 15 Minuten) sowie ein Flug Frankfurt–Shannon–New York–(wenn nötig Caracas zum Tanken)–Lima (ebenfalls in 10:15 Stunden). Unrealistisch dürften zumindest aus heutiger Sicht die geplanten Bodenzeiten von jeweils nur 35 Minuten gewesen sein, vor allem bei Stopps in New York und einem so wartungsintensiven Flugzeug.

Auch nach Afrika wollte Lufthansa die Concorde einsetzen, und zwar in Konkurrenz zu Sabena und BOAC. Lufthansa rechnete damit, dass sie sonst auf einen Teil ihres bisherigen Geschäftsreise- und First Class-Verkehrs nach Johannesburg hätte verzichten müssen. „Da Lagos aus technischen Gründen nur mit einer für einen wirtschaftlichen Anflug nicht ausreichenden Nutzlast anfliegbar ist, muss die Strecke über Ostafrika (Nairobi) geführt werden", erklärten die Lufthansa-Planer in ihrer Studie. Die zweimal wöchentlich geplante Strecke von LH 706 hätte von Frankfurt in einem Nachtflug über Kairo, Nairobi nach Johannesburg (Reisezeit sieben Stunden, zehn Minuten). Selbst die Strategen mussten aber zugeben: „Die Zweistopp-Streckenführung erscheint nicht ideal, ist jedoch auch von der Konkurrenz nicht zu überbieten. Der Anflug von Kairo ist aus Reichweitegründen notwendig". Heute braucht eine Boeing 747 für den Nonstop-Flug von Frankfurt nach Johannesburg planmäßig 10 Stunden und 15 Minuten.

Um das Überschallangebot rund zu machen, plante Lufthansa auch dreimal die Woche auf verschlungenen Pfaden Asien und Australien zu erreichen. Die Concorde mit der Flugnummer LH640 sollte von Frankfurt über Athen, Karachi, Bangkok und Hongkong schließlich nach zwölf Stunden Reisezeit Tokio erreichen. Fast eine Stunde länger als später eine Boeing 747 brauchte, um die Strecke von Rhein/Main nach Narita auf der Sibirienroute ohne Zwischenlandungen zurückzulegen. LH642 wäre danach von Frankfurt mit Tankstopps in Beirut und Indien weiter nach Hongkong geflogen (gesamte Reisezeit 9:35 Stunden gegenüber 11:10 Stunden später mit der 747 nonstop via Sibirien) und Tokio. LH698 wäre auf die längste geplante Strecke gegangen: Frankfur–Beirut–Bombay–Singapur–Darwin–Sydney, die geplante Reisezeit von nur 13 Stunden und 20 Minuten erschien allerdings nicht zuletzt wegen der grundsätzlich nur jeweils 35 Minuten pro Zwischenlandung unrealistisch knapp kalkuliert. Ab 1974 sollten die drei Lufthansa-Concordes so auf 258 Flugstunden pro Woche kommen, was einer täglichen Nutzung von zwölf Stunden und 28 Minuten pro Flugzeug entsprochen hätte – eine Intensität, die keine reale Concorde je erreicht hat. Die tatsächliche tägliche Nutzungsdauer lag bei British Airways Mitte der 1990er-Jahre bei durchschnittlich 2,3 Stunden.

Damals rechnete man noch mit maximal 128 Passagiersitzen in der Concorde, die jedoch auf einigen der angestrebten Strecken aufgrund der begrenzten Reichweite nicht alle hätten verkauft werden können. So hätte man zwar Frankfurt–New York jederzeit nonstop fliegen können, allerdings bei nicht einmal 50prozentiger Auslastung mit nur maximal 57 Passagieren. Auch auf dem Rückweg von New York nach Frankfurt wäre ebenfalls eine Nutzlastbeschränkung hinzunehmen gewesen, die nur bis zu 85 Fluggäste an Bord erlaubt hätte. Bei Frankfurt–Montreal lag die maximal mögliche Passagierzahl bei 77, während auf der Rückreise immerhin 111 zahlende Gäste ohne Zwischenlandung nach Frankfurt hätten gebracht werden können.

Die Studie zeigte Wirkung im Lufthansa-Vorstand, am 17. Februar 1967 wurde ein Vorvertrag über drei Concordes abgeschlossen, Lufthansa sicherte sich die Lieferpositionen 59, 67 und 73 und zahlte dafür 700.000 Dollar an. An die Presse gemeldet wurde das allerdings erst am 9. März 1967 („zur Veröffentlichung um 13 Uhr GMT") – der Stückpreis je Flugzeug sollte danach bei 64 Millionen DM (nach heutigem Wert rund 147 Millionen Euro) liegen, der gesamte Anschaffungspreis inklusive Ersatzteilen bei rund 340 Millionen DM (entspricht heute 783 Millionen Euro). „Falls wir aus eigenem Verschulden nicht einen endgültigen Kaufvertrag abschließen, müssen wir weitere 700.000 Dollar zahlen, die insgesamt 1.400.000 Dollar sind dann verfallen," vermerkte eine Vorlage für die Hauptversammlung 1968. Der Vertrag zwischen Lufthansa sowie British Aircraft Corporation und Sud Aviation enthielt noch andere Ausstiegsklauseln: „Falls jedoch BOAC oder AF die Concorde nicht kaufen oder der Erstflug der ersten Prototypen nicht vor dem 31. Dezember 1968 erfolgt oder die endgültige Spezifikation zeigt, dass die ‚Mission Guarantee' (FRA-NYC mit bestimmter Payload) nicht erfüllt wird oder der Grundpreis 16.000.000 Dollar überschreitet, so sind wir frei und die Anzahlung erhalten wir zurück", bestätigte das Papier. Im Januar 1967 hatten sich insgesamt 29 Fluggesellschaften weltweit für zusammen 189 Überschalljets vormerken lassen, davon 120 für die geplante Boeing-Variante und 69 für die Concorde. 13 Airlines hatten bei beiden Herstellern Optionen getätigt, neben der Lufthansa interessanterweise auch Air France und BOAC (jeweils sechs Flugzeuge des Mach-3-Überschallprojekts Boeing 2707 und acht Concorde).

In den folgenden Jahren entstanden immer mehr Probleme, vor allem hinsichtlich der Ablieferungstermine, der Leistungsdaten der Flugzeuge sowie der Möglichkeit zum Überschallflug über bewohntem Gebiet. Bereits 1961 hatte Gerhard Höltje beinahe visionär gewarnt: „Ein Verbot des Überschallflugs über bewohnten Gegenden, das heißt eine Beschränkung auf reine Wasserstrecken, stellt den Sinn des Luftverkehrs mit Überschallgeschwindigkeit ernsthaft infrage."

Auf der Hauptversammlung im Juli 1971 dann leitete Vorstandschef Herbert Culmann langsam die Absetzbewegung ein: „Unsere Option auf die Concorde steht unter einer ganzen Reihe von Vorbehalten, die sich letztlich auf die Wirtschaftlichkeit des Geräts beziehen. Es wäre kaum sinnvoll, ein Überschallflugzeug über dem Atlantik einzusetzen, wenn es zum Auftanken in Irland zwischenlanden und bis dorthin aus Gründen des Lärmschutzes im Unterschallbereich fliegen müsste." Beinahe gleichzeitig allerdings saßen erstmals Lufthansa-Piloten im Cockpit einer Concorde und konnten sich bei zwei jeweils zweistündigen Flügen mit dem Prototyp 001 F-WTSS von Toulouse aus selbst ein Bild über die Fähigkeiten des Flugzeugs und den Stand der Erprobung machen. Neben vielen Kritikpunkten gab es auch Zuspruch: „Nach dieser Woche intensiven Umgangs mit jenem ungewöhnlichen Vogel lautete unsere ungeteilte Meinung: Man kann sich direkt an die Concorde gewöhnen", lobte Flugingenieur Robert Bargl.

Bereits auf der 19. Lufthansa-Hauptversammlung am 4. August 1972 erklärte Vorstandschef Herbert Culmann: „Wirtschaftlich indiskutabel ist derzeit noch das britisch-französische Prestigeprojekt, die überschallschnelle Concorde. Ein Einsatz über die Standardstrecke Frankfurt – New York wäre nach wie vor nur unter wirtschaftlich nicht vertretbaren Bedingungen möglich. Den Einsatz in anderen Verkehrsgebieten werden wir zu einem späteren Zeitpunkt sicher noch einmal überprüfen". Zur selben Zeit verzeichnete die Concorde gerade mal 14 Festbestellungen, obwohl die USA ihr Boeing-Überschallprojekt bereits im März 1971 gestrichen hatten.

Auch an US-Entwürfen eines Überschalljets (hier von Lockheed) zeigte Lufthansa Interesse und sicherte sich Lieferpositionen. [Archiv Spaeth]

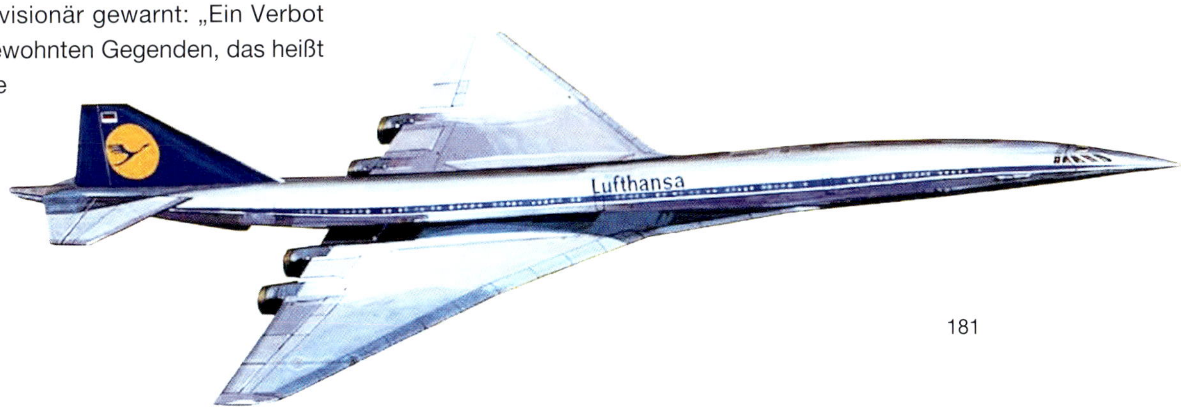

Am 23. Juli 1971 flog eine Lufthansa-Cockpitcrew zum ersten und einzigen Mal zusammen mit Testpiloten eine Concorde. [LH]

Ein Lufthansa-Bericht über den Entwicklungsstand listete im November 1972 nochmals die Problemlage auf. Dort hieß es: „Die Kostensituation hat sich in letzter Zeit durch weiteres Ansteigen des Kaufpreises erneut verschlechtert". Für 1972 lag der Preis bei 120 Millionen DM (heute 240 Millionen Euro) pro Flugzeug ohne Ersatzteile. Immerhin wurde der bestehende Vorvertrag zugunsten der Lufthansa geändert, sodass jetzt kein zeitlicher Zwang mehr bestand und die Lufthansa bis Juni 1974 ihre Lieferpositionen ohne weitere Verpflichtungen aufrechterhalten konnte. Die Diskussion um die Concorde in deutscher Hand schwelte weiter, mit schöner Regelmäßigkeit gab Lufthansa-Chef Culmann dazu Erklärungen ab. Im Juni 1973, die weltweite Ölkrise hatte mit ihren erheblichen Preissteigerungen beim Treibstoff den Concorde-Betrieb nochmals extrem verteuert, sagte Culmann: „Die Concorde ist angesichts ihrer Nutzlast- und Reichweite-Charakteristika für uns derzeit nicht einsetzbar. (...) Die Entwicklung der Concorde ist aber, was den technischen Fortschritt angeht, doch so bedeutsam, dass man sie nicht einfach negieren kann". Inzwischen hatte die Lufthansa keinerlei Verpflichtungen mehr gegenüber den Herstellern, die ihrerseits sogar die Anzahlung an die durch Energiekrise und Fluglotsenstreik finanziell unter Druck stehende Lufthansa zurückerstattet hatten und trotzdem die Optionen aufrechterhielten. Ein Jahr später ließ sich Culmann so vernehmen: „Wir halten es für unrealistisch, derzeit ein Flugzeug in den Markt zu bringen, das mit solchen Handicaps in die Konkurrenz geht. Der Ausweg, der hier offensichtlich in England und Frankreich beschritten wird, ist zwar aus nationaler und politischer Sicht verständlich, aus wirtschaftlicher Sicht nicht".

Im September 1975, kurz vor Beginn des Concorde-Liniendienstes ab Paris und London, stieg der für Technik zuständige Lufthansa-Vorstand Reinhardt Abraham in den Ring. Einerseits um die Concorde schlechtzureden („Ein unwirtschaftliches Flugzeug wird mit Gewalt auf den Markt gebracht"), andererseits um den für Lufthansa erwarteten Schaden möglichst kleinzureden. Das „mit Steuergeldern finanzierte technische Wunderwerk" müsse nun einmal mit Passagieren gefüllt werden, das „bringt negative Auswirkungen auf den gesamten Markt", auch für Lufthansa. „Ein Teil der Erste-Klasse-Passagiere wird von der Concorde angezogen werden. Leute, die für erhöhte Geschwindigkeit möglicherweise einen Aufpreis hinnehmen." Dabei werde Lufthansa „alles tun, um den objektiven Geschwindigkeitsvorteil der Concorde zu verringern." Dafür wollte man längere Nonstop-Verbindungen auf Langstrecken schaffen, um so die Schwäche der Concorde mit ihrer begrenzten Reichweite auszunutzen. Ab 1977 fasste die Lufthansa daher ins Auge, die Strecke Frankfurt–Sydney mit nur einer Zwischenlandung zu bedienen bei einer Gesamtreisezeit von 21 Stunden, „während bei der Concorde drei technisch notwendige Zwischenlandungen und Umwege durch die Überschall-Korridore zu einer Gesamtreisezeit von 20 Stunden führen", wie Abraham genüsslich vorrechnete. Tatsächlich schaffte Lufthansa die Strecke mit der Boeing 747-400 via Bangkok auch noch zwei Jahrzehnte später sogar in der planmäßigen Gesamtreisezeit von 20 Stunden und 20 Minuten.

Erst auf der Bilanz-Pressekonferenz im Juni 1976, kurz nach Beginn des Concorde-Liniendienstes, äußerte sich Lufthansa-Chef Herbert Culmann schließlich zum letzten Mal zu diesem Thema: „Ein Flugzeug, das trotz aller gegenteiliger Verlautbarungen schlichtweg nicht in der Lage ist, das Geld zu verdienen, das es kostet, ist für uns indiskutabel." Aber Culmann sah damals noch nicht das Ende aller Tage für das Projekt ziviler Überschallflüge, sobald es einen wirtschaftlichen Überschalljet gäbe, sei das Thema neu zu prüfen: Wir sind als Lufthansa weiß Gott nicht dazu da, um den technischen Fortschritt aufzuhalten".

IV Lufthansa und das Frachtgeschäft

Fliegender Lieferverkehr wird zum lukrativen Markt

15 Lufthansa und Luftfracht

„Alles lacht, hier kommt die Fracht" – diesen Spruch musste sich so mancher in der Frachtabteilung der Lufthansa von Kollegen aus der Passage anhören. Das war bei der alten Luft Hansa mitunter so und kam auch nach dem Neustart wieder vor. Dabei war schon in den ganz frühen Jahren schnell deutlich geworden, dass hier ein weiteres potenziell lukratives Geschäftsfeld für eine Luftverkehrsgesellschaft liegt. Natürlich war und ist Frachtluftverkehr nicht vom gleichen Glamour umweht wie der Passagierverkehr. „Fracht motzt nicht, Fracht kotzt nicht", freuen sich flapsig vor allem jene Piloten, die mit Vorliebe Frachtflüge durchführen und sich bewusst gegen die Beförderung „selbstladender Fracht" entschieden haben. So nennen Frachtflieger nämlich gern Passagiere. 1925, kurz vor Gründung der Luft Hansa steckte die Frachtfliegerei in Deutschland noch in den Kinderschuhen, gerade mal vier Flugplätze schlugen überhaupt mehr als hundert Tonnen fliegender Güter im Jahr um: Neben der Metropole und Hauptstadt Berlin waren dies nur die Messestädte Leipzig und Hannover sowie Köln, das von der Strecke nach London profitierte. Damals war Luftfracht nur etwas für Kleingut-Eilversender. Aufgrund der engen Dimensionen der Flugzeuge durften die Sendungen lediglich maximale Größen von 150 x 50 x 50 cm aufweisen, da sie nur als Beiladung zu Passagieren an Bord kamen.

■ Bereits 1928 bietet Luft Hansa vor allem für eilige Waren Frachtdienste, hier bei der Verladung in eine Junkers W33. [LH]

Trotzdem stieg das durch die Luft beförderte Frachtvolumen von Ware mit „Eilwert" schnell – Kleidungsstücke aus der Modebranche, Filme, Pressefotos, Tiere, Früchte oder Ersatzteile flogen jetzt häufig. Sendungen von Deutschland nach Spanien waren so schon nach zwei bis drei Tagen am Ziel, während es per Eisenbahn etwa 14 Tage dauerte. Goldtransporte durch die Luft wurden als sicherer erachtet als die Beförderung am Boden, und es taten sich dank der fliegenden Frachter ganz neue Absatzmärkte auf: Bald flogen Schnittblumen aus den Niederlanden täglich nach Berlin, ein Teil davon wurde nach Ost- und Südeuropa weiterverteilt. Das Geschäft entwickelte sich so florierend buchstäblich, dass bald in den Sommermonaten insgesamt 100 Tonnen Blumen am Himmel unterwegs waren. Auch Erdbeeren reisten auf dem Luftweg von Hamburg oder Berlin nach Kopenhagen und Malmö und konnten so schon am Erntetag auf dem Markt sein. Während der Saison flogen täglich zwischen 800 und 1000 Kilo der begehrten roten Früchte zu ihren Abnehmern. Auch Hummer, die in Spankörben auf Eis gelegt auf die Reise gingen, gehörten zum regelmäßigen Transportgut. Schon 1925/26 war klar, dass die durch Luftbeförderung von Gütern zu erzielenden Deckungsbeiträge nicht zu verachten waren: Damals brachte Fracht pro Tonnenkilometer Einnahmen von 144 Pfennig, Passagiere 240 Pfennig und Luftpost 450 Pfennig.

Als Geburtsstunde des Gütertransports per Flugzeug bezeichnet man in Deutschland bereits den 19. August 1911. Damals flog eine einmotorige Harlan von Berlin-Johannis-

Eine restaurierte Junkers W33, in deren fensterloser Kabine ab 1926 Fracht befördert wurde, steht heute am Flughafen Bremen. [Thomas Mellies/ Wikimedia]

thal nach Frankfurt/Oder, die ausschließlich Fracht beförderte: Packenweise druckfrische Exemplare der Berliner Morgenpost, die auf diesem Weg über eine Stunde früher als sonst am Ziel waren. Und schon in den ersten Monaten der Luft Hansa spielt der Güterverkehr per Flugzeug eine Rolle. Der Verkehrsbericht von September 1926 berichtet von 10.000 bis Ende August beförderten Sendungen mit einem Gesamtgewicht von 66 Tonnen. „Einen namhaften Umfang unter diesen Sendungen nehmen Goldtransporte (ungemünztes Gold), Blumentransporte, Seide, Obst und Konfektion ein. Zahlreich sind auch die Sendungen lebender Tiere: Hunde, Ratten, Vögel; selbst Schlangen und ein Chamäleon sind kürzlich befördert worden", heißt es dort. Bereits im Gründungsjahr flogen 258 Tonnen Fracht in den ersten Flugzeugen der Luft Hansa.

Als wirklicher Beginn von regelmäßigem Luftfrachtverkehr in Deutschland kann aber erst das Jahr 1927 gesehen werden. Am 13. August 1927 wurde eine Vereinbarung zwischen der jungen Luft Hansa und der Deutschen Reichsbahn über Einrichtung und gemeinschaftlichen Betrieb des Flug-Eisenbahn-Verkehrs (dem sogenannten „Flei-Verkehr") geschlossen. So ergänzten sich beide Verkehrsmittel, was gerade in der Frachtbeförderung in die Breite des Landes, aber auch zum Ausgleich bei Störungen des noch anfälligen Luftverkehrs ein entscheidender Fortschritt war. „Mit Fracht verband man 1927 die Begriffe langsam und schwer", schreibt Rudolf Braunburg, nennt aber mit Aquarienfischen und Rassehunden auch weniger gewichtige Waren als typische Luftfrachtgüter. Ab 1926 kam dafür bereits ein reines Frachtflugzeug zum Einsatz, die **Junkers W33**, die in ihrer fensterlosen Wellblech-Kabine bis zu 900 Kilo Nutzlast fliegen konnte. „Wir beförderten täglich Ladungen von Schnittblumen von Amsterdam nach Berlin oder Modeartikel, vor allem Damenhüte von Berlin nach London", erinnerte sich später der frühere Lufthanseat Ernst Vocke, der zu jener Zeit seine Lehre absolvierte. „Letztere waren zwar leicht, bildeten aber eine recht sperrige Ladung, was uns in der W33 zuweilen schon Probleme bescherte." Oft, so berichtete er weiter, waren die Maschinen derart überladen, dass die Einstiegstür nicht mehr zuging. Die wurde daraufhin mit Draht notdürftig verschlossen und der Pilot startete eben mit halb offener Tür.

Ab 1928 kam als Frachtflugzeug auch die größere **Junkers F24** zum Einsatz, die bis zu 1150 Kilo Zuladung schleppen konnte. Allerdings schnitt die ebenfalls ab 1928 fliegende, auch einmotorige **Caspar C35**, ein verspannter Doppeldecker, am besten ab. Zumindest wenn es um die Beladung mit den typischen Sperrholzkisten ging, in denen die Schnittblumen befördert wurden. 80 davon passten in die Caspar C35, während sich etwa in der Junkers F24 nur 55 und in der W33 gar nur 22 verstauen ließen. Der wichtigste Meilenstein war aber der zum Sommerflugplan 1928 eingeführte Luftfrachtspezialdienst der Luft Hansa: Auf den Strecken Berlin-Hannover-Essen-Köln-London mit Rückflug via Amsterdam und Hannover sowie Berlin-Essen-Köln-Paris waren dabei reine Frachter nach festem Flugplan unterwegs. Weil die damals vorhandene Nachtflugbefeuerung nur von Berlin bis Hannover reichte, starteten die Frachtflüge um 2 Uhr morgens in Berlin-Tempelhof und erreichten dann vormittags um 10.20 Uhr planmäßig Paris bzw. um 10.40 Uhr London. Zu Spitzenzeiten wird 1928 täglich ein Frachtstreckennetz von 3855 Kilometern beflogen. „Die Luftfracht trat mit dem Spezialdienst aus dem übermächtigen Schatten des Passagierverkehrs", befinden die Autoren Wachtel/Ott. Zwischen 1926 und 1929 verfünffacht sich das Aufkommen an Luftfracht bei Luft Hansa, während sich die Anzahl geflogener Passagiere nur gut verdoppelt. Allein 1928 stieg die Nutzfracht um 40 Prozent gegenüber dem Vorjahr, die Passagierzahl nur um acht Prozent.

In den 1930er Jahren liegt bei Luft Hansa (ab 1933 Lufthansa) der Fokus auf der Ausweitung des weltweiten Streckennetzes und dabei ist der Luftpostverkehr Pionier und Treiber. Doch Luftpost und Luftfracht sind auch operationell grundverschieden, darauf hatte schon 1929 der hauseigene Pionierpilot Joachim von Schröder hingewiesen, als es um die richtigen Flugzeugtypen für beide Bereiche ging: „Ein kleines, schnelles, starkmotoriges Postflugzeug wird stets viel luft- und wettertüchtiger sein als eine große schwere Frachtmaschine. Wir müssen schon aus diesem flugtechnischen Grunde zu einer Trennung von Post- und Frachtmaschinen kommen. Frachtmaschinen, die häufiger landen werden, müssen dagegen eine möglichst große Nutzlast mitzunehmen in der Lage sein", so von Schröder. Auch für den Frachtverkehr bedeutsam war die Mitte des Jahrzehnts immer engere Zusammenarbeit zwischen den gerade im Fernverkehr zum wichtigen Faktor gewordenen Zeppelin-Luftschiffen und der Luftfahrt. Es war die große Zeit der fliegenden Riesenzigarren gerade auf Nord- und Südatlantikrouten. An der 1935 gegründeten Deutschen Zeppelin-Reederei (DZR) war neben dem Reichsluftfahrtministerium auch die Lufthansa beteiligt. Das hatte Auswirkungen auf die Luftfracht – in den Frachträumen der „Graf Zeppelin" und der „Hindenburg" standen Autos und sogar Flugzeuge, wurden wertvolle Tiere betreut. Doch solcher Glamour war nur von kurzer Dauer, das Ende der Zeppeline kam nach der Katastrophe von Lakehurst 1937 noch schneller als das Ende des Deutschen Reichs und mit ihm der alten Lufthansa im April 1945.

Vor dem Neustart der Nachkriegs-Lufthansa 1955 hatten sich in der neuen Bundesrepublik schon andere Gesellschaften in der Luftfracht engagiert, so vor allem der amerikanische Marktführer Seabord & Western Airlines. Von 1953 bis 1954 allein war so das Luftfrachtaufkommen in Deutschland schon von 43.300 auf 67.800 Tonnen gestiegen. Auch Gesellschaften aus den Nachbarländern wie die niederländische KLM tummelten sich munter auf dem deutschen Markt. KLM etwa flog für Mercedes Fracht aus Stuttgart via Amsterdam in die Welt, während die Lufthansa als Nachzüglerin das Nachsehen hatte. „Während der Aufbauphase der Lufthansa erkannte nur ein Bruchteil der Lufthanseaten die zukünftigen Chancen, die im Frachtverkehr lagen. Es gab zunächst nur einen bescheidenen Frachtdienst", beschreibt Rudolf Braunburg die Situation. „Alle Versuche, Ende der fünfziger Jahre Mercedes für die Lufthansa zu gewinnen, mussten scheitern, weil Abteilungen innerhalb der Riesenfirma den Zweig ‚Luftfracht' nicht ernst genug nahmen." Erste innerdeutsche Frachtflüge gab es ab 1956. Hauptproblem war zunächst der Mangel an geeignetem Fluggerät, hier kamen nur die vier **Douglas DC-3** in Frage, die bis zum Sommerflugplan 1957 noch Passagiere befördert hatten. Danach waren sie als Frachter unterwegs. „Die Piloten starteten mit ihren DC-3-Frachtern in Stuttgart, Nürnberg und Düsseldorf und schleppten Nacht für Nacht ganze Ladungen von Nürnberger Spielzeug, Rheinischem Sekt und Stuttgarter Elektrik aus dem Hause Bosch ins benachbarte Ausland", beschreibt Braunburg. Schon damals wird die Bundesrepublik zur Exportnation, für die naturgemäß effiziente Luftfracht ein wichtiges Instrument ist.

Die Flüge in den alten Dakotas waren kein Zuckerschlecken, sie flogen in niedrigen Höhen von 9000 bis 12.000 Fuß (nicht mal 3700 Meter hoch). „Da die DC-3 keine Druckkabine besaß, hätte eine Höhe von über 12.000 Fuß bei den Piloten zur Höhenkrankheit infolge Sauerstoffmangels geführt. Wenn man Glück hatte, war man in dieser Höhe gerade über den vereisungsreichen Schichtwolken des nächtlichen Kanals", so Braunburg. Im Vergleich zur Ju 52, die viele der gleichen Piloten noch während des Krieges geflogen hatten, „verhielt sich die DC-3 dazu aber wie ein Rassepferd zu einem abgetakelten Ackergaul." Gleichzeitig wissen damalige Piloten von Abenteuern zu berichten, wie sie schon damals in der Passagierfliegerei selten geworden waren. Vom penetranten Geruch verängstigter tierischer Fracht, von wildgewordenen Elefanten oder Copiloten, die an Bord von als Frachtgut fliegenden Giftschlangen gebissen wurden. Nicht zuletzt von turbulenzgeschüttelten Überquerungen des Ärmelkanals auf niedriger Flughöhe oder dem damals oft kaum durchdringlichen Londoner Nebel. „Eines aber hatten die Frachtpiloten erkannt", schreibt Rudolf Braunburg, der selbst noch die DC-3-Frachter bei

Lufthansa geflogen hatte: „Luftfrachtverkehr war nicht ein billiger Ausweg, um ausrangierte Passagierflugzeuge, statt sie zu verschrotten, noch gewinnbringend einzusetzen, bis sie auseinanderfielen, Luftfrachtverkehr – das war die Zukunft schlechthin."

Für den wichtigen Transatlantik-Luftfrachtverkehr fehlte der jungen Lufthansa allerdings geeignetes eigenes Fluggerät. Daher charterte sie bei Transocean Air Lines in den USA eine DC-4/C-54, die in voller Lufthansa-Bemalung vom 4. Dezember 1957 an zweimal wöchentlich von Frankfurt mit Tankstopps nach New York flog. Ohne Druckkabine und ziemlich langsam, aber das war der Fracht egal. Nutzlast: Bescheidene acht Tonnen. Zunächst ebenfalls nur gechartert, gab es ab 1959 Frachtdienste mit der **Lockheed Super Constellation** im Auftrag von Lufthansa, zunächst zweimal, später viermal wöchentlich, die Connies konnten immerhin 18 Tonnen über den Großen Teich schleppen. Erst 1960, als die ersten Boeing-707-Jets eintrafen und den Passagierverkehr auf Rennstrecken wie nach New York übernahmen, konnte Lufthansa erstmals überhaupt eigene Langstrecken-Frachter einsetzen. Ausgerechnet mit dem Spitzenmodell, der vorher noch auf Luxusflügen über den Atlantik eingesetzten **L1049G**, genannt **Super Star**, wurden nun Kisten in die Neue Welt expediert.

„In den Frachtverkehr abgeschoben wurden zwei Super Stars, die trotz allen aerodynamischen Fortschritten zu spät kamen, um die Kolbenfliegerei noch vor den Jets retten zu können", beschreibt es Rudolf Braunburg. „Sie wurden umgebaut, ihre Tragflächen verstärkt, das Landegewicht erhöht. Sie waren im Gegensatz zu den älteren Super Constellations mit Radar ausgerüstet. Die ersten luxuriösen Frachter sozusagen. Eine undurchschaubare Bürokratie hatte diese fortschrittlichsten Kolbenflugzeuge zur Fracht abgestellt." Fünfmal wöchentlich flogen die beiden Super Stars nun Güter nach New York. Es kamen aber auch weiter Charterkapazitäten zum Einsatz, so sicherte sich Lufthansa Anfang 1962 auf allen USA-Flügen von Seabord World Airlines neun Tonnen Nutzlast. An Bord eines ungewöhnlichen Frachters, der **Canadair CL-44**, deren Markenzeichen das völlig wegklappende Heckteil inklusive Leitwerk war. So ließen sich sperrige Güter problemlos be- und entladen. 1962 erreichte Lufthansa über dem Nordatlantik bei der Fracht einen Marktanteil von 7,9 %, 45 % davon wurden in reinen Frachtflugzeugen befördert. Der Bedarf an Frachtern blieb weiter größer als die eigene Frachtflotte.

■ Ab 1960 wurden die L1049G Super Star zu Frachtern umgerüstet, hier die Beladung am Flughafen Düsseldorf. [LH]

■ Die Canadair CL-44 von Seabord World Airlines verfügte über ein aufklappbares Heck für die Beladung, ab 1962 charterte Lufthansa darin Frachtkapazität. [LH]

■ Sechs Curtiss C-46 flogen 1964-1969 Fracht für Lufthansa [LH]. Insert: Diese damals bei Lufthansa genutzte C-46 (Baujahr 1945) fliegt heute in Kanada weiter als C-FAVO mit Kranich [Mikey McBryan]

Zwischen März 1964 und März 1969 kam deswegen ein sehr ungewöhnliches Flugzeug zum Einsatz, teilweise in vollen Lufthansa-Farben: Die dickbauchige **Curtiss C-46 Commando**, bis zu sechs der behäbigen Zweimotorigen waren Teil des Abkommens mit Capitol Airways in den USA. Großes Plus waren die enormen Frachtraumtüren, die Commandos konnten bis zu 6,2 Tonnen Nutzlast aufnehmen und im Inland sowie zu europäischen Metropolen fliegen. Unglaublich, aber wahr: Die C-46 sind derart unverwüstlich, dass sie etwa in Bolivien und der kanadischen Arktis sowie in Alaska bis heute fliegen. Noch unglaublicher: Die durch die TV-Serie „Ice Pilots" bekanntgewordene Buffalo Airways aus Yellowknife in Kanada, die bis heute mehrere Commandos betreibt, fliegt eine, die unter den Cockpitfenstern einen Kranich trägt. Die vor über 80 Jahren, im Februar 1945 erstmals ausgelieferte Maschine trägt heute die Registration C-FAVO. Von 1964 bis 1969 flog sie bei Lufthansa als N9891Z (Abbildung in Kapitel 5).

■ Ab 1965 flogen drei Boeing 707-330C als Nurfrachter für Lufthansa. Äußerlich nicht als Frachter erkennbar, stand nur innen an der Frachttür „Supercargo Jet". [LH]

Das Zeitalter der Frachtjets begann bei Lufthansa erst im November 1965, als die erste von drei bestellten **Boeing 707-330C** eintrafen, die von vornherein für den Frachtbetrieb gebaut waren. Sie boten vorn links auf dem Hauptdeck ein großes Frachttor und schluckten bis zu 41 Tonnen Nutzlast. Sechsmal wöchentlich flogen sie nun nonstop von Frankfurt nach New York. Bis Ende 1970 waren vier als reine 707-Frachter, eine weitere variabel mit Passagieren oder Waren unterwegs. Durch die hohe Produktivität der Frachtjets sanken die Transportkosten auf Langstrecken auf 20 bis 25 Pfennig pro Tonnenkilometer, die Luftfracht wurde attraktiver. Zur Effizienz der Jetfrachter trug die Standardisierung bei der Beladung bei: Auf fahrbare Paletten montiert wurden Hundehütten-ähnliche sogenannte Iglus aus Kunststoff als Container genutzt, in denen kleinere Sendungen verstaut wurden. Sie hatten die Maße 2,24 × 3,18 Meter, wogen selbst nur 225 Kilo und konnten jeweils mit bis zu 5,8 Tonnen Fracht beladen werden. An Bord wurden sie auf in den Kabinenboden eingelassenen Kugelrollen an ihren Standplatz im Flugzeug geschoben und dort verriegelt. Dieses nutzerfreundliche System ermöglichte die Umkehr eines 707-Frachters am Boden innerhalb von nur 90 Minuten, in die 707 passten bis zu 13 Iglupaletten auf das Hauptdeck. Schon 1969 belegte Lufthansa unter allen IATA-Airlines im internationalen Luftfrachtverkehr die Nummer zwei weltweit und konnte auf das längste Streckennetz von Nurfrachtern verweisen.

Einen Meilenstein in der Geschichte der weltweiten Luftfracht erreichte die Lufthansa am 19. April 1972: Als erste Fluggesellschaft überhaupt stellte sie einen Boeing-747-Frachter in Dienst, die **Boeing 747-230F** mit dem Kennzeichen D-ABYE verfügte als erster Jumbo Jet über die hochklappbare Bugnase zur besseren Beladung. Bis-

■ Von 1972 bis 2005 betrieb Lufthansa Cargo die Boeing 747-200F mit der typischen Klappnase und seitlichem Ladetor [oben LH]. Die Dimensionen des Hauptdecks erlaubten es, auch sperrige Fracht aufzunehmen [links LH].

her waren auch die reinen Boeing-707-Frachter stets nur mit der Aufschrift Lufthansa unterwegs gewesen, ergänzt durch den Schriftzug „Supercargo Jet“ auf der Innenseite der aufklappbaren Frachttür auf dem Hauptdeck. Doch mit der Einführung der Jumbo-Frachter prangte nun außen in blauen Lettern Lufthansa Cargo auf dem Rumpf. Bis zu 105 Tonnen Fracht konnte eine einzige 747F auf Langstrecken nonstop befördern, das Zweieinhalbfache der Boeing 707F. Rund 650 Kubikmeter Fassungsvermögen bot der Frachtraum des Jumbos, was 72 VW-Käfern entsprach. Im Durchschnitt befanden sich 86 Tonnen Nutzlast an Bord, auf einem Rekordflug sogar 108 Tonnen. Auf dem Erstflug von Frankfurt nach New York im April 1972 waren 25 elektronisch gesteuerte Rundstrickmaschinen beladen, die zusammen 73 Tonnen wogen. Eine neue Dimension im Luftfrachtverkehr. Denn auch sperrige Güter vom Hubschrauber bis zum Segelschiffsrumpf konnten nun auf dem Luftweg transportiert werden, solange sie durch die 2,44 Meter hohe und 3,45 Meter lange Öffnung unter der aufgeklappten Jumbonase passten. Neben der zunächst einzigen 747F (erst 1981 kam eine zweite) flogen sechs Boeing 707F, abgerundet auf innereuropäischen Strecken durch elf **Boeing 727QC** und sechs **Boeing 737QC**. QC steht für Quick Change, diese Mittelstreckenjets verfügten über Frachttore auf dem Hauptdeck. Durch sie konnten die auf Rollenpaletten laufenden Sitze in kurzer Zeit entfernt werden und das Flugzeug über Nacht als Frachter Geld ver-

■ Pilot trifft Pandas, die in den frühen Siebzigern an Bord einer Boeing 727 flogen. [LH Cargo]

lichen Bemalungsfarbe aus einem seltsam schimmernden Gelb mit Grünstich wurden die German-Cargo-Flugzeuge von Piloten auch „Currywurst“ genannt. Die Frachtchartertochter der Lufthansa sollte deren Liniendienste ergänzen und flexibel dorthin fliegen, wo Bedarf bestand. Wichtige Zielgebiete wurden der Persische Golf und Afrika, Tiertransporte machten bald ein Fünftel des Aufkommens aus. Allein 1981 flogen etwa 9000 Rinder und über zwei Millionen Küken mit German Cargo. Glamourös war das alles nicht, erinnerte sich später Wilhelm Althen, Chef von German Cargo und später Lufthansa Cargo: „In den Siebziger- und Achtzigerjahren war es für viele wenig attraktiv, wenn man bei der Fracht beschäftigt war. Es gab fast schon arrogantes Mitleid dafür. Bei einer Frachtchartergesellschaft zu arbeiten – das bedeutete, in der Hierarchie und im Ansehen ganz unten zu stehen. Wir waren die Underdogs“, so Althen. Das aber habe zu einem besonderen Gemeinschaftsgefühl geführt.

■ In den späten Neunzigerjahren betrieb Lufthansa Cargo auch zwei zu Frachtern umgebaute Boeing 737-200F. [Manfred Winter]

■ Zunächst für German Cargo und dann für Lufthansa Cargo unterwegs: Die DC-8-73AF D-ADUE 1991 in Frankfurt. [Manfred Winter]

dienen. In eine 727QC passten zum Beispiel acht Iglupaletten bei maximaler Zuladung von 18 Tonnen, eine günstige und flexible Ergänzung des Frachtangebots bei Lufthansa. Das Frachtaufkommen der Gesellschaft stieg rapide – von gut 180.000 Tonnen 1971 auf über 265.000 Tonnen schon 1974 und über 300.000 Tonnen zwei Jahre später. Die Frachtflugzeuge bedienten 61 Ziele in aller Welt, weitere 45 wurden über die Frachtraumkapazität auf Passagierflügen, die sogenannte Bellyfracht angeboten.

Ein wichtiger Schritt war 1977 die Gründung der Frachtcharter-Gesellschaft German Cargo, die zunächst zwei 707-Frachter von Lufthansa übernahm und ab 1979 mit vier **Boeing 707F** unterwegs war, die jeweils 42 Tonnen Fracht auf 13 Iglupaletten laden konnten. Wegen ihrer eigentüm-

Sieben Jahre nach ihrer Gründung kam bei German Cargo 1984 eine Flottenerneuerung: Die vier Boeing 707F wurden ersetzt durch fünf **Douglas DC-8-73**-Frachter, die in den USA durch modernere CFM-56-Triebwerke für ein neues Leben als Frachter fit gemacht worden waren. Die DC-8 war vor allem im Laderaum um die Hälfte größer als die 707 und konnte statt 13 nun 18 Iglupaletten befördern und sechs Tonnen mehr Nutzlast, fast 49 Tonnen. Lufthansa selbst stellte ihren dritten Jumbofrachter in Dienst und nutzte mit der 747 Combi die Möglichkeit, durch eine hintere seitliche Frachttür neben Passagieren auf Linienflügen auch Fracht hinten auf dem Hauptdeck zu befördern. Lufthansa hatte sich als beherrschende Kraft im weltweiten Luftfrachtgeschäft etabliert: 1989 flogen 49 % der gesamten Fracht von und nach Deutschland mit der Kranichlinie, 1990 hatte sie

■ Neuzugang – seit 2022 betreibt Lufthansa Cargo vier zu Frachtern umgebaute Airbus A321, hier beim Start in Frankfurt. [Manfred Winter]

auf dem Nordatlantik bei der Fracht einen Marktanteil von 38 %. Ab Sommer 1990 betrieb German Cargo zwei Boeing 747SF und zwei Boeing 737-Frachter der Lufthansa mit eigenem Personal zu geringeren Kosten. Und das in neuen Farben, jetzt mit weißem Rumpf und gelbem Leitwerk, auf dem in schwarz das stilisierte Symbol einer Kiste prangte.

Im März 1994 erfolgte eine entscheidende Weichenstellung: Aus German Cargo wurde die Lufthansa Cargo Airlines GmbH, sie übernahm als Betriebsgesellschaft die gesamte Frachterflotte. Wilhelm Althen erinnerte sich: „Lufthansa war ein nur noch schwer steuerbares Großunternehmen geworden, das man in schlagkräftige Einzelgesellschaften aufteilen wollte.“ Die Fracht stand irgendwo am Rande. „Wir als Cargo wurden damals eigentlich kaum beachtet. Luftfracht war bis zu diesem Zeitpunkt strategisch und organisatorisch weitgehend in die Passage integriert. Das wollten wir unbedingt ändern“, so der frühere Chef. Ziel sei eine bessere Markt- und Kundenorientierung gewesen. Am 30. November 1994 erfolgte die Firmengründung, ab Januar 1995 trat die Gesellschaft unter ihrem neuen Namen Lufthansa Cargo AG auf, ihre Flotte umfasste 17 Nurfrachter: Fünf **DC-8-73F**, zwei **Boeing 737-200F** und zehn **Boeing 747-230SF**, alles umgebaute Passagierflug-

■ Arbeitspferd – zwischen 1998 und 2021 betrieb Lufthansa Cargo insgesamt 19 MD-11, hier schon in der neuen Bemalung. [LH Cargo]

Seit 2013 das Rückgrat der Frachterflotte: 2025 betreibt Lufthansa Cargo zwölf Boeing 777F. [LH Cargo]

zeuge. Die drei „echten" 747-Frachter mit Klappnase waren zuvor seit den Achtzigerjahren bereits abgegeben worden. Neben den Frachtern selbst vermarktete Lufthansa Cargo als neue Frachttochter nun auch die Bellyfracht-Kapazitäten auf den Flügen der Passage. 1996 verließen die DC-8 die Flotte.

Schon 1998 stießen dafür die ersten fünf werksneuen **McDonnell Douglas MD-11F** als Neuzugang dazu und wurden für zwei Jahrzehnte zum Rückgrat der Kapazität. Die schwierig zu fliegenden Dreistrahler konnten mit 85 Tonnen Fracht nur unwesentlich weniger Nutzlast befördern als die 747-Frachter, benötigten aber ein Drittel weniger Treibstoff. Zwischen 1998 und 2021 hat Lufthansa Cargo insgesamt 19 MD-11F betrieben, während bis 2005 auch die letzten Boeing 747-200SF verkauft wurden, somit die Frachtgesellschaft ausschließlich mit MD-11F operierte. Und das sehr erfolgreich, um die Jahrtausendwende hatte Lufthansa Cargo einen Anteil vom 6,5 % am gesamten weltweiten Aufkommen an Linienluftfracht, 450 Frachtziele stehen Versendern zur Verfügung. Bereits seit November 2013 betreibt Lufthansa Cargo als neues Standardmuster die **Boeing 777F**, die 103 Tonnen Fracht befördern können. Mitte 2025 flogen zwölf der Boeing-Frachter, sieben **Boeing 777-8F** mit 108 Tonnen Kapazität zur Lieferung ab frühestens 2028 waren bestellt. Seit 2022 hat Lufthansa Cargo vier aus Passagierflugzeugen umgebaute Frachter des Typs Airbus A321F für Europastrecken in Betrieb genommen. Damit will sie die steigende Nachfrage nach immer kürzeren Transportzeiten etwa durch den wachsenden Onlinehandel bedienen.

Während der Corona-Pandemie 2020–2022 als Passagierflüge weltweit zeitweise weitgehend am Boden blieben, erwirtschaftete Lufthansa Cargo Rekordumsätze, ihre üppigen Milliardengewinne retteten nicht nur einmal die gesamte Konzernbilanz. Auch bei Lufthansa vermarktete die Frachttochter während der Pandemie sogenannte Prachter: Passagierflugzeuge der Typen A330, A340 und A350, die kurzfristig als Frachtflugzeuge zum Einsatz kamen. In ihren Passagierkabinen wurden statt Fluggästen Fracht befördert, oft wichtige Güter für das Gesundheitswesen wie Masken oder Impfstoffe, 37 Tonnen Kapazität standen zur Verfügung. Auch hier zeigte sich, was der erste Firmenchef Wilhelm Althen schon 2014 gesagt hatte: „Die Cargo hat ihren Charakter behalten und sich im Konzernumfeld bewiesen." Nicht zuletzt gilt sie bei Lufthansa als „Schule für Topmanager" – Konzernchef Carsten Spohr war von 2007 bis 2010 Chef der Frachtsparte, genau wie der spätere Condor-Chef Peter Gerber oder Brussels Airlines-Chefin Dorothea von Boxberg. Und bei Fracht lacht inzwischen niemand mehr – schließlich werden heute zwar weniger als 1 aller weltweit beförderten Güter durch die Luft transportiert, aber 35 % des Warenwerts aller globalen Transporte fliegen.

V Das Erscheinungs- bild der Lufthansa im Wandel

Ein Markenzeichen älter als die Lufthansa

16 Das ikonische Kranich-Logo

Lufthansa-Chef Carsten Spohr wurde deutlich, als er Anfang 2018 das neue Markendesign der Lufthansa vorstellte, an dem eins nicht neu war: Das Kranichlogo. „Der Kranich repräsentiert Lufthansa und Lufthansa repräsentiert den Kranich“, sagte Spohr. Sein Vor-Vorgänger Wolfgang Mayrhuber hatte schon 2005 zum 50. Bestehen der neuen Lufthansa verkündet: „Der Kranich, unser Markenzeichen, hat im Laufe der Jahre an Strahlkraft gewonnen.“ Zur Überarbeitung der Markenidentität erklärte das Unternehmen seinen Mitarbeitern in der Hauszeitschrift: „Unser Signet, der Kranich, ist einmalig. Er war von Anfang an da.“ Es findet also eine völlige Identifikation des Luftfahrtkonzerns mit seinem inzwischen über hundert Jahre alten Markensymbol statt. Und in der Tat fast jeder Mensch, ob er fliegt oder nicht, in Deutschland bzw. Europa lebt oder nicht, assoziiert mit dieser speziellen Darstellungsform des Vogels als Logo heute wahrscheinlich die Lufthansa. Was daran liegt, dass niemand den Kranich noch früher für sich einspannte als eine deutsche Fluggesellschaft – und das war noch nicht mal die Lufthansa. Sondern ihre Vorgängerfirma Deutsche Luft-Reederei (DLR), die im Dezember 1917 in Umwandlung einer AEG-Tochtergesellschaft in Berlin gegründet wurde und im Februar 1919 den Flugverkehr aufnahm.

■ Das von Otto Firle 1918 für die Deutsche Luftreederei entworfene Kranich-Logo.

Entworfen wurde das Logo mit dem schlanken Vogel, der seine Flügel spreizt, bereits Ende 1918 vom Grafiker und Architekten Otto Firle (1898–1966), damals Leiter der Propaganda- und Presseabteilung der DLR, der auch viele andere markante Logos dieser Zeit entwarf. Etwa das Emblem der Deutschen Reichspost und das Signet der Reichs-Rundfunk-Gesellschaft. Gerade letzteres ähnelt visuell sehr der späteren Bildmarke der Lufthansa. Seine wichtigste Aufgabe war es, ein Bildzeichen für das junge Berliner Luftfahrtunternehmen zu entwickeln. Er zeichnete einen Vogel, der allgemein als Kranich wahrgenommen wurde. Schon im Januar 1919 erscheinen die ersten Anzeigen und das erste Plakat mit drei aufsteigenden Kranichen, das nach späteren Angaben Firles im Berliner Stadtbild für großes Aufsehen sorgte.

„Nach Firles eigener Aussage diente ihm dazu kein bestimmter Vogel als Vorbild. Er wollte lediglich das fliegerische und das technische Element des im Entstehen begriffenen Luftverkehrs zum Ausdruck bringen“, so der langjährige Lufthansa-Archivar Werner Bittner 1993. Die DLR warb schon 1919 mit anfangs noch namenlosen Firmenzeichen, das „spätestens ab 1928 ‚Fliegender Kranich‘ hieß. Die Überlieferung sagt nicht, wie es zu dieser Bezeichnung kam“, berichtet Bittner. „Teils war es wohl die Ähnlichkeit mit dem Flugbild des größten flugfähigen Vogels, teils sicher auch der Mythos, der den Kranich seit Jahrtausenden umgibt“, so der Archivar. Kraniche stehen im Mittelpunkt vieler Märchen, Fabeln und Gedichte, der Vogel gilt als Sendbote des Himmels, Vogel des Glücks und Symbol langen Lebens. Kraniche haben durch ihre Anmut, Eleganz und Schönheit und ihr Zugverhalten die Menschen schon immer fasziniert.

■ Der Kranich fliegt im Logo in Anzeigen der frühen 1920er-Jahre über den Kreis hinaus. [Archiv Spaeth]

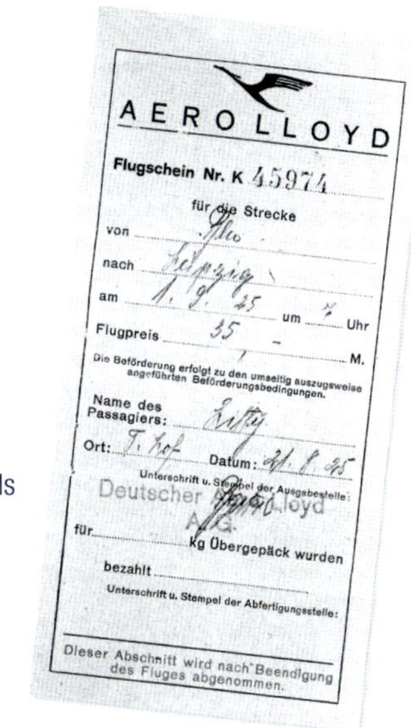

■ Im Zuge von Fusionen nutzt Aero Lloyd 1925 ebenfalls den Kranich, ohne Kreis (rechts), [LH]. Die Luft Hansa (1926 in Tempelhof, (oben) [Wikimedia] nutzt zunächst weiter das Markenzeichen des DLR.

■ (Unten) Gleich dreimal nebeneinander tauchen Kraniche auf einem Plakat der DLR 1920 auf. [Archiv Spaeth]

■ (Unten links) Der Kranich in einem künstlerischen Werbemotiv des DLR. [Archiv Spaeth]

■ Ähnliches Logo von Otto Firle – 1926 für die Reichsrundfunkgesellschaft. [Wikimedia]

In der griechischen Mythologie waren sie Symbole der Wachsamkeit und Klugheit. In der Wappenkunde verkörpern sie Vorsicht und schlaflose Wachsamkeit – das alles sind Attribute, die sich die Luftfahrt, zumal in ihren bescheidenen Anfängen, aber genauso auch heute gern auf ihre Fahnen schreibt. Oder besser noch, auf ihre Heckflossen malt, wo seit 1919 der Kranich prangt. Wichtig bleibt, schreibt Volker Fischer, „dass der einzelne Kranich nicht heraldisch-militärische Konnotationen auslöst wie etwa ein Adler. Aber er ist majestätisch genug, um die Grandezza einer Fluggesellschaft zu symbolisieren. Die frühe Form des Kranichs zeigte jugendstilhaft-beschwingte Kurvaturen."

■ Von Otto Firle 1927 modifiziertes Luft-Hansa-Logo. [Wikimedia]

Die DLR und ab 1926 die Luft Hansa waren absolut die ersten, die sich diese Symbolik zu eigen und zunutze machten. „Von einem Corporate Design, wie wir es heute kennen, ist man damals noch weit entfernt", so Jens Müller, „mit dem Zeichen des Kranichs und der Typografie wird recht beliebig umgegangen." Lange allein blieb die Lufthansa mit ihrer markanten Bildmarke nicht, dafür war der Kranich als Wappentier für das neue moderne Verkehrsmittel

■ Seit Anfang der 1930er-Jahre und bis heute verwendet die polnische Fluggesellschaft LOT das Kranich-Logo eines heimischen Designers. [Wikimedia]

■ Das berühmte Tsuru (= Kranich)-Logo von Japan Airlines gibt es seit 1959, der Vogel ist kreisförmig von seinen Schwingen umrahmt. [Spaeth]

■ Logo und Schriftzug der Lufthansa (West) 1955. [Archiv Spaeth]

■ Logo und Schriftzug der Lufthansa (Ost) laut 1956 erteilter DDR-Warenzeichenurkunde. [Bundesarchiv]

Flugzeug zu verlockend. Und so gibt es bis heute eine andere traditionsreiche Fluggesellschaft, gar nicht weit weg von Berlin, Keimzelle des Logos und der Lufthansa, wo fast zeitgleich eine ähnliche Idee Gestalt annahm.

Zum Jahreswechsel 1929/1930 entwarf der polnische Grafikdesigner Tadeusz Gronowski, einer der Pioniere der polnischen Schule der Plakatkunst und Absolvent der École Supérieur des Beaux-Arts in Paris, ein Kranichlogo für die 1928 gegründete polnische Fluggesellschaft LOT. Er gewann den ausgeschriebenen Wettbewerb und schon kurze Zeit später tauchte sein Kranich-Logo auf den Flugzeugen auf, seit den 1930er-Jahren bis heute hat sich das LOT-Logo kaum verändert. Zwei erfolgreiche Designs, die beide rund hundert Jahre lang die Essenz des Markenbilds verkörpern, das beide Fluggesellschaften von sich schaffen wollen. Kurioserweise sind Lufthansa und LOT heute über die Star Alliance als geografische Nachbarn auch gute Partner.

Mit Beginn der Jet-Ära 1959 kam noch eine andere Fluggesellschaft auf den Kranich und brachte ihn auf ihre Leitwerke, wo er (mit Unterbrechungen) bis heute in knallrot thront: Japan Airlines (JAL). „Der Kranich in unserem Logo erscheint, als ob er wunderschön tanzen würde, und repräsentiert den noblen japanischen Geist und feinsinnige Gefühle der Vergangenheit, von denen wir glauben, dass sie die Basis bilden für diese japanische Weltklassemarke“, erklärt die Fluggesellschaft aus Fernost. Der „Tsurumaru“ genannten Vogel ist in Japan allgegenwärtig, vor allem symbolisch, jeder Japaner kann in Sekunden aus Papier einen Kranich falten. „Der Tsurumaru symbolisiert Vertrauen, Pioniergeist, den japanischen Charakter in aller Welt und unsere Bestimmung, uns selbst herauszufordern.“ Mit nur wenigen Abstrichen würden vermutlich Lufthansa und LOT diesen dem Kranich zugeschriebenen Werte gleichermaßen unterschreiben. Die drei Gesellschaften können heute froh sein, dass ihnen Generationen zuvor das Glück eines solchen Firmenlogos zuteilwurde.

Würde man eine Umfrage selbst unter Vielfliegern machen und um die Zuordnung von Airline-Logos zu den dazu passenden Gesellschaften bitten, dürften die Antworten einseitig ausfallen: Vermutlich würde Lufthansa nahezu jeder ohne sonstige Hinweise erkennen. Das Känguru von Qantas oder das Ahornblatt von Air Canada vielleicht auch noch einige – aber ansonsten sind die Wiederkennungsmerkmale gerade bei modernen Logos sehr gering. Umgekehrt ist eines der anderen wirklich ikonischen Airline-Logos, das 1958 eingeführt wurde, seit 1991 nicht mehr am Himmel zu sehen, dafür tragen es junge Leute heute als Lifestyle-Symbol auf T-Shirts oder Taschen: Den blauen Globus von Pan American World Airlines, der legendären Pan Am. In diesem Kontext ist vielleicht deutlich, dass der Lufthansa-Kranich nicht nur das älteste bis heute durchgehend verwendete Markenzeichen einer Airline ist, sondern auch

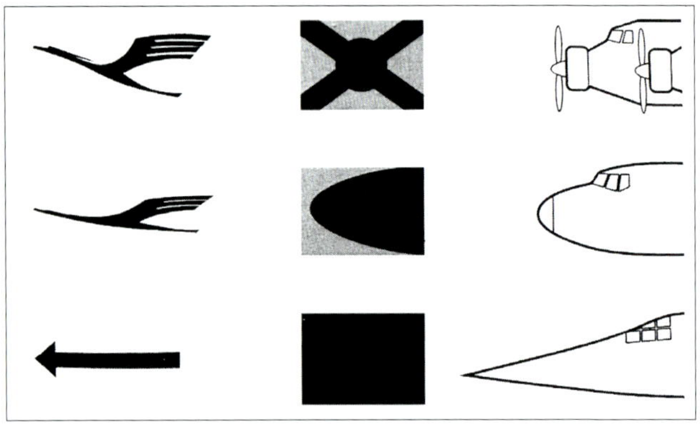

Studien zu Kranich-Motiven und Flugzeugen von Otl Aicher 1962 [Archiv Spaeth]

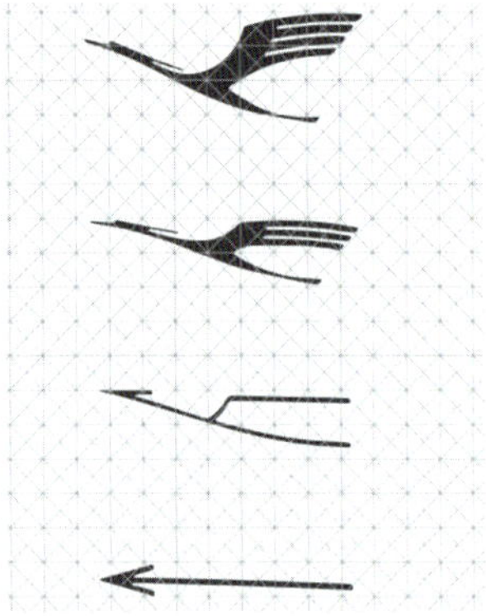

Logo-Evolution vom Pfeil zum Kranich von Otl Aicher 1962. [Archiv Spaeth]

Detailbestimmungen zum modernen Lufthansa-Erscheinungsbild. [LH]

eine absolute Ikone selbst über alle Branchen hinweg. Daran auch nur Feinheiten zu ändern ist ein äußerst sensibles Unterfangen, daher hat es sich seit Kreation des Logos kaum verändert.

Wesentliche gestalterische Stellschraube über ein Jahrhundert hinweg war die Art und Weise, wie der Kranich entweder ungehindert oder aber umrahmt in einem Kreis schwebt. An einen Kreis um den Kranich hatte aber Otto Firle selbst nie gedacht, eine Gesprächsnotiz im Lufthansa-Archiv zitiert ihn dazu so: „Ich sperre ein aufsteigendes Firmensymbol doch nicht in einen Käfig, das wäre einfach absurd!“. Aber schon zu seiner Zeit bei der DLR gab es diesen Kreis. Egal ob von ihm selbst gewollt oder nicht, sollte er anfangs wohl eine stilisierte Sonne darstellen, im ersten Logo der DLR ragen sowohl Kopf als auch Schwanz und Flügel des Vogels über das Rund hinaus. Bei dem von Firle selbst gestalteten ersten DLR-Werbeplakat von 1919 hingegen fliegen drei Kraniche in einer Art Formation in Weiß über den schwarzen Grund des Drucks. Gestaltungsvorschriften gab damals noch nicht. Schon bei frühen Flugzeugen der Vorkriegs-Lufthansa war das Logo relativ klein an den meisten Wellblech-Hecks zu sehen, mit dem Kranich im Kreis. Nach der Machtergreifung der Nationalsozialisten und bis zum Kriegsende dominierten visuell klar die Hakenkreuze am Heck aller deutschen Flugzeuge, zusammen mit oft in großen Versalien angebrachten Aufschriften der Taufnamen, verdiente Persönlichkeiten des Systems oder Namen von Städten und Landschaften. Das Kranich-Logo tauchte zu dieser Zeit kaum noch sichtbar auf, oft nur noch der Schriftzug LUFTHANSA in Versalien, aber oft in wesentlich kleinerem Schrifttyp als andere Aufschriften.

Beim Neubeginn der Lufthansa wurde der Kranich dann plötzlich „freigelassen“. Auf den ersten 1954/55 gelieferten CV-340 und Super Constellations schwebten bereits mehr oder wenige viele Kraniche alleinstehend über den entweder blanken oder weiß lackierten Rumpf. Bei den ersten Convairs fand sich der einsame Kranich nur vorn neben der Einstiegstür, bei der Super Connie dagegen fast verschwenderisch gleich dreimal auf jeder Seite – an der mittleren Heckflosse, an den Zusatztanks am Flügelende sowie vorn neben der Tür. Doch schon bald wurde der Kranich dann wieder in ein klar definiertes Umfeld gesetzt mit Einführung der gelben Parabel, auch „Spiegelei" genannt (siehe Kapitel 16). Damit erhielt das Markensymbol zumindest nach hinten und oben viel „Luft", sprich optische Freiheit durch das Fehlen eines Kreises.

Auch damit war gut ein Jahrzehnt nach dem Neustart der Lufthansa wieder Schluss. 1962 wurde der legendäre Designer Otto „Otl" Aicher mit einer Analyse und Überarbeitung des Lufthansa-Designs beauftragt. Er stellte zunächst sogar den Kranich insgesamt infrage. Erscheinungsbilder seien an technischen Fortschritt gebunden und unterlägen „einer Veralterung", so Aicher. „Das Symbol wird inhaltsleer mit der zunehmenden Reife des Fliegens. In Erwägung gezogen wurde, das Bildzeichen zu modifizieren, es ‚schneller' zu machen." Aicher führte den damals als Fakt akzeptierten aufkommenden Überschallflug an, der durch die Parabel nicht mehr ausgedrückt werde und er leitete daraus eine simplifizierte Weiterentwicklung ab. „Am Ende bleibt als Symbol der Pfeil übrig, der, gemessen an der Geschwindigkeit und Form der Fluggeräte, wohl am besten das Fliegen in naher Zukunft darstellen könnte", argumentierte Otl Aicher. Dazu lieferte er eine visuelle Evolutionslinie, in der sich der ikonische Kranich in einen simplen Pfeil verwandelt. Als Betrachter fragt man sich: Meinte er das ernst?

„Im Zeitalter der Düsenmaschinen und des Überschallflugs ist der Bedeutungsgehalt des Lufthansa-Zeichens – der Vogel – überholt. Die Symbolkraft würde in dem Maße zunehmen, als sich das Zeichen dem Pfeil annähert", machte er geltend. Garniert von einer weiteren Evolutionslinie vom Kranich zum Pfeil gab Aicher dann aber Entwarnung: Es „besteht kein Anlass, ein ganz und gar neues Zeichen zu schalten. Nur muss es präziser behandelt und als Marke eingesetzt werden. Seine traditionelle Bedeutung kann auf diese Weise erhalten bleiben." Ein neues Zeichen sei nur nötig, wenn das Unternehmen ein vollkommen neues Erscheinungsbild wolle, „um damit seine Dynamik und Vitalität zu bezeugen", und verwies auf Pan Am. Die hatte sich markentechnisch 1958 mit dem blauen Globus neu erfunden und damit die Voraussetzung dafür geschaffen, dass die Marke auch heute, über 30 Jahre nach der Pleite 1991, immer noch ein Mythos ist. Am Ende kamen weder Überschallflug noch der Pfeil als Kranich-Ersatz, letzteres war ein Glück. Denn nur so ist die Lufthansa damals wie heute die Markenikone, zu der sie im Wesentlichen der Kranich von 1918 und seine anhaltende Präsenz gemacht hat.

Das, was Otl Aicher entwarf und Lufthansa ab 1968 mit der Lieferung der ersten Boeing 737 umsetzte, war dann aber tatsächlich ein großer Wurf, und der setzte den aufstrebenden blauen Kranich effektvoll in einen gelben Kreis, der noch mal von einer dünnen, kreisrunden blauen Umfassung umhüllt war. Doch die Ablehnung war zunächst groß. „Ich

■ Variationen von Formen und Gelbtönen in Retro-Bemalungen zum 50. Lufthansa-Jubiläum 2005. [Spaeth]

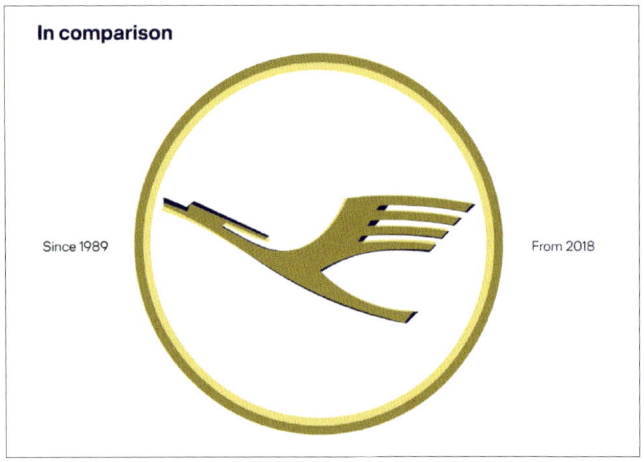

■ Minimale Modifikationen am Kranich-Logo von der 1989er- zur 2018er-Version. [LH]

bin der Überzeugung, dass ein Kreis den Flug des Vogels peinlichst hemmt und dass sich im Unterbewusstsein des Publikums dieses Gefühl nachteilig auswirkt", monierte die Hamburger Werbeikone Hans Domizlaff schon 1963 schon bei Bekanntwerden der Entwürfe. Rudolf Braunburg zitiert andere Kritiker mit den Worten: „Der Kranich ist gefangen. Er darf nicht mehr fliegen. Er strahlt nicht mehr Weite und Fernweh aus." Es hätte auch gehässigere Bezeichnungen gegeben „für das, was sich auf dem Leitwerk künstlerisch manifestierte, so Braunburg, der selber das Ergebnis der Umgestaltung „eine herbe Enttäuschung" nennt. Das allerdings blieb in den Augen der Betrachter nicht allzu lange so. Im Gegenteil.

Das neue Leitwerk-Design bekam bald eine solch ikonische Kraft, dass nur 1989 noch mal nachjustiert wurde und Kreis samt Kranich nun etwas breiter erschienen. Damals erklärte die Lufthansa ihrem Personal: „Dieser Kranich im Kreis hat inzwischen eine ebenso starke Signalwirkung wie der Mercedes-Stern unter den Automobilen oder das Bayer-Kreuz unter den Arzneimitteln. Es ist weltweit bekannt – und somit auch ein Stück ‚Kapital'. Er ist eine ‚gelebte Marke,' und nicht nur eine gestaltete. Auch wenn wir uns den neuen Zeiten anpassen, bleibt unser Markenzeichen bestehen – als Symbol für Qualität, technischen Fortschritt und Fairness." Bis 2018 und dem Verschwinden des gelben Kreises hat also über 40 Jahre die von Aicher Mitte der 1960er-Jahre erdachte Variation des 1918 von Otto Firle geschaffenen Logos einen selbst in der Designwelt überraschenden langlebigen Status erreicht. Beim Rebranding 2018 war dann natürlich wiederum die Frage, welche Aktualisierungen der Kranich benötigt, immerhin stellte diesmal niemand seine weitere Verwendung infrage, das wird vermutlich auch nicht mehr passieren, so lange es die Lufthansa gibt.

„Wir haben Optionen ohne Kreis probiert, mit beschnittenem Kreis und viele andere Dinge", sagt der damals verantwortliche Lufthansa-Chefdesigner Ronald Wild. „Aber das Wichtigste für uns war, nicht die Kraft dieses Symbols zu verlieren." Dafür verhalfen die Gestalter ihm, wieder filigra-

■ Hundert Jahre Evolution des Lufthansa-Kranichs von 1918 bis 2018. [LH]

ner aufzutreten, sich wieder dem schlanken Original stärker anzunähern. „Mit dem dickeren Kreis vorher fühlte es sich an, als fliege der Kranich im Hintergrund. Der neue Kranich fliegt jetzt vor ihm, wir haben ihn befreit und in den Vordergrund gestellt“, erklärt Ronald Wild. „Es ist jetzt mehr auf den Kranich fokussiert. Der Kreis ist nur noch ein Kreis. Das Wichtige ist der Kranich.“ Die Änderungen am Kranich selbst allerdings sind so mikroskopisch klein ausgefallen, dass die Lufthansa-Designer eigens zwei Grafiken herausgaben, um ihr behutsames Handeln zu unterstreichen, das dem durchschnittlichen Betrachter kaum auffallen dürfte. Allenfalls der merklich dünnere Kreis, der dem Wappenvogel guttut, und das fehlende Gelb hinter ihm, über das es unterschiedliche Ansichten gibt.

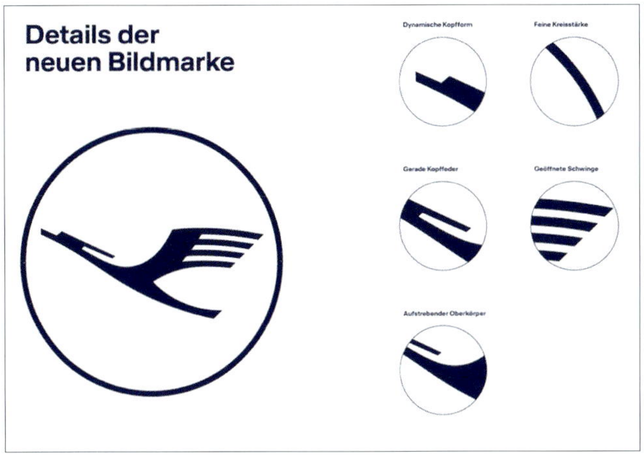

Von Kopffeder bis Schwinge – Details des überarbeiteten Logos 2018. [LH]

Alte und neu bemalte Kranich-Leitwerke nebeneinander 2020. [LH]

Der finale Blauton musste nach der Vorstellung der neuen Bemalung nochmal geändert werden. [LH]

Die werbliche Inszenierung des Kranichs

17 Marken-Erscheinungsbilder der neuen Lufthansa

Mit dem Neustart 1955 erwarb die Deutsche Lufthansa AG auch den Kranich als Markenzeichen. Gleich auf dem ersten vom Grafiker Thomas Abeking künstlerisch gestalteten Werbeplakat aus dem gleichen Jahr nahm ein steil aufstrebender gelber Kranich fast ein Drittel der Fläche ein. Kein Zweifel, das alte neue Logo sollte von nun an eine wichtigere Rolle spielen. Die ersten Auftritte waren ziemlich von optischem Wildwuchs geprägt, ein ikonisches frühes Werbeplakat noch von 1955, das eine Stewardess mit kleinem Mädchen auf der Gangway zeigt, nutzte einen völlig anderen Schrifttyp für das Wort Lufthansa. Dafür zeigte es aber bereits einen großen gelben Kreis mit blauem Kranich darin, wie er erst über ein Jahrzehnt später an allen Leitwerken prangen würde.

Immerhin setzte sich bald ein einheitlicher Schrifttyp für den Firmennamen durch, kursive Versalien in Shadow Antiqua, wie sie auch auf den Flugzeugrümpfen standen. Hinzu kam bald ein weiteres Element, Jens Müller nennt es den „in den 1950er-Jahren angesagten Stromlinien-Formalismus, wie er auch bei der Super Constellation deutlich zutage tritt." Dies war die Geburtsstunde der Lufthansa-Parabel, die in Gelb die elegante Form der Super Connie aufnahm und von vorn blau eingefasst auf den Leitwerken und nach hinten offen auslief. Sie sollte Dynamik, Geschwindigkeit und Zukunftsorientierung ausdrücken. Auch in schwarz-weißen Werbeanzeigen erschien sie jetzt und schwebte entweder direkt vor dem Kranich, schien ihm den Weg zu öffnen. Oder es war eine Parabel ganz in Schwarz abgebildet, die den weißen Kranich umschloss. Neue Schrift und Pa-

Das Plakat von 1955 nimmt den Kranich auf gelbem Grund vorweg (links) [Archiv Spaeth]. Der Lufthansa-Schalter in Frankfurt 1956 nutzt einen frühen Schrifttyp. [Fraport]

rabel „korrespondierten mit dem Formgefühl der Zeit, die Schwünge und organische Formen bevorzugte“, schreibt Volker Fischer. Die amerikanische Streamline, die sich ja auch in der Super Connie fand, sei „als Formensprache des neu entdeckten Westens positiv besetzt.“

Doch von einem uniformen Erscheinungsbild war die neue Lufthansa immer noch weit entfernt. „Es gelingt kaum, einen einheitlichen und professionellen Auftritt umzusetzen“, erkennt Jens Müller. „Die Werbedrucksachen der Jahre 1955 bis 1962 sind durch eine große Bandbreite an Formaten, individuelle Handschriften unterschiedlicher Illustratoren und eine unübersehbare Willkür bei der Farbauswahl bestimmt“, so seine Analyse. In der Tat mutet es seltsam an, wie etwa 1958 in Lufthansa-Anzeigen ein bekannter Karikaturist mit spitzer Feder eine glückliche Familie unter lachender Sonne huckepack samt Koffern auf dem Dach einer Super Star sitzend in den Urlaub fliegen lässt. Dafür fehlten aber weder Kranich noch Parabel. „Das Lufthansa-Design der Jahre 1955 bis 1965 fällt durch seine Beliebigkeit in sämtlichen Aspekten auf“, konstatiert Jens Mül-

Der Schalter in den späten Fünfzigern kann noch nicht mit gefestigtem Markenbild überzeugen, die kommende Parabel lässt sich erahnen. [LH]

Die farbenfrohe Broschüre von 1957 wirkt eher wie ein Kunstdruck als dass sie ein seriöses Markenbild vermittelt. [Archiv Spaeth]

Die von einem Karikaturisten gestaltete Super Star-Anzeige von 1957 ist ein Beispiel für die fehlende Markenführung. [Archiv Spaeth]

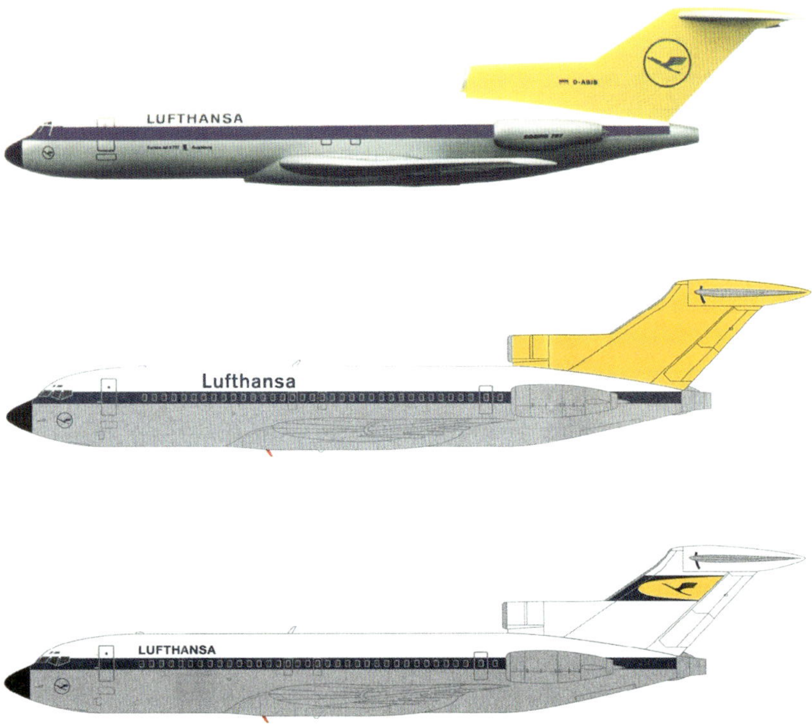

■ Entwürfe für Flugzeugbemalungen von Otl Aicher 1962. Das gelbe Leitwerk wurde von Condor übernommen, für Lufthansa entstand 1963 die Parabel (Boeing 727 unten). [Archiv Spaeth]

ler und nennt die erste visuelle Ära des Unternehmens die Parabelphase. Allerdings ist auch in Bezug auf die Parabel als neuen Teil der Markenidentität keine Konsistenz erkennbar. „Es fällt auf, dass die Parabel zwar hin und wieder auftaucht, allerdings weit davon entfernt ist, ein wirklich dominierendes und vor allem wiedererkennbares Element des Erscheinungsbildes zu sein", so Müller. „Diese Inkonsequenz ist eines der Mankos des damaligen Auftritts, von einem einheitlichen Erscheinungsbild kann nicht ernsthaft die Rede sein", lautet Müllers Urteil, er spricht von „falsch verstandener Vielfalt der damaligen Unternehmenskommunikation."

Erst ab 1962 erfolgte eine Professionalisierung und Einleitung des Weges hin zu einem wahren Corporate Design. „In der Geschichte des Erscheinungsbildes der Lufthansa ist das Jahr 1962 das Schlüsseljahr", so ein ehemaliges

■ Neue Nüchternheit am Frankfurter Lufthansa-Schalter 1965. [Fraport]

Vorstandsmitglied. Fluggesellschaften gehörten überhaupt zu den ersten Unternehmen, die sich von renommierten Grafikern und Designern maßgeschneiderte Auftritte vom Kofferanhänger bis zum ganzen Flugzeug für ihre Marke auf den Leib schneidern ließen. Hans G. Conrad wurde im April 1962 neuer Werbeleiter der Lufthansa und ließ sich zusichern, freie Hand zu haben für neue Wege in Werbung und Design. Conrad hatte zuvor an der Ulmer Hochschule für Gestaltung studiert und vergab kurz nach Amtsantritt einen wegweisenden Auftrag an seinen früheren Lehrer Otl Aicher, der endlich ein eigenes, klar definiertes Lufthansa-Design entwickeln sollte.

Der legendäre Grafik-Designer, bis heute vor allem berühmt durch seine Piktogramme und andere Gestaltungselemente für die Olympischen Spiele in München 1972, analysier-

■ Entwürfe möglicher Leitwerksbemalungen durch die Lufthansa-eigene Designabteilung 1967. [Archiv Spaeth]

te zunächst die junge Lufthansa. Da ging es vorrangig um das Kranich-Logo (siehe Kapitel 15), aber auch die künftigen Firmenfarben. „Es wird eine Kombination vorgeschlagen, bei der Gelb stark dominiert, Blau dagegen die Funktion eines Akzents übernimmt", so Aicher und sein Team in ihrer im Oktober 1962 vorgelegten Dokumentation. Die Attribute von Gelb seien sehr vorteilhaft: „Schnelligkeit, Sicherheit, Frische, Lebendigkeit, Aktivität, Technik, Fliegen werden mehr mit Gelb als mit Blau assoziiert. Blau dagegen bringt Qualitäten wie Gründlichkeit und Seriosität mit sich", so das Designteam aus Ulm. Für den aktuellen Zustand der „visuellen Ausstattung" zogen die Gestalter ein vernichtendes Fazit: „Die Farben sind schwach und stumpf.

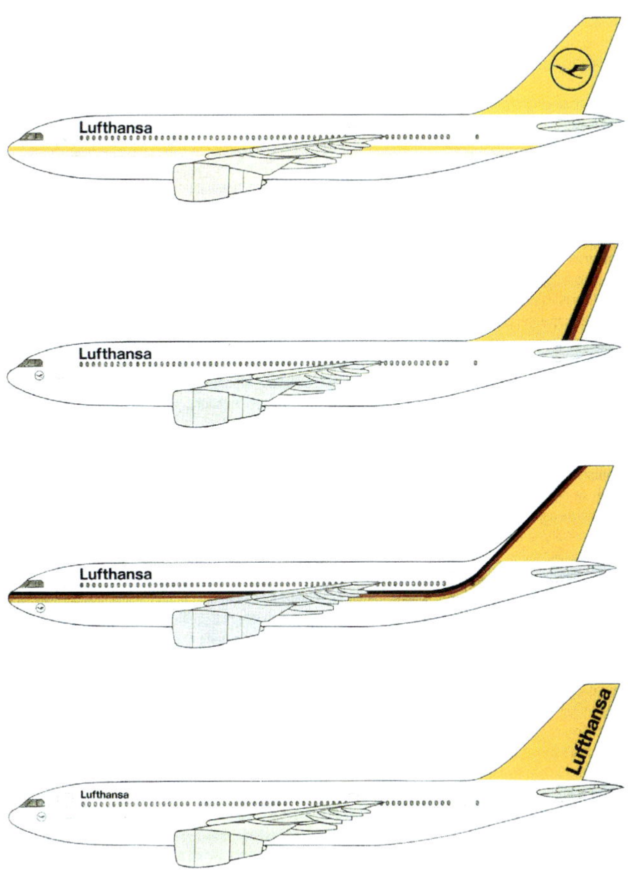

■ Hauseigene Studien zu Flugzeugbemalungen 1988. Schwarz-rot-gold unter den Fenstern nutzt heute die Flugbereitschaft der Luftwaffe. [Archiv Spaeth]

Um 1970 kommt der Lufthansa-Schalter in Frankfurt ganz ohne Kranich-Logo aus. [Fraport]

In überflüssigen Linien und Kurven und der Verwendung von Kunst- und Zierschriften äußert sich ein geringes dekoratives Niveau", so Otl Aicher.

Die Frage ist, was Design und Gestaltung bei einer Fluggesellschaft überhaupt ausrichten können, deren Geschäft der Lufttransport von Personen und Waren ist. „So wichtig wie Farben und Logo, Geschäftspapiere und Produktdesign, Mode und Ausstattung auch sind: Sie können nicht das Herzstück ökonomischer Entscheidungen bilden", schreibt Volker Fischer. „Aber sie bestimmen die Positionierung eines Unternehmens im Markt und gegenüber seinen Konkurrenten entscheidend mit. Mehr als viele andere Airlines hat die Lufthansa dies berücksichtigt und von Anfang an ihr Corporate Design als strategisches Instrument im Wettbewerb verstanden." Und niemand prägte das Erscheinungsbild der deutschen Fluggesellschaft in aller Welt so stark wie Otl Aicher. Zwischen 1963 und 1967 erfolgte die Umstellung auf das vom Ulmer Team entworfene Markendesign nach mehreren Überarbeitungen, in der das Team auch 25 verschiedene Leitwerkvarianten entwickelte, denen aber Aicher nicht zustimmte. Auf den Flugzeugen erschienen zum einen aus Kostengründen und zum anderen, um die Umstellung eher in kleinen Schritten zu vollziehen, in dieser Zeit viele Mischformen, die den Wildwuchs eher noch verstärkten. „Um die Erscheinungsbildänderung nicht so hart ausfallen zu lassen, wurden zunächst einige Maschinen als Übergangsversion in Versalschrift bemalt", so Fischer.

Obwohl Aicher eigentlich knallgelbe Leitwerke einführen wollte, auf denen der blaue Kranich im blauen Kreis prangen sollte, gab er sich auf Drängen des Lufthansa-Vorstands mit einem Alternativentwurf von 1963 und der vorläufigen Beibehaltung der Parabel zufrieden, die bereits rund sieben Jahre geflogen war. Selbst der Lufthansa-Chef-

Im neuen Terminal Mitte in Frankfurt ab 1972 sehen alle Schalter gleich aus, Platz für Markendesign ist nur minimal. [Fraport]

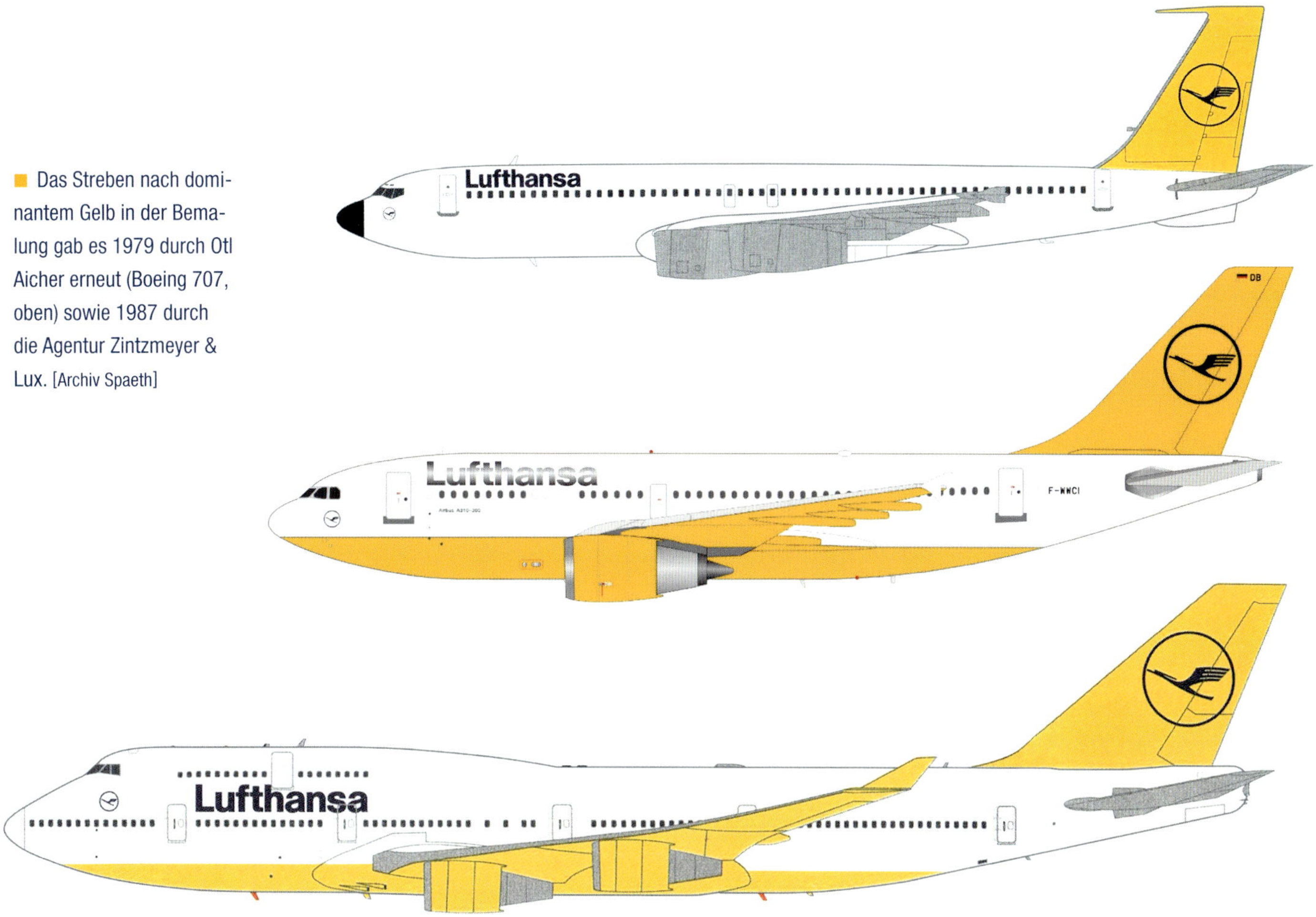

■ Das Streben nach dominantem Gelb in der Bemalung gab es 1979 durch Otl Aicher erneut (Boeing 707, oben) sowie 1987 durch die Agentur Zintzmeyer & Lux. [Archiv Spaeth]

etage fehlte offenbar der Mut zur eigenen Courage, und so ließen sie Aichers radikale Erneuerungskonzepte zunächst nur in homöopathischen Dosen auf ihre fliegende Kundschaft und das Publikum los. Erst ab 1968 und damit rechtzeitig vor Olympia in München erfolgte das komplette Rebranding der Flugzeuge (siehe Kapitel 17), auf denen zusätzlich hinten über der Kabine noch das ebenfalls von Otl Aicher entworfene runde Olympia-Emblem für München 1972 prangte, wo Lufthansa als Gastgeber-Airline offizielle Fluggesellschaft war. Aicher erinnerte sich später: „Bei der Lufthansa war der Gestaltungsvorgang nicht ein solcher der Chefetage, dazu war das Unternehmen zu groß. Der Vorstand bestellte, entschied und ließ ausführen. Das zeigte sich auch am Resultat, dieses wurde zwar gut und besteht in der Substanz bis heute, ein Optimum war es nicht, wenngleich eine hervorragende Designabteilung etabliert wurde."

Der visuelle Neuanfang der Lufthansa war nun so grundlegend, dass dem neuen Erscheinungsbild naturgemäß viel Skepsis entgegenschlug. „Dem zuständigen Künstlerteam mochte man noch so viele Sympathien entgegenbringen – was als Entwurf aus Ulm kam, konnte bei vielen, darunter beim Verfasser, keine Begeisterungsstürme entfachen", schreibt Rudolf Braunburg über das neue Designkonzept. Und genau wie es auch beim nächsten großen Rebranding 2018 wieder zu erleben war, trauerten viele erst mal dem Vorgängerdesign hinterher, so wie Braunburg der Parabelära: „Die alte Bemalung kann noch heute als einmalig gelungen bezeichnet werden", schreibt er über ein Jahrzehnt später. „Bei allen Neuerungen aber durfte das Gelb aus der traditionsreichen Lufthansa-Kombination Blau-Gelb nicht völlig verschwinden. Unter diesem Gesichtspunkt hatte die Hochschule sicherlich eine schwere Aufgabe. Was für Lufthansa dabei herauskam, mag zwar heute als völlig selbst-

■ Die von Otl Aicher 1962 für Lufthansa entworfenen gelben Leitwerke übernahm stattdessen Condor für Jahrzehnte. [Condor]

verständlich hingenommen werden, damals bereitete es vielen Betrachtern eine herbe Enttäuschung."

Doch nach kurzer Zeit hatte sich Aichers großer Wurf tatsächlich als Designklassiker etabliert, an den sich Jahrzehnte niemand mehr markant heranwagte. „Bei aller Kreativität der Agenturen wäre es kontraproduktiv, ein lange gewachsenes Erscheinungsbild mit einem harten Schnitt über Bord zu werfen", stellt Volker Fischer rückblickend fest, „wohl aber kann und muss man es aktualisieren." Otl Aicher galt fortan als „Übervater" des Lufthansa-Designs, der selbstverständlich auch mit Aufträgen für gestalterische Updates seines Werkes bedacht wurde, was nichts daran änderte, dass der Vorstand 1979 einen neuen Vorschlag Aichers ablehnte. „Aicher wollte allenfalls eine Revision in eigenen Maßen. Das schien den Airlinern gar zu behutsam", kommentierte die Fachzeitschrift Design Report. Sein gefeiertes Originaldesign „war der Lufthansa nach über 20 Jahren zu kühl, zu streng und vornehm. Man will den neuen Kunden ‚emotional' ansprechen." Daher erhielt 1986 die Schweizer Corporate Identity Agentur Zintzmeyer & Lux den Auftrag, kritisch zu prüfen, ob Aichers 26 Jahre altes Design noch „visuell eindeutige Vorstellungen über Lufthansa erzeugen kann."

Und zwar solche einer „großen, modernen, zuverlässigen und souveränen Qualitätsfluggesellschaft made in Germany." Um aber gleich kühnen Designerideen den Wind aus

Design-Grundsätze

- Der Kranich ist und bleibt das Lufthansa-Symbol.
- Er ist das primäre Erkennungszeichen des Unternehmens.
- Die Wortmarke „Lufthansa" ist und bleibt das sprachliche Erkennungszeichen des Unternehmens. Sie erklärt den Kranich und wird ohne ihn nicht verwendet.
- Die Wortmarke „Lufthansa" wird in der Regel in einen sprachlichen Zusammenhang gestellt.
- Die Sprache von Lufthansa ist in der Schrifttype „Helvetica" gesetzt.
- Im Wettbewerbsumfeld ist Gelb die wichtigste Unterscheidungsfarbe von Lufthansa.
- In der Innenwelt von Lufthansa wird Gelb zur Entdeckungsfarbe.
- Blau ist die Farbe für wichtige, kennzeichnende Botschaften.
- Silber, Weiß und Grau qualifizieren das Gelb und schaffen die besondere farbliche Atmosphäre.
- Lufthansa macht Leistung als Dienstleistung ihrer Mitarbeiter erkennbar.

Ein Schritt nach vorne

Ein bedeutender Schritt auf unserem Weg zu einer noch stärker dienstleistungsorientierten Unternehmenskultur ist nach der Entscheidung des Vorstandes über ein entsprechendes Rahmenkonzept die Gestaltung unseres äußeren Erscheinungsbildes, also unserer Flugzeugkabinen, Lounges, Stadtbüros, Gebäude und Anlagen sowie unserer Flugzeugbemalung.
Wie die Außenbemalung unserer Jets künftig aussehen könnte, das können Kunden und Lufthanseaten jetzt am „fliegenden Modell" einer Boeing 737-200 begutachten, die seit dem 25. Juli für etwa drei Wochen im europäischen Streckennetz eingesetzt wird.
In diesem Zeitraum soll bei Passagierbefragungen herausgefunden werden, welchen Anklang die probeweise an der B 737-200 D-ABFW Wolfsburg

■ Für den Praxisversuch mit dem einzigen vorranging gelben Lufthansa-Flugzeug, das jemals flog, gab es ausgiebige Erklärungen an die Mitarbeiter. [Archiv Spaeth]

■ Ein extrem seltenes Bild: Die 1988 gelb bemalte A310 D-AIDB ist nie geflogen und wurde nie öffentlich gezeigt, hier steht sie vor den Airbus-Werkshallen in Hamburg-Finkenwerder. [Archiv Spaeth]

■ Lufthansa Express war eine kurzlebige Untermarke in den 1990er-Jahren. [Archiv Spaeth]

■ Evolution im Erscheinungsbild der gedruckten Flugpläne in den ersten 20 Jahren der neuen Lufthansa. [Spaeth]

Die Kranich-Kernmarke und ihre Töchter German Cargo (vorn) und Condor (hinten). [LH]

Seltenes Modell der Lufthansa A310 in gelb. [Spaeth]

den Segeln zu nehmen, kam schon im Briefing der Agentur die Einschränkung, dass „ein grundsätzlich anderer Auftritt weder notwendig noch richtig wäre. Allerdings sollte das Erscheinungsbild insgesamt überarbeitet, modernisiert und ‚auf Kurs' gebracht werden, beginnend mit der seit langem zur Entscheidung anstehenden Flugzeugkennzeichnung", wie es fast in Behördendeutsch hieß. Genau mit ihren Ideen dazu setzte sich die Schweizer Agentur dann vor allem bei den stolzen Lufthanseaten in die Nesseln, indem sie knallgelbe Flugzeuge kreierte (siehe Kapitel 17). Am Ende blieb alles Wesentliche beim Alten wie bestellt, ab 1989 erschienen lediglich die Rümpfe nun ganz in Weiß, Lufthansa-Schriftzug und Kreis um den Kranich dafür dicker. Das war's mit der Überarbeitung für weitere knapp 30 Jahre. Auch wenn es das Unternehmen den Mitarbeitern 1988 anders verkaufte: „Wir setzen mit unserem fortschrittlichen Erscheinungsbild Signale, mit denen wir uns identifizieren und die unseren Kunden sagen: Lufthansa ist nur einem die alte geblieben – sie gehört zu den besten Airlines der Welt. Unser Erscheinungsbild ist der sichtbare Ausdruck der Unternehmenskultur. Es hat eine Wirkung nach außen und innen und ein verändertes Erscheinungsbild setzt Signale, dass sich ein Wandel vollzieht."

Was nicht unterschätzt werden darf, ist die Wirkung einer starken Marke nach innen auf die Identifikation der Mitarbeiter mit ihrem Unternehmen. Die war bei Lufthansa, wo sich Firmenangehörige selbst vornehm Lufthanseaten nennen, immer schon eng, Ergebnis auch einer starken Corporate Identity. Darüber mokiert sich der ehemalige Lufthansa-Vorstand Thomas Sattelberger: „Das Bewusstsein der eigenen Identität war bei Lufthansa schon immer stark ausgeprägt – stärker, als ich es je in einem anderen Unternehmen erlebt habe. Es war, als hätten alle ein Lufthansa-Brandzeichen auf der Stirn getragen – wie die Rinder im Wilden Westen, nur freiwillig."

Radikaler Design-Entwurf einer beauftragten Agentur aus den späten 1980ern, ganz ohne den gewohnten Lufthansa-Schriftzug und Kranich. [Spaeth]

Seit 1968 flog nun der blaue Kranich im gelben Kreis auf blauen Lufthansa-Leitwerk, der Firmen-Schriftzug war in 50 Jahren nur ebenso minimal verändert worden wie Auswahl und Gewichtung der Firmenfarben. Ein halbes Jahrhundert, das ist fast halb so lang wie die Periode, in der der Mensch überhaupt in der Lage war, ein Flugzeug zu besteigen und sich damit in die Lüfte zu erheben als Folge des allerersten Flugs der Brüder Wright 1903. Mithin ein veritables Wunder, dass sich in der extremen Änderungen unterworfenen Welt das ikonische Design einer Fluggesellschaft derart lange halten konnte. Dafür gibt es nur einen anderen vergleichbaren Fall – Alitalia, deren ähnlich prägendes Farbkleid von 1969 bis 2015 beinahe unverändert blieb. Doch gegen Ende des zweiten Jahrzehnts im neuen Jahrtausend führte auch bei Lufthansa kein Weg daran vorbei, ein modernes Pendant zu Otl Aichers Schaffen aus den frühen 1960er-Jahren zu definieren.

Die Parabel auf einer BMW-Isetta und einem Retro-Airbus 2005. [Spaeth]

Zu dieser Zeit hatte die Marke Probleme und erlebte eine schleichende Erosion, wie Umfragen ergaben. Besonders massiv wurde ihr Ansehen durch die viele Pilotenstreiks in den Jahren 2016 und 2017 beschädigt. Das Thema Zuverlässigkeit betrifft den Markenkern, da wirken anhaltende Streiks wie Gift. Unter extremer Geheimhaltung begann 2016 ein kleines Team von sieben Leuten aus den hauseigenen Abteilungen für Design, Marketing und Markenstrategie an einem neuen Konzept zu arbeiten, um der eingetretenen Markenerosion entgegenzusteuern. „Es war klar, dass ein Rebranding 2018 kommen muss, zum 100. Jubiläum des Kranich-Logos, und es muss zum Jahresanfang sein“, sagt Nicole Mies, damals verantwortlich für Marke und Marketingkommunikationsstrategie. Das gab den Zeitplan vor, denn die Implementierung eines neuen Auftritts dauert sechs bis sieben Monate.

Es war höchste Zeit zu handeln, findet Mies. „Irgendwann hatte man so viele Markensprünge, da war kein konsequentes Bild drin, das war keine Premiumerfahrung mehr, das war überall Wildwuchs, es war nicht modernisiert worden, die Digital-Fähigkeit bei so wichtigen Basiselementen wie Schriften war nicht gegeben. Da gab es einen ganz lan-

Hauseigene Entwürfe für Flugzeugbemalungen im Zuge des Rebrandings 2018. [Archiv Spaeth]

gen Investitionsstau", so die Managerin. Die neue Marke musste vor allem in den neuen digitalen Nutzungsformen von Smartwatch bis zum Tablet funktionieren, aber auch ein verändertes Kundenverständnis von dem umsetzen, was Premium bedeutet. „Früher ging es da um Kaviar und Status", sagt Nicole Mies. „Unser neues Verständnis von Premium ist eher Individualisierung, Personalisierung, Flexibilisierung, wir haben Premium so in einer moderneren Form interpretiert, und genau das wollte man auch übersetzen in das Design." Eine Herausforderung vor allem für den Leiter des Lufthansa-Design-Teams, Ronald Wild.

Eine der größten Fragen: Welche Farben sollten künftig für die Marke stehen? „Bei der Definition unseres neuen Farbsystems spielte auch der Farbeinsatz in einer immer digitaleren Welt eine große Rolle. Der heutige Kunde setzt sich online zu einem sehr viel früheren Zeitpunkt mit der Marke auseinander, lange bevor er überhaupt ein Flugzeug sieht. Diese digitalen Begegnungen müssen optimiert werden, hier müssen unsere Farben bereits klar unser Premiumverständnis transportieren. Mit der direkten Verbindung von Gelb und Blau funktionierte das selten", argumentiert

Bemalung eines A320neo mit dem Lufthansa-Schriftzug 2015. [LH]

Autor Andres Spaeth mit Lufthansa-Designer Ronald Wild 2018. [Spaeth]

Grafische Simulation des Lufthansa-Schriftzugs. [LH]

Wild. „Es war uns aber stets bewusst, dass wir an einer Ikone arbeiten. Diese ändert man nicht leichtfertig.“ Klar war: Der Kranich bleibt möglicherweise in modernisierter Form, aber die Firmenfarben mussten auf den Prüfstand, vor allem das Gelb. Das hatte 1988 noch eine Aufwertung erfahren, als es hieß: „Im Wettbewerbsumfeld ist Gelb die Unterscheidungsfarbe der Lufthansa. In der Innenwelt wird Gelb zur Entdeckungsfarbe.“ Ebenso war klar postuliert: „Die Traditionsfarben der Lufthansa sind seit 1926 ‚Blau‘ und ‚Gelb‘. Der Umgang mit beiden Farben geschieht bewusst und zurückhaltend“, erklärte das Unternehmen damals den Mitarbeitern. Doch dieses „sowohl als auch“ bei der Farbenzuordnung erwies sich zunehmend als nicht durchzuhalten. „Es war vorher nicht klar, welche Farbe für Lufthansa steht wie bei anderen Marken. Die einen haben gesagt: Lufthansa ist blau, die anderen Lufthansa ist gelb, andere blau-gelb oder gelb-blau“, erinnert sich Nicole Mies an die Situation 2016.

Kann Gelb denn nicht auch Premium sein? „Ja bei Hermés oder Veuve Cliquot, aber sobald sie in eine so starke Kontrastierung gehen, dann sind sie bei Fanta. Das wirkt nicht mehr hochwertig. Das Gelb für sich allein kann sehr hochwertig sein, aber nicht in dieser harten Kontrastierung, wie wir es bisher genutzt haben“, ist sie überzeugt. „Deshalb haben wir aus der Farbpsychologie heraus ganz klar gesagt: Blau ist unsere Leitfarbe. Das steht für Vertrauen und Zuverlässigkeit aus der Marke heraus, wie bei der Allianz Versicherung oder der Deutschen Bank. Und das Gelb ist sehr wichtig, das brauchen wir auch und setzen es für konkrete Zwecke ein. Da wo es eine Orientierung oder Emotion braucht oder im Digitalen eine Aktion auslöst“, erklärt Mies. Designer Ronald Wild schlägt in die gleiche Kerbe: „Künftig steht nicht mehr die gelbe Scheibe für Lufthansa, sondern ganz klar der Kranich. Gelb und Blau in gleichen Anteilen eingesetzt wirken zu laut und sind nicht Premium.“

Was dann im Februar 2018 vorgestellt wurde, war für viele Betrachter ein Schock, eben gerade weil der so vertraute warme Gelbton der Marke nahezu vollkommen von den Flugzeugen verschwunden war und auch weitgehend aus der sonstigen Kommunikation der Firma mit wenigen Ausnahmen wie den gelben digitalen Bordkarten. Nur auf ihren Kranich, weiter im Kreis wie seit 1968, nur jetzt weiß auf Blau, lässt Lufthansa auch in Zukunft nichts kommen. „Der Kranich ist ein einzigartiges Logo. Er ist zeitlos wie unser gesamtes Design. Es wird über die nächsten 20 Jahre hinweg oder länger ein Design mit Alleinstellungsmerkmal sein“, betont Marketingchef Alexander Schlaubitz. „Das ‚Lufthansa Deep Blue‘ des Farbdesigners David Hedley Noble von der Agentur Aerobrand ist unsere Farbe, sie gehört uns und kein anderer wird sie verwenden“, betont Schlaubitz. Rückblickend hält Nicole Mies das Rebranding für einen Erfolg: „Ein positiver Schub in der Markenwahrnehmung nach der Änderung war klar erkennbar.“

Von Parabeln, Spiegeleiern und Erlebnisfarben

18 Die Evolution der Lufthansa-Flugzeugbemalungen

Die Flugzeuggestaltung der ersten Lufthansa war weitgehend von den vorhandenen Formen der Flotte geprägt. Die damaligen Propellerflugzeuge wiesen nur insoweit eine Art von leidlich gemeinsamem Markenbild auf, als dass meistens die Bugpartien der ansonsten in unbehandeltem Metall erscheinenden Rümpfe schwarz bemalt waren. Hier prangte dann in Versalien der Schriftzug Luft Hansa bzw. ab 1933 Lufthansa, dazu erschien eher unauffällig am Leitwerk der Kranich im Kreis. Auch wenn es stets zusätzlich andere Erscheinungsformen gab, manche davon nahezu ohne Markeninsignien. Für die Frühzeit der Verkehrsluftfahrt erreichte Lufthansa allerdings durchaus einen relativ durchgängigen Markenauftritt. Zum Neustart 1955 war die Markenerscheinung zunächst nicht definiert worden, was gut erkennbar ist am ersten Farbkleid, in denen die bestellten Convair CV-340 ab August 1954 geliefert und anfangs geflogen wurden. Der schwarze Streifen über den Fenstern erinnert etwas an das „Flying Dutchman"-Livery der KLM in der Nachkriegszeit. Die leicht nach rechts kippenden Versalien mit Serifen des Schriftzugs Lufthansa darin wirken uninspiriert und beliebig, einzig die Kraniche ohne Kreis und groß am Heck und klein unter den Cockpitfenstern, geben eine Andeutung auf Identität.

Gestalterisch war dies nichts anders als eine kurzfristige Übergangslösung, weil es vermutlich viel drängendere Fragen zu lösen galt vor Wiederaufnahme des Flugbetriebs als die Markendefinition. Und selbst in dieser Minimalversion gab es keine Einheitlichkeit, so zeigen frühe Fotos die CV-340 D-ACEF in Hamburg mit Kranich lediglich neben der Einstiegstür, aber nicht am Heck. Ab 1958 erhielten dann die zur CV-440 Metropolitan aufgerüsteten Convairs eine längerfristige Bemalung: Kranich im Kreis plus große Landesflagge und Kennzeichen auf weißem Leitwerk. Die mit der Super Constellation eingeführte umlaufende Fensterlinie in Kobaltblau, eingefasst durch schmale melonengelbe

Ur-Bemalung der ersten Convair CV-340 für Lufthansa 1955, hier auf einem Testflug in den USA. [LH]

Info-Grafik der '.ufthansa zum Wandel ihrer Flugzeugbemalungen 2018. [LH]

Begrenzungslinien oben und unten, die am Bug verbreitert und dann über die Nase nach unten ausläuft. Geradezu einfallsreich war es, direkt vorn auf die runde Nase den gelben Kranich in gelbem Kreis auf blauem Untergrund zu präsentieren.

Nur drei Monate nach der Lufthansa in Westdeutschland ging in der DDR die ostdeutsche Deutsche Lufthansa (DLH) an den Start, ebenfalls unter dem Markenzeichen des Kranichs und mit genau definiertem Markenbild: Ein blauer Kranich vorn an der Bugnase, einer hinten am Heck, dazu den Schriftzug Deutsche Lufthansa auf dem Rumpf, das Wort „Deutsche" war das einzige wirkliche Unterscheidungsmerkmal, obwohl anfangs unter schwarz-rot-goldener Flagge noch die Buchstaben DDR prangten, später dann die ostdeutsche Flagge mit Hammer und Zirkel eingesetzt wurde. So wurde es im Juli 1955 als Eintrag beim Amt für Erfindungs- und Patentwesen der DDR eingetragen. Für Flüge ins westliche Ausland war schon im September 1955 mit gleichen Farben, aber ohne Kranich die Interflug gegründet worden, um Markenkollision und -konfusion zuvorzukommen. Doch nach einem erbitterten Rechtsstreit mit der West-Lufthansa wurde die Ost-Lufthansa im August 1963 aufgelöst und hieß von nun an Interflug.

Ab März 1955 erreichten die ersten an Lufthansa neu ausgelieferten Lockheed Super Constellation Deutschland, und sie verfügten bereits über ein feiner geschneidertes Farbkleid. Wobei die Farbe eher spärlich ausfiel – die untere Rumpfhälfte blieb unbemalt, die obere erstrahlte in Weiß. Die blaue Linie über den Fenstern war oben und unten in dünnen Gelbstreifen eingefasst, auf Höhe des Flügelansatzes gibt es einen kleinen Blitz-artigen Absatz. Vorn taucht die Fensterlinie unterhalb der Cockpitscheiben und läuft am Bug um. Der Kranich erschien erstaunlicherweise nur am Bug und einmal auf beiden Seiten des mittleren von drei

■ Erste Lockheed Super Constellation hatten ab Werk (hier D-ALAK) nur auf dem mittleren Leitwerk den Kranich auf Weiß. [Lockheed/Archiv Spaeth]

■ Seltener Video-Ausschnitt einer Super Star mit auf die Leitwerke fließenden blauen Linien, vermutlich ein verworfener Versuch. [Archiv Spaeth]

■ Die Zusatztanks an den Flügelspitzen der Super Constellation wurden bald als zusätzliche Markenträger genutzt. [Flughafen Düsseldorf]

Leitwerken, außen dagegen waren nur Landesflagge und Kennzeichen auf Weiß zu sehen. Als zur Reichweitenverlängerung Zusatztanks an den Flügelspitzen angebracht wurden, erhielten diese einen weißen Anstrich, vorn schwebte der blaue Kranich und hinter den Flügelfedern beginnend verlief eine blaue Linie nach hinten. Mit Beginn der „Parabelära" um 1957 wurde das Erscheinungsbild der Flugzeuge verfeinert und weiterentwickelt und vor allem vereinheitlicht.

Die Super Constellations erhielten nun auf allen drei Leitwerken den blauen Kranich in der gelben Parabel, dazu eine größere Aufschrift sowie stärkere gelbe Linien als Einfassung des nun durchgehenden blauen Fensterbands, ohne Zacken, dafür mit einer starken Verbreiterung vorn unter die Cockpitfenster bis zur Bugnase nun ganz in blau eingefasst von einem breiten gelben Parabelschwung, der blau abgegrenzt wurde und hinter dem ein großer blauer Kranich schwebte. Die L1649A Super Star erhielt als Unterscheidungsmerkmal lediglich einen fünfzackigen blau-gelben Stern hinter das letzte Fenster in der blauen Fensterlinie, plus die Aufschrift Super Star in knallroten Versalien. In seltenen Aufnahmen ist auch eine spätere Bemalungsvariante zu sehen, auf die der drei Leitwerke nach hinten oben mit der geschwungenen blauen Fensterlinie ausliefen, auf der mittig noch ein gelber Streifen verlief. Ob diese Version je geflogen ist, lässt sich heute nicht nachvollziehen.

Dieses Erscheinungsbild wurde auf die Vickers Viscount und CV-440-Flotten 1:1 übernommen und auch alle Boeing 707 und Boeing 720 sahen bis 1965 bei Auslieferung so aus. Damit verfügte die neue Lufthansa für etwa ein Jahrzehnt von 1958 bis 1967 über ihren ersten konsistenten Markenauftritt. Im Oktober 1962 legte der legendäre Designer Otl Aicher seine Analyse zum bisherigen Auftreten und ein Konzept für die Zukunft vor. Er erkannte klar das Markenkommunikationspotenzial der Flugzeuge, die natürlich als die größten Plakatwände der Welt einsetzbar sind. Bei Aicher hieß es: „Die Flugzeuge sind fliegende Prospekte von hohem gebrauchsgrafischem Niveau.“ Er nannte Swissair, Pan Am aber auch Finnair und El Al als Positivbeispiele. „Die angestrebten Erscheinungsqualitäten sind: Präzision, Klarheit, Sicherheit, Geschwindigkeit. Bei dieser Konzeption ist der Grad der Erkennbarkeit sowie der Unterscheidbarkeit besonders hoch durch die Betonung der Hausfarben“, so Aicher.

Und für diese Hausfarben, die bisher außer etwas Blau und noch weniger Gelb kaum fühlbar waren, machte das Ulmer Team einen spektakulären Vorschlag: Die Leitwerke sollten alle nur noch dunkelgelb daherkommen, ansonsten nur ähnlich wie zuvor recht groß die Landesflagge und das Kennzeichen zeigen. Dazu kreierte Aicher mit der Schrift Helvetica eine neue Typografie für den Firmennamen, der nun nicht mehr in Versalien vorn auf der weißen oberen Rumpfhälfte über dem blauen Fensterband erscheinen sollte, während der Kranich im Kreis nur vorn am Bug zu sehen sein sollte, oder alternativ der blaue Kranich in blauem Kreis auf gelbem Leitwerk. Zu den gelben Leitwerken kam es nicht, allenfalls, wie auf seltenen Aufnahmen zu sehen ist, 1963 zu einem Probelauf mit einem großen blauen Kranich ohne Kreis auf einem breiten hellgelben Streifen des ansonsten weißen Leitwerks der Boeing 707 D-ABOF. Doch gelb grundierte Heckflossen hatten es nicht nur aus ästhetischen Gründen bei Lufthanseaten außerhalb des Vorstands schwer.

„Ein Entwurf sah vor, das Seitenleitwerk völlig gelb zu halten. Dem von keinen technischen Zweifeln und Kenntnissen geplagten Ulmer Team war dabei eine wesentliche Tatsache entgangen: Ausgerechnet bei der 727 befanden sich alle drei Triebwerke am Heck. Beim Umkehrschub blies der rußige Abgasstrahl aus dunklen Schlieren voll gegen das herrlich leuchtende Gelb des Seitenleitwerks. Es leuchtete dementsprechend nicht lang. Diese Version wurde auf die Condor-Flugzeuge verbannt, die damit bis heute fliegen muss“, befand Rudolf Braunburg. Aicher konnte sich nicht durchsetzen, der Lufthansa-Vorstand blieb konservativ und optierte für sanfte, schrittweise Veränderungen. So zeigten die ersten, 1964 ausgelieferten Boeing 727-100 weiter das Parabelllogo, aber einen neuen Schrifttyp in sachlichen Versalien für den Firmennamen ohne Serifen. Auch das waren eher zaghafte Versuche der Erneuerung. Zunächst wurde nun ein leicht modifiziertes Erscheinungsbild verwendet, das im Wesentlichen aus dem neuen, modern anmutenden Lufthansa-Schriftzug in Helvetica bestand, kombiniert mit dem existierenden Parabellogo. 1966/67 überarbeitete Lufthansas eigene Designabteilung, in der ehemalige Mitstreiter Aichers tätig waren, das nächste Erscheinungsbild. Dort wurden 25 Leitwerksvarianten geprüft und verwor-

■ Die Boeing 707 D-ABOF wurde 1963 mit einer Testbemalung versehen, statt der Parabel gab es einen großen Kranich auf gelbem Grund am Heck (rechts, Archiv Spaeth). Unten das Flugzeug damit in Hamburg. [Flughafen Hamburg]

■ Neue Zeiten kündigen sich an: Convair CV-440 mit Parabel und neuem Schriftzug auf dem Flughafen Hamburg. [LH]

fen, bis schließlich ein neues Design, blaues Leitwerk mit blauem Kranich auf gelbem Kreis in blauer Umrahmung sowie blauem Fensterband gewählt wurde. Dem lag weiterhin das Systemdesign von Otl Aicher zugrunde, auch wenn es jetzt in Teilen weitergedacht wurde.

Mit der Einführung der Boeing 737 ab 1968 erschien dieses Farbkleid nach und nach auf der ganzen Flotte und so auch auf den neuen Boeing 747-Jumbos. Ende der 1970er-Jahre erhielt Aigner den Auftrag, eine Studie über die Weiterentwicklung des Designs anzufertigen, auch die eigene Werbeabteilung wurde tätig, auf den Flugzeugen änderte sich aber nichts. In über 20 Jahren errang die Gestaltung aus den 1960er-Jahren, wesentlich angeregt von Otl Aicher, für die westdeutsche nationale Fluggesellschaft den Rang eines Klassikers. In der ersten Hälfte der 1980er-Jahre wurde kurzzeitig mit je einer Boeing 727 und einer 737 experimentiert, ob unbemalte, silbrige Rümpfe eine fühlbare Gewichtsersparnis und damit weniger Treibstoffverbrauch bewirken würden, was sich aber nicht durchsetzte, auch wenn Condors Flotte damals jahrelang so flog.

Immer wenn ein Unternehmen zeigen will, dass es sich verändert hat, gilt das als guter Anlass für eine Markenauffrischung. Ende der 1980er-Jahren ging es eher darum, sich vorausschauend für anstehende Veränderun-

■ Ein Klassiker: Bemalung der Boeing 727-100 nach Auslieferung 1964 mit Parabel und Versalien-Schriftzug. [LH]

■ Nur die ersten 1968 ausgelieferten Boeing 737-100 trugen kurzzeitig diese Mischbemalung aus alten und neuen Elementen. [Archiv Spaeth]

gen in den 1990er-Jahren zurechtzumachen: Die geplante Lufthansa-Privatisierung ebenso wie die sich verschärfende Konkurrenzsituation in Europa mit dem ab 1993 kommenden Binnenmarkt und freiem Wettbewerb innerhalb der damaligen Europäischen Gemeinschaft. Dafür wurde die Schweizer Brandingagentur Zintzmeyer & Lux beauftragt, zu prüfen und Vorschläge zu machen, wie ein neues Gesamtdesign aussehen könnte, das künftigen Marktanforderungen gerecht würde. Frühere Marktstudien hatten ergeben, dass Lufthansa mit einem Defizit an Emotionalität wahrgenommen wurde sowie in ihrer Positionierung als reine Geschäftsreise-Airline mit elitärem Image und hohen Preisen. Der Schweizer Agentur traute Lufthansa zu, durch Redesign die fehlende Emotionalität hervorzurufen. Und das gelang auf jeden Fall, wenn auch nicht im erwünschten Sinn.

Denn die Schweizer setzten massiv auf Gelb als die Hauptfarbe der neuen Flugzeugbemalung, eine Farbe mit zwar langer Tradition bei Lufthansa, der gegenüber man aber immer gewisse Skepsis walten ließ in den Erscheinungsbildern. Nun sollte Gelb die bestimmende Unternehmensfarbe werden. „Das Gelb wurde priorisiert, durch Silber und Grau anmutungsqualitativ unterstützt“, wie es Fachmann Volker Fischer formuliert. Das Leitwerk erschien in Gelb mit blauem Kranich in blauem Kreis, dazu der Lufthansa-Schriftzug in Silber (!) auf weißer Rumpfoberseite. Die Agentur hätte den Rumpf gern blank gelassen, was nicht realisierbar war, weiße Rümpfe dagegen flogen bereits bei Konkurrenten wie Air France und SAS. Daher schlugen die Schweizer vor, auch die Rumpfunterseite inklusive

■ Arbeiten am Leitwerk einer Super Constellation in Hamburg, hier mit Parabeln auf jedem Leitwerk. [Archiv Spaeth]

der Tragflächenunterseite knallgelb zu machen, während der Hauptteil des Rumpfes weiß blieb. Tatsächlich erhielten zwei Flugzeuge die neuen Farben, um die Diskussion nicht nur abstrakt, sondern anhand tatsächlicher Erfahrungen möglichst demokratisch unter großer Beteiligung zu führen.

Mitte Juli 1988 wurde innerhalb nur einer Woche die Boeing 737-200 D-ABFW „Wolfsburg“ in den vorgeschlagenen markanten gelben Unternehmensfarben gespritzt und kam danach monatelang im Liniendienst zum Einsatz. Was kaum bekannt ist: Noch vor seiner Auslieferung im Dezember 1988 wurde auch der Lufthansa-Airbus A310 D-AIDB beim damaligen deutschen Airbus-Partner MBB in Hamburg-Finkenwerder im neuen gelben Farbkleid lackiert. Die gelbe A310 ist aber nie geflogen, noch gibt es viele Bilder davon, sie stand Ende 1988 nur einmal kurz vor den Werkshallen draußen. Zu dieser Zeit war bereits das passiert, was man heute einen veritablen Shitstorm nennen würde. Vor

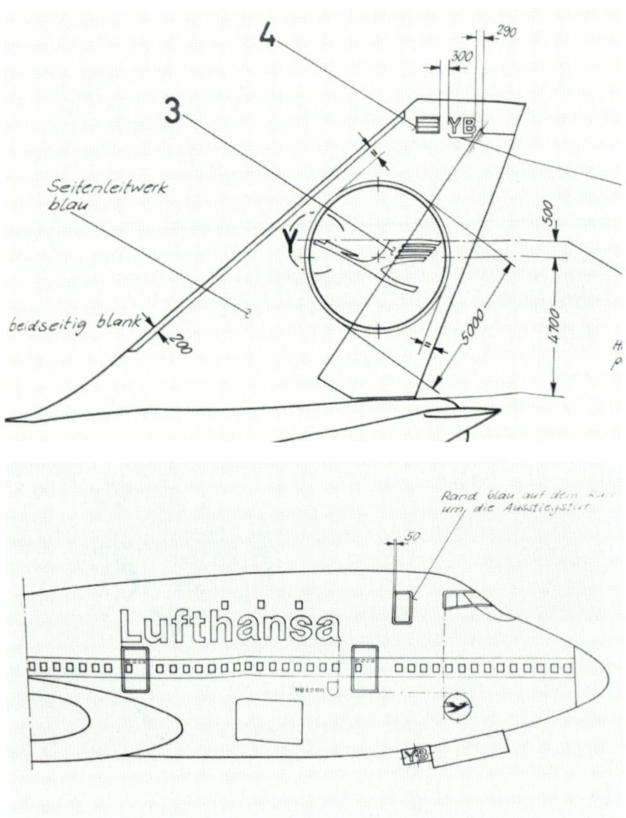

■ Original-Bemalungspläne der Lufthansa für ihre ersten Boeing 747-100. [Spaeth]

allem die Lufthansa-Mitarbeiter waren entsetzt und empört über diesen Entwurf.

Es war ein „Farbenkrieg“ eskaliert, Schmähungen wie „Gelbbauchunke“, „ins Rührei gefallen“, „Notlandung im Spiegelei“, „Kranichcrash im Eierlikör“ und andere kreative Wortschöpfungen machten die Runde und füllten die Leserbriefspalten vor allem im Hausorgan „Lufthanseat“. Rudolf Braunburg schreibt dazu: „Keine Malaktion hat jemals so viel Hohn, Spott und nackte Ablehnung herausgefordert wie der erste Entwurf für die neue Corporate Identity für die Lufthansa-Flugzeuge. Mit dem Eigelb hatte die Lufthansa schon früher bei der Einführung der Boeing 727 und entsprechend neuer Bemalung negative Erfahrungen gemacht. Damals hatte man den von der Ulmer Hochschule präsentierten Entwurf mit seinem Gelb der Condor zugeschoben.“ Und die Lufthansa musste schnell erkennen, dass sie die kühnen Konzepte lieber schnell wieder beerdigt. „Sie waren vor allem bei unseren Mitarbeitern nicht mehrheitsfähig, rund 87 % der Befragten haben es abgelehnt und etwa zwei Drittel der Kunden dachten ebenso“, räumte Wolfgang Weinert ein, der damalige Projektleiter bei Lufthansa. „Die Agentur ist mit dem Grundsatz ‚mit Gelb unterscheiden wir uns von den anderen‘ mit Gelb sehr weit gegangen – zu weit, wie wir nun wissen.“

■ Experiment mit unbemaltem Boeing 727-Rumpf 1983. [Dirk Grothe]

Auch die hauseigenen Designer spielten mögliche Farbkombinationen für den künftigen Lufthansa-Auftritt durch, doch die erhalten gebliebenen Konzepte, die alle überraschend viel Gelb als Grundfarbe enthielten, wirken berechenbar und zum Teil staatstragend mit viel Schwarz-Rot-Gold. Kein Wunder, dass später die Flugbereitschaft der Luftwaffe diese Idee teilweise übernahm. Schließlich erarbeitete das Lufthansa Design Center zusammen mit der Designabteilung (beide gab es parallel) den Auftritt für die 1990er-Jahre. Nach all der Aufregung änderte sich am Ende sehr wenig Grundlegendes. Die Rümpfe wurden ganz weiß ohne blauen Fensterstreifen, der Kreis um den Kranich wurde dicker, der Firmenname ebenfalls. „Die Aktualisierungen des Erscheinungsbilds bedeuten keinen grundsätzlichen Imagewechsel, ihre generelle Strategie mag man als ‚fortschreibende Kontinuität' begreifen", schreibt Volker Fischer. „Otto Firle, der 1918 das Kranich-Logo kreierte, wäre vermutlich schon dies zu viel gewesen." Nur niemanden mit zu großen Änderungen verunsichern, dies schien die Maxime zu sein, analog zur deutschen Politik der Neunziger und Zweitausender Jahre. Die deutsche Vereinigung hatte ja schon genug Umwälzungen gebracht. Und bei Lufthansa konnte die immer noch im gewohnten Rahmen weitergeführte Gestaltung noch mal fast 30 Jahre weiterfliegen.

Ab 2016 wurden dann wieder an einem wirklich tiefgreifenden neuen Designkonzept gearbeitet, und schnell wurde klar, dass es auf eine farbliche Vereinfachung hinauslaufen und dass Gelb weitgehend von den Flugzeugen verschwinden würde. „Sie würden sich ja auch keinen tiefblauen BMW kaufen und die Rückspiegel und Türen gelb lackieren", erklärt Lufthansa-Gestalter Ronald Wild. „Unsere Aufgabe als Designer war es, diese traditionellen Lufthansa-Farben so voneinander zu trennen, dass sie neue klare Aufgaben haben. Das haben wir mit unserem neuen Farbsystem geschafft. Wir setzen die Farbe Gelb nun gezielter und wertiger ein." Das neue und markengeschützte Lufthansa-Blau zu kreieren war dabei keine einfache Aufgabe, schon durch den Zwang zur Geheimhaltung. „Wir hatten das Leitwerk einer alten Boeing 737 in einem Hangar

■ Im neuen Farbkleid: Vickers Viscount 1969 in Hannover. [Manfred Winter]

■ Auch eine Boeing 737 flog 1982 testweise mit unbemaltem Rumpf. [Dirk Grothe]

in England, das wir immer wieder in einem der 15 Blautöne lackiert haben, um zu schauen, wie es wirkt", erinnert sich Marketingchef Alexander Schlaubitz. Das waren Laborbedingungen, unter denen sich die Wirkung des Farbtons bei unterschiedlichen Tageslichtverhältnissen draußen nur begrenzt voraussagen ließen.

„Ich hätte mir als Designer gewünscht, ich nehme mir eine A380, lackiere das Flugzeug, teste die verschiedenen Blautöne auch unter freiem Himmel und fliege damit, um die Wirkung der Farbe in natura beurteilen zu können", sagt

■ Die knallgelbe „Wolfsburg" 1988 in Hannover. [Dirk Grothe]

■ Mitarbeiterinformation über die Bemalung der „Wolfsburg". [Archiv Spaeth]

Ronald Wild. Doch ein Experiment am aktiven Flugzeug wie 1988 bei der „Wolfsburg" war unter heutigen Bedingungen nicht mehr möglich. „Wir leben jetzt in einer anderen Zeit als 1988, in einer Zeit der vernetzen Smartphones. Hätten wir ein echtes Flugzeug bemalt und geflogen, wären zu früh Dinge in die Öffentlichkeit gekommen, die das Gesamtprojekt gestört hätten. Daher konnten wir immer nur unter Laborbedingungen testen. Wir waren immer in der Halle, auch bei verschiedenen Lichtbedingungen, aber nie zu 100 % in der Realität", so Wild. Das rächte sich dann, als Anfang Februar 2018 die Boeing 747-8 D-ABYA und der Airbus A321 D-AISP als erste im neuen Erscheinungsbild der Öffentlichkeit vorgestellt wurden.

Nun war Blau die einzig verbliebene Farbe auf dem ansonsten auch auf der Unterseite völlig weißen Rumpf, es verlängerte das gänzlich blaue Leitwerk optisch bis unter den hinteren Rumpfabschnitt. Vorn am Rumpf prangt auf beiden Seiten der Firmenname ebenfalls in Blau in der neuen Schrift Lufthansa Corporate Type. Bald zeigte sich aber, dass das zuvor nur im Innenraum betrachtete Blau den Praxistest nicht bestand. „Auch wegen der Größe eines Leitwerks verändert sich die Farbwahrnehmung noch mal sig-

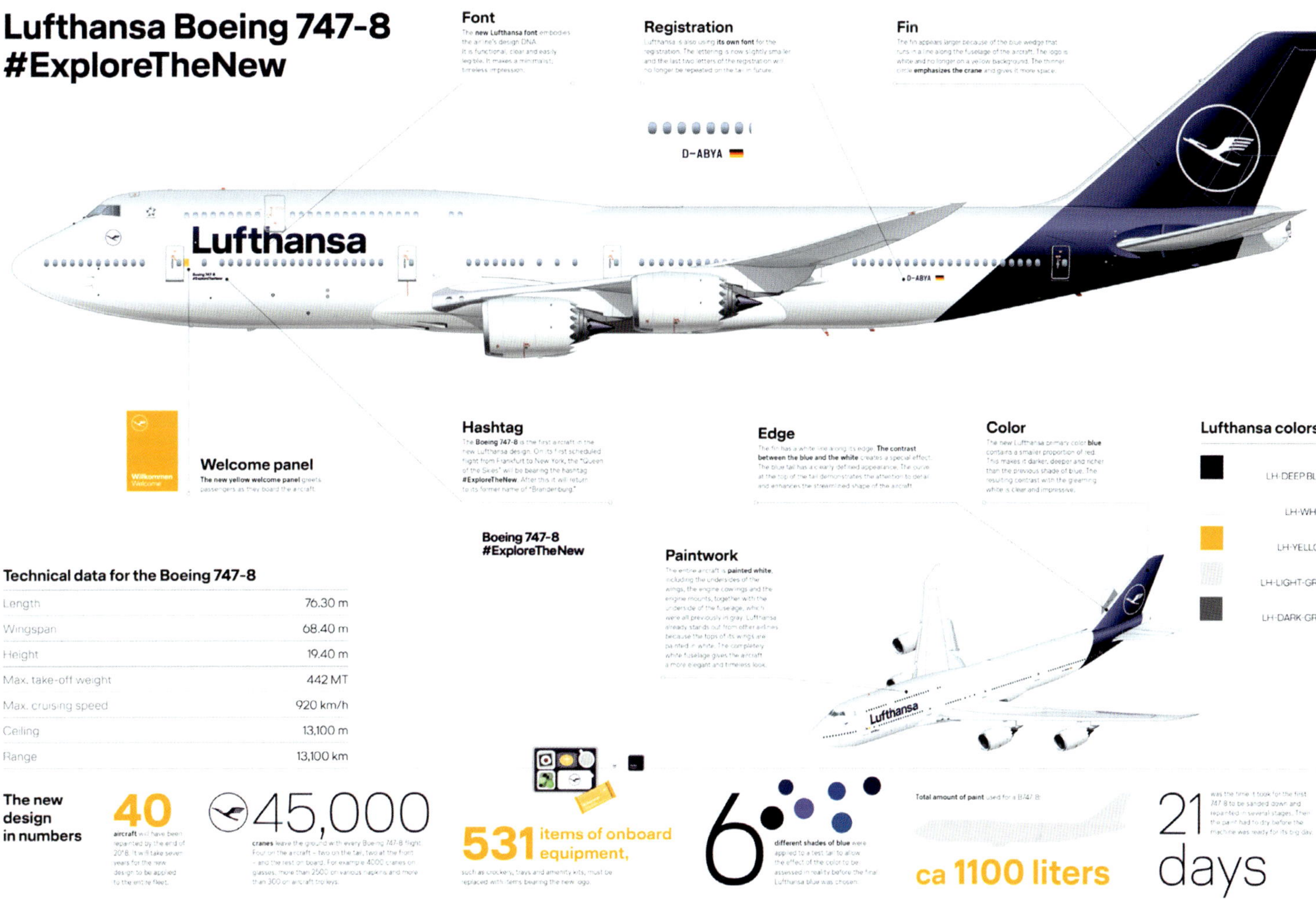

nifikant, wenn das Flugzeug draußen steht. Wir haben dann schnell im regulären Betrieb gemerkt, dass der Lack des ersten komplett lackierten Flugzeugs manchmal einfach zu dunkel wirkte – insbesondere bei widrigen Wetterbedingungen. Deshalb haben wir es optimiert und den Schwarzanteil im Lack reduziert. Es war eine Frage von Nuancen", so Alexander Schlaubitz. Das finale „Lufthansa Deep Blue" trug als erstes die Boeing 747-400 D-ABVM in die Welt.

Anders als die Konzerntochter Austrian Airlines hatte sich Lufthansa trotz des weißen Rumpfes, der die perfekte Leinwand geboten hätte, dagegen entschieden, den Firmennamen groß über die Fenster laufen zu lassen. „Wir haben auch das getestet, uns dann aber dagegen entschieden. Ein Lufthansa-Schriftzug über das Fensterband würde für Lufthansa eine zu große visuelle Lautstärke erzeugen. Der starke Blau-weiß-Kontrast und unser Kranich kennzeichnen

■ Lufthansa-Infografik zur Bemalung einer Boeing 747-8 in den neuen Firmenfarben 2018. [LH]

■ Lufthansa-Chef Carsten Spohr präsentiert die neuen Farben am 1. Februar 2018. [Spaeth]

■ Das größte Verkehrsflugzeug der Welt in neuen Farben zu bemalen ist eine Herausforderung, die Lufthansa in einer Infografik erklärt. [LH]

Flaggschiff im neuen Design

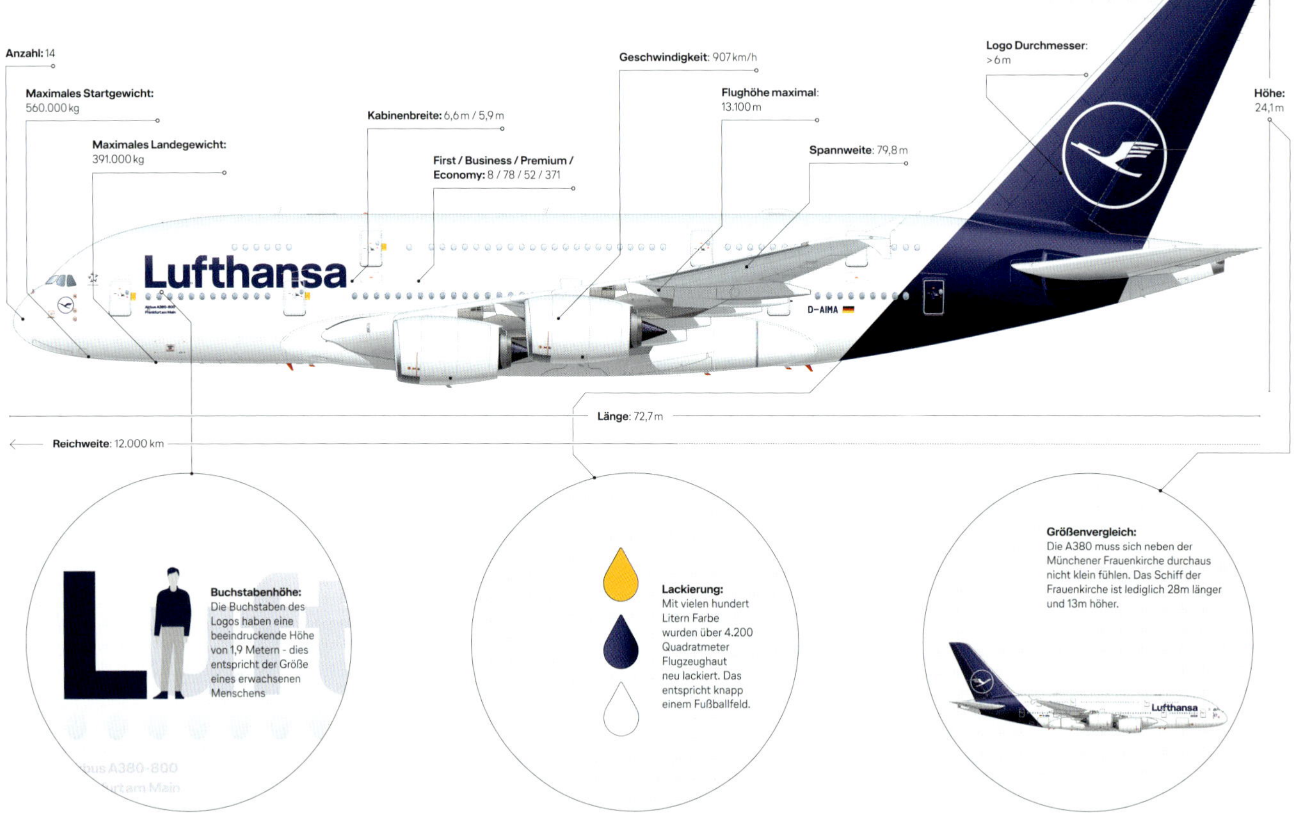

■ Start einer neu bemalten A380 in München nach der Wiederinbetriebnahme 2023. [Flughafen München]

unsere Marke deutlich genug. Gerade bei Langstreckenflugzeugen wie einer Boeing 747 oder einem Airbus A380 ist ein Schriftzug, der über die Fenster hinausgeht, zu groß, um unserem Premium-Verständnis gerecht zu werden", erklärt Ronald Wild.

Dass auf einmal das berühmte Unterscheidungsmerkmal des gelben „Spiegeleis" am Heck verschwunden war, rief viel Widerspruch hervor. „Mit dem Gelb opfert die Lufthansa nicht nur eine Farbe, die für Wärme und Herzlichkeit steht, sondern auch ein identitätsstiftendes Merkmal", kritisierte Kommunikationsdesigner Achim Schaffrinna in der Süddeutschen Zeitung. Schärferes Geschütz fuhr Capital-Kolumnist Bernd Ziesemer auf. „Wer ohne Not und ohne jede vernünftige Bedeutung auf einen so hohen Wert wie das Gelb in der Wiedererkennung bei Lufthansa verzichtet, versteht von Marketing offenbar sehr wenig", so Ziesemer. Das nun beherrschende „Allerweltsblau" sei ein Zeichen von Mutlosigkeit. Daher wette er mit jedem: „Beim nächsten großen Designsprung in einigen Jahren kommt das Gelb wieder groß zurück", prophezeite Ziesemer.

VI Anhang

Passagier- und Frachtflugzeuge der neuen Lufthansa

▶ Convair CV-340
▶ Convair CV-400 Metropolitan

Hersteller:	Consolidated Vultee (Convair), San Diego CA, USA
Betrieb CV-340 von/bis:	1954–1968
Betrieb CV-400 von/bis:	1957–1968
Anzahl CV-340:	4
Anzahl CV-400:	8
Passagiere bei Lufthansa CV-340:	44
Passagiere bei Lufthansa CV-400:	48–50
Reichweite CV-340:	935 km
Reichweite CV-400:	2800 km

▶ L1049G Super Constellation

Hersteller:	Lockheed, Burbank CA, USA
Betrieb von/bis:	1955–1967
Anzahl Flugzeuge:	8
Passagiere bei Lufthansa:	max. 86
Reichweite:	5340 km

▶ L1649A Starliner (Super Star)

Hersteller:	Lockheed, Burbank CA, USA
Betrieb von/bis:	1957–1966
Anzahl Flugzeuge:	4
Passagiere bei Lufthansa:	max. 86
Reichweite:	6300 km

▶ Vickers Viscount 814-D

Hersteller:	Vickers-Armstrong, Weybridge, England
Betrieb von/bis:	1958–1971
Anzahl Flugzeuge:	11
Passagiere bei Lufthansa:	54
Reichweite:	1840 km

▶ Boeing 707-430

Hersteller:	Boeing Company, Seattle WA, USA
Betrieb von/bis:	1960–1977
Anzahl Flugzeuge:	5
Passagiere bei Lufthansa:	144
Reichweite:	6940 km

▶ Boeing 707-330B

Hersteller:	Boeing Company, Seattle WA, USA
Betrieb von/bis:	1963–1985
Anzahl Flugzeuge:	12
Passagiere bei Lufthansa:	148
Reichweite:	9300 km

▶ Boeing 720B

Hersteller:	Boeing Company, Seattle WA, USA
Betrieb von/bis:	1961–1965
Anzahl Flugzeuge:	8
Passagiere bei Lufthansa:	106
Reichweite:	5900 km

▶ Boeing 727-30/-30QC

Hersteller:	Boeing Company, Seattle WA, USA
Betrieb von/bis:	1964–1979
Anzahl Flugzeuge:	27
Passagiere bei Lufthansa:	96
Reichweite:	2280 km

▶ Boeing 727-230 adv.

Hersteller:	Boeing Company, Seattle WA, USA
Betrieb von/bis:	1971–1992
Anzahl Flugzeuge:	26
Passagiere bei Lufthansa:	146
Reichweite:	3440 km

▶ Boeing 737-130
▶ Boeing 737-230C/-230Adv

Hersteller:	Boeing Company, Seattle WA, USA
Betrieb 737-130 von/bis:	1968–1982
Betrieb 737-230C/-230Adv von/bis:	1970–1998
Anzahl Flugzeuge 737-130:	22
Anzahl Flugzeuge 737-230C/-230Adv:	38
Passagiere bei Lufthansa 737-130:	90
Passagiere bei LH 737-230C/-230Adv:	103/109
Reichweite 737-130:	2850 km
Reichweite 737-230C/-230Adv:	4800 km

▶ Boeing 737-330
▶ Boeing 737-430

Hersteller:	Boeing Company, Seattle WA, USA
Betrieb 737-330 von/bis:	1986–2016
Betrieb 737-430 von/bis:	1992–1997
Anzahl Flugzeuge 737-330:	41
Anzahl Flugzeuge 737-430:	7

Passagiere bei Lufthansa 737-330:	123
Passagiere bei Lufthansa 737-430:	141
Reichweite 737-330:	5400 km
Reichweite 737-430:	5200 km

▶ Boeing 737-530

Hersteller:	Boeing Company, Seattle WA, USA
Betrieb von/bis:	1991–2016
Anzahl Flugzeuge:	30
Passagiere bei Lufthansa:	103
Reichweite:	5400 km

▶ Boeing 747-130
▶ Boeing 747-230B/-SL

Hersteller:	Boeing Company, Seattle WA, USA
Betrieb 747-130 von/bis:	1970–1979
Betrieb 747-230B/-SL von/bis:	1970–2004
Anzahl Flugzeuge 747-130:	3
Anzahl Flugzeuge 747-230B/-SL:	26
Passagiere bei Lufthansa 747-130:	361
Passagiere bei Lufthansa 747-230B/-SL:	355/361
Reichweite 747-130:	9260 km
Reichweite 747-230B/-SL:	10.830 km

▶ Boeing 747-430
▶ Boeing 747-8I

Hersteller:	Boeing Company, Seattle WA, USA
Betrieb von/bis 747-430:	1989–heute
Betrieb von/bis 747-230B/-SL:	2012–heute
Anzahl Flugzeuge 747-430:	31
Anzahl Flugzeuge 747-230B/-SL:	19
Passagiere bei Lufthansa 747-430:	352/330/378/371
Passagiere bei Lufthansa 747-230B/-SL:	364
Reichweite 747-430:	13.490 km
Reichweite 747-230B/-SL:	14.320 km

▶ McDonnell Douglas DC-10-30

Hersteller:	McDonnell Douglas, Long Beach CA, USA
Betrieb von/bis:	1973–1995
Anzahl Flugzeuge:	16
Passagiere bei Lufthansa:	207/237
Reichweite:	10.260 km

▶ Airbus A300B2/-B4
▶ Airbus A300-600

Hersteller:	Airbus Industrie, Toulouse, Frankreich
Betrieb A300B2/-B4 von/bis:	1976–1987
Betrieb A300-600 von/bis:	1987–2009
Anzahl Flugzeuge A300B2/-B4:	11
Anzahl Flugzeuge A300-600:	15
Passagiere bei Lufthansa A300B2/-B4:	249/186
Passagiere bei Lufthansa A300-600:	280
Reichweite A300B2/-B4:	5300 km
Reichweite A300-600:	7500 km

▶ Airbus A310-200
▶ Airbus A310-300

Hersteller:	Airbus Industrie, Toulouse, Frankreich
Betrieb A310-200 von/bis:	1983–1995
Betrieb A310-300 von/bis:	1988–2004
Anzahl Flugzeuge A310-200:	13
Anzahl Flugzeuge A310-300:	12
Passagiere bei Lufthansa A310-200:	201
Passagiere bei Lufthansa A310-300:	222/178
Reichweite A310-200:	6500 km
Reichweite A310-300:	9500 km

▶ Airbus A320-200
▶ Airbus A320neo

Hersteller:	Airbus Industrie/SE, Toulouse, Frankreich
Betrieb A320-200 von/bis:	1989–heute
Betrieb A320neo von/bis:	2016–heute
Anzahl Flugzeuge A320-200:	100
Anzahl Flugzeuge A320neo:	35
Passagiere A320-200 bei Lufthansa:	168
Passagiere A320neo bei Lufthansa:	180
Reichweite A320-200:	4600 km
Reichweite A320neo:	6500 km

▶ Airbus A319-100

Hersteller:	Airbus Industrie, Toulouse, Frankreich
Betrieb von/bis:	1996–heute
Anzahl Flugzeuge:	41
Passagiere bei Lufthansa:	138
Reichweite:	6800 km

▶ Airbus A321-100
▶ Airbus A321-200

Hersteller:	Airbus Industrie/SE, Toulouse, Frankreich
Betrieb A321-100 von/bis:	1994–heute
Betrieb A321-200 von/bis:	1999–heute
Anzahl Flugzeuge A321-100:	20
Anzahl Flugzeuge A321-200:	44
Passagiere A321-100 bei Lufthansa:	205
Passagiere A321-200 bei Lufthansa:	205
Reichweite A321-100:	4100 km
Reichweite A321-200	5900 km

▶ Airbus A321neo

Hersteller:	Airbus SE, Toulouse, Frankreich
Betrieb von/bis:	2019–heute
Anzahl Flugzeuge:	17
Passagiere bei Lufthansa:	215
Reichweite:	6400 km

▶ Airbus A340-200
▶ Airbus A340-300

Hersteller:	Airbus Industrie, Toulouse, Frankreich
Betrieb A340-200 von/bis:	1993–2003
Betrieb A340-300 von/bis:	1993–heute
Anzahl Flugzeuge A340-200:	8
Anzahl Flugzeuge A340-300:	30
Passagiere A340-200 bei Lufthansa:	228
Passagiere A340-300 bei LH:	221/247/266/276/279
Reichweite A340-200:	12.400 km
Reichweite A340-300:	13.500 km

▶ Airbus A340-600

Hersteller:	Airbus Industrie, Toulouse, Frankreich
Betrieb von/bis:	2003–heute
Anzahl Flugzeuge:	24
Passagiere bei Lufthansa:	281/297
Reichweite:	14.400 km

▶ Airbus A330-200
▶ Airbus A330-300

Hersteller:	Airbus Industrie, Toulouse, Frankreich
Betrieb A330-200 von/bis:	2002–2006
Betrieb A330-300 von/bis:	2004–heute
Anzahl Flugzeuge A330-200:	5
Anzahl Flugzeuge A330-300:	19
Passagiere A330-200 bei Lufthansa:	230
Passagiere A330-300 bei Lufthansa:	221/255
Reichweite A330-200:	13.450 km
Reichweite A330-300:	11.750 km

▶ Airbus A380-800

Hersteller:	Airbus Industrie, Toulouse, Frankreich
Betrieb von/bis:	2010–heute
Anzahl Flugzeuge:	14
Passagiere bei Lufthansa:	526/509
Reichweite:	14.800 km

▶ Airbus A350-900

Hersteller:	Airbus SE, Toulouse, Frankreich
Betrieb von/bis:	2016–heute
Anzahl Flugzeuge:	29
Passagiere bei Lufthansa:	267–339
Reichweite:	15.300 km

▶ Boeing 787-9

Hersteller:	Boeing Company, Seattle WA, USA
Betrieb von/bis:	2022–heute
Anzahl Flugzeuge:	11
Passagiere bei Lufthansa:	294/287
Reichweite:	14.000 km

▶ Aktive Passagierflotte Lufthansa Airlines April 2025

Airbus A319-100	35
Airbus A320-200	47
Airbus A320neo	32, 20 weitere bestellt
Airbus A321-100	17
Airbus A321-200	37
Airbus A321neo	17, 17 weitere bestellt
Airbus A330-300	8
Airbus A340-300	17
Airbus A340-600	8
Airbus A350-900	30, 14 weitere bestellt
Airbus A350-1000	0, 15 bestellt, Lieferung ab 2027
Airbus A380-800	8
Boeing 747-400	8
Boeing 747-8I	19
Boeing 777-9	0, 20 bestellt, Lieferung ab 2026
Boeing 787-9	5, 29 bestellt
Total	**288, 115 bestellt**

Flugzeugunfälle und Entführungen bei der Nachkriegs-Lufthansa

Aufgeführt sind alle Fälle mit Todesopfern und/oder Flugzeug-Totalverluste der Marken Lufthansa und Lufthansa Cargo

► 11. Januar 1959

Lockheed L-1049G Super Constellation, D-ALAK, Rio de Janeiro, 36 Tote

Im Anflug auf Rio de Janeiro sank das Flugzeug zu tief, das Bugrad berührte die Wasseroberfläche der Guanabara-Bucht, die Super Constellation stürzte in Strandnähe ab. Ermüdung der Besatzung und schlechte Sicht gehörten zu den Ursachen.

► 4. Dezember 1961

Boeing 720, D-ABOK, bei Ebersheim/Mainz, 3 Tote

Auf einem Trainingsflug bohrte sich das nagelneue Flugzeug plötzlich senkrecht in den Boden, als Ursache vermutet wird die Blockierung der Steuerflächen. Dies war der weltweit erste Totalverlust und tödliche Unfall einer Boeing 720.

► 15. Juli 1964

Boeing 720, D-ABOP, bei Ansbach/Franken, 3 Tote

Auf einem Trainingsflug flogen die Piloten zunächst eine vollständige Fassrolle und wollten danach eine zweite fliegen. Dabei geriet die Boeing 720 in Rückenlage außer Kontrolle, die Zelle wurde überlastet und brach in etwa 1200 Meter Höhe auseinander. Weder Boeing noch die Lufthansa hatten das Flugzeug für solche Kunstflugmanöver zugelassen.

► 28. Januar 1966

Convair CV440, D-ACAT, Bremen, 46 Tote

Nach einem Landeversuch und dem Durchstarten bei schlechtem Wetter geriet die CV440 in einen überzogenen Flugzustand und stürzte nach einem Strömungsabriss ab. Als Ursache wurde eine Verkettung menschlicher und technischer Fehler festgestellt.

► 17.–18. Dezember 1973

Boeing 737, D-ABEY, Rom-Athen-Damaskus-Kuwait, 2 Tote

Bei einem Überfall auf den Flughafen Rom-Fiumicino wurde Lufthansa-Flug 303 von palästinensischen Terroristen gekapert, ein italienischer Beamter starb am Boden, beim späteren Irrflug über Athen und Damaskus nach Kuwait starb eine Geisel.

► 20. Dezember 1973

Boeing 707, D-ABOT, Neu Delhi, keine Opfer

Bei der nächtlichen Landung in Neu Delhi war die Boeing 707 zunächst zu hoch und zu schnell, dann jedoch zu niedrig. Statt durchzustarten setzte die Maschine vor der Landebahnschwelle auf, geriet außer Kontrolle, kollidierte mit einem Gebäude und ging in Flammen auf. Alle Insassen konnten sich retten.

► 20. November 1974

Boeing 747-100, D-ABYB, Nairobi, 59 Tote

Siehe Exkurs

► 13. Oktober 1977

**Boeing 737-200, D-ABCE,
Mogadischu, 4 Tote**

Als Teil des „deutschen Herbstes" des RAF-Terrors 1977 kaperte ein palästinensisches Kommando die Lufthansa-737 „Landshut" nach dem Start in Mallorca, was folgte war eine fünftägige Odyssee durch den Mittleren Osten. Nachdem zuvor der Flugkapitän ermordet worden war, befreite die Spezialeinheit GSG 9 schließlich die Geiseln in Mogadischu/Somalia, drei Entführer wurden getötet.

► 26. Juli 1979

**Boeing 707-Frachter, Lufthansa Cargo, D-ABUY,
Rio de Janeiro, 3 Tote**

Nach dem Start in der Dunkelheit von Rio flog der 707-Frachter im Steigflug gegen einen Hang und zerschellte. Hauptursache war mangelnde Aufmerksamkeit der Fluglotsen und die Tatsache, dass sie die Piloten angewiesen hatten mit überhöhter Geschwindigkeit zu steigen, dann aber dem Flugverlauf nicht ausreichend folgten.

► 14. September 1993

**Airbus A320, D-AIPN,
Warschau, 2 Tote**

Bei der Landung in einer Gewitter-Wetterlage traten Windscherungen auf, die Bremswirkung der Schubumkehr setzte zu spät ein und die Maschine überschoss die Landebahn und kollidierte mit einem Erdwall, ein Triebwerk riss ab und Feuer brach aus. Ein Pilot und ein Passagier starben, Hauptursache war Fehlverhalten der Cockpitbesatzung, aber auch Mängel in der A320-Systemarchitektur.

► 27. Juli 2010

**MD-11F, Lufthansa Cargo, D-ALCQ,
Riad, keine Opfer**

Die Landung in Riad erfolgte mit zu hoher Sinkrate. Als das Flugzeug daraufhin kurz in die Luft zurückfederte reagierte die Crew falsch, beim folgenden harten Aufprall brach die Maschine auseinander und fing Feuer. Beide Piloten konnten sich verletzt retten.

Bibliographie

Berger, Peter: **Mit dem Kranich am Leitwerk**. Wuppertal 1963

Bongers, Hans M.: **Es lag in der Luft**. Düsseldorf 1971

Braunburg, Rudolf: **Kranich in der Sonne**. Frankfurt 1980

Braunburg, Rudolf: **Die Geschichte der Lufthansa**. Hamburg 1991

Brulé, Tyler (Hrsg.): **The crane soars higher**, Part 2: The reveal. London, 2018

Caesar, Heino: **Straße zum Himmel**. Hamburg 2009

Davies, R. E. G.: **Lufthansa – an airline and its aircraft**. New York 1991

Fischer, Volker: **Die Schwingen des Kranichs – 50 Jahre Lufthansa Design**. Stuttgart 2005

Heimann, Erich H.: **Die Flugzeuge der Deutschen Lufthansa**. Stuttgart 1988

Kappner, Ulrich: **Die Schönste der Propeller-Ära,** in: Zeitschrift „Flugzeug“ Nr. 6/86 und 1/87, Illertissen 1986/1987

Klotz, Peter: **Good-bye, Sieben-Zwo-Sieben**. Hamburg 1992

Klußmann, Niels/Malik, Arnim: **Lexikon der Luftfahrt**, Berlin 2007

Müller, Jens/Weiland, Karen: **Lufthansa + Graphik Design**. Düsseldorf 2012

Sattelberger, Thomas: **Radikal neu**. Freiburg, 2023

Schmitz, Sebastian: **Interflug – Die Fluglinie der DDR**. Stuttgart 2021

Spaeth, Andreas: **Überschall-Passagierjets**. Stuttgart 2020

Temme-Storbeck, Rita u. a.: **Die Zeit im Fluge**. Hrsg. Deutsche Lufthansa, Köln 1990

Wachtel, Joachim: **1960 – 1985: Boeing 707**. Ein Kapitel Lufthansa-Geschichte. Hrsg. Deutsche Lufthansa, Köln 1984

Wachtel, Joachim: **Lufthansa, die Erste 1926 – 1945**. Hrsg. Deutsche Lufthansa, Frankfurt 2005

Wachtel, Joachim: **Die neue Lufthansa 1955 – 2005**. Hrsg. Deutsche Lufthansa, Frankfurt 2005

Wachtel, Joachim/Ott, Günther: **Im Zeichen des Kranichs**. München 2016.

Eigene Interviews des Autors

Ronald Wild und Alexander Schlaubitz am 25. Mai 2018

Jürgen Weber am 5. Dezember 2019

Nicole Mies am 8. April 2024

Die Chroniken der neuen Lufthansa basieren auf hier verfügbaren Texten:

https://www.lufthansagroup.com/de/chronik.html

Genutzte Weblinks

https://www.capital.de/wirtschaft-politik/der-mutlose-lufthansa-kranich

https://www.sueddeutsche.de/wirtschaft/lufthansa-farbloser-kranich-1.3856065

https://www.planespotters.net/airline/Lufthansa

https://en.wikipedia.org/wiki/Lufthansa_fleet

https://de.wikipedia.org/wiki/Geschichte_der_Lufthansa#Flugzeugmuster_im_Einsatz_bei_der_alten_Lufthansa_(einschlie%C3%9Flich_Luft_Hansa)

https://www.planespotters.net/airline/Lufthansa?

https://www.707jet.com/lufthansa-707-fleet/

https://history.frankfurt-aviation-friends.de/?page_id=549

https://socialtextjournal.org/periscope_article/from-crane-to-plane-temporalities-of-a-bird-inspired-design/

http://www.jh-reisen.de/Fotos/Homepage%20Lufthansa/lufthansa-unfaelle.htm

Besonderer Dank für Fotos an

Dirk Grothe, www.digroaero.com

Michael Mainka

Manfred Winter

Danksagung

Ein Mammutprojekt wie ein Buch über hundert Jahre Lufthansa zu schreiben geht nicht ohne vielfältige Unterstützer. Ich kann nicht alle aufzählen, und entschuldige mich vorab bei jenen, die es verdient hätten, die ich aber übersehen habe. Erwähnen möchte ich jedenfalls die folgenden, viele davon für die Hilfe beim Beschaffen von Bildern:
Oliver Mainka, Jürgen Molkenthin, Heiko Triesch (Deutsches Technikmuseum Berlin), Bettina Schaller (Flughafen München), Luisa Schürmann (Archiv Deutsche Lufthansa Frankfurt), Archiv Fraport

WEITERE INTERESSANTE BÜCHER ZUM THEMA

Klingende Namen wie Atlantis, Bavaria, Germania – oder Air Berlin, Hapag Lloyd Flug, LTU oder Deutsche BA: sie alle waren Pioniere der deutschen Nachkriegsluftfahrt. Mit viel zeitgenössischem Bildmaterial lässt dieser Prachtband alte Zeiten wieder aufleben und bringt den damaligen Zeitgeist zurück.
192 Seiten, 220 Abb., 230x265 mm
ISBN 978-3-613-04501-9
€ 32,00 | € (A) 32,90

Andreas Spaeth blickt auf 50 Jahre Flugerfahrung zurück. In seinem unterhaltsamen Buch präsentiert er historische und aktuelle Verkehrsflugzeuge, ergänzt durch persönliche Erlebnisse und spannende Anekdoten. Ein beiliegendes Flugzeugquartett sorgt für zusätzlichen Spaß und Wissenswertes!
96 Seiten, 200 Abb., 140x205 mm
ISBN 978-3-613-04766-2
€ 16,95 | € (A) 17,40

Klaus-Jürgen Schwahn, geht in diesem Buch nüchtern an die Betrachtung des vermeintlichen Traumberufes heran und räumt mit vielerlei Vorurteilen auf. Er erläutert die wichtigsten Punkte rund um die Ausbildung, wie z.B. Voraussetzungen, Einstellungstests, Finanzierung und Ablauf sowie das Berufsbild an sich.
304 Seiten, 90 Abb., 170x240 mm
ISBN 978-3-613-04502-6
€ 32,00 | € (A) 32,90

Martina Pramer arbeitet seit Jahren als Flugbegleiterin. In diesem Band stellt sie die Ausbildung, den Alltag und die Hintergründe des Berufs Flugbegleiter im Detail vor und gibt dem Leser damit den ultimativen Ratgeber sowie die optimale Entscheidungshilfe bei der Berufsorientierung an die Hand.
208 Seiten, 100 Abb., 170x240 mm
ISBN 978-3-613-04503-3
€ 29,90 | € (A) 30,80

Leseproben zu allen Titeln auf unserer Internetseite

Motor buch Verlag

Überall, wo es Bücher gibt, oder unter
WWW.MOTORBUCH-VERSAND.DE
Service-Hotline: 0711 / 78 99 21 51
www.facebook.com/MotorbuchVerlag

Stand August 2025
Änderungen in Preis und Lieferfähigkeit vorbehalten.